S7-1200 PLC 编程与调试 项目化教程

（第 2 版）

主　编　张安洁　应再恩
副主编　杨扬戬　孙凌杰　黄　鹏　任　伟

北京理工大学出版社
BEIJING INSTITUTE OF TECHNOLOGY PRESS

内 容 简 介

本书根据国家职业教育的教材改革要求，结合企业对 PLC 技术人才的需求，以项目导向、任务驱动的方式组织教材，共编写了八个学习项目。全书的内容涵盖 S7-1200 的认识、博途软件的使用、PLC 各种常用指令的应用、函数块与组织块的应用、PLC 梯形图程序的设计方法、PLC 的通信以及 PLC 在变频器、伺服控制中的应用等。本书的学习项目配有学习视频、拓展任务、拓展知识与配套练习，以便使用者进一步学习和提高。

本书可作为高职高专院校机电一体化、电气自动化、工业机器人技术等相关专业的教材，也可作为企业工程技术人员学习 PLC 的参考书。

版权专有　侵权必究

图书在版编目（CIP）数据

S7-1200 PLC 编程与调试项目化教程/张安洁，应再恩主编. —2 版. —北京：北京理工大学出版社，2023.8

ISBN 978-7-5763-2828-8

Ⅰ．①S… Ⅱ．①张… ②应… Ⅲ．①PLC 技术-高等职业教育-教材 Ⅳ．①TM571.61

中国国家版本馆 CIP 数据核字（2023）第 164752 号

责任编辑：张鑫星	文案编辑：张鑫星
责任校对：周瑞红	责任印制：施胜娟

出版发行 /	北京理工大学出版社有限责任公司
社　　址 /	北京市丰台区四合庄路 6 号
邮　　编 /	100070
电　　话 /	（010）68914026（教材售后服务热线）
	（010）68944437（课件资源服务热线）
网　　址 /	http：//www.bitpress.com.cn
版 印 次 /	2023 年 8 月第 2 版第 1 次印刷
印　　刷 /	河北盛世彩捷印刷有限公司
开　　本 /	787 mm×1092 mm　1/16
印　　张 /	16.75
字　　数 /	383 千字
定　　价 /	92.00 元

图书出现印装质量问题，请拨打售后服务热线，负责调换

前 言

  党的二十大报告中指出，坚持把发展经济的着力点放在实体经济上，推进新型工业化，加快建设制造强国、质量强国，推动制造业高端化、智能化、绿色化发展。PLC是智能工业控制系统的"大脑"，可以控制工业过程中的许多关键要素。它的主要特点是操作简便、功能丰富、可靠性高、维护方便，已被广泛用于工业生产中，随着制造业持续升级，PLC技术也将不断提升，教材也需要更新以便适应行业技术的发展。本书选用的是西门子S7-1200 PLC，该型号PLC在市场上拥有很高的占有率。它是西门子公司推出的面向自动化系统的一款小型控制器，采用模块化设计并具备强大的工艺功能，可满足不同场合的自动化需求。

  与当前高职高专同类教材相比，本书具有以下特点：

  (1) 本书除了结合编者多年的教学和实践经验，并通过走访企业，充分了解行业对本课程的知识和技能要求，确定了学习PLC编程与调试的相关知识与项目，让课程学习能更好地满足企业实际的技术需要，也体现了高职院校培养专业技能型人才的需求。

  (2) 本书根据国家职业教育改革要求，并对接相关职业技能等级标准，结合项目式与活页式教材的特点组织编写，把涉及的知识贯穿到各个项目的任务中，任务内容较丰富和全面，且具有很强的可操作性和典型性，充分培养学生的PLC系统应用编程能力。

  (3) 遵循企业岗位工作规律和学生学习认知规律设计学习项目。通过物料传送带的PLC启停控制项目学习了西门子PLC和触摸屏的基本应用；通过三相异步电动机的PLC运行控制项目学习了PLC的基本指令；通过灯光及信息显示的PLC控制项目学习了PLC的功能指令；通过通风机系统的PLC控制项目学习了函数、函数块及各种组织块的应用；通过搬运系统的PLC控制项目学习了PLC梯形图程序设计的方法；通过生产线输送带系统的PLC控制项目学习了PLC的通信；通过变频调速系统的PLC控制项目学习了变频器在PLC中的应用；通过物料送仓控制系统的设计项目学习了伺服驱动器、运动控制指令的应用。每个项目结合知识点由浅入深设计了若干个任务，每个任务按项目的实施过程分任务描述、学习目标、问题引导、相关知识、案例分析、任务实施、评价与总结、拓展任务等环节。在项目学习中培养积极主动、细心严谨的学习习惯、精益求精的工匠精神、协作共进的团队精神以及勇于探索的创新精神。

  (4) 本书不仅对传统的PLC应用项目进行了创新设计，还加入了触摸屏、变频器、伺服驱动等常用工控设备的应用，更紧密地对接企业的实际项目，有助于培养工程应用能力。

  本书由台州职业技术学院张安洁、应再恩担任主编，浙江大学台州研究院杨扬戬、台州职业技术学院孙凌杰、台州技师学院黄鹏、萧山技师学院任伟担任副主编，另外台州职业技术学院赖忠喜、张丽萍、洪武、张林友参与了教材视频的录制。在编写的过程中还得到了台州职业技术学院机电一体化、电气自动化、工业机器人技术专业教师以及浙江大学台州研究院电气技术部工程师们的支持和帮助，在此表示感谢。

由于编者水平有限，书中难免有不妥及疏忽之处，恳请广大读者批评指正。

编　者

目 录

项目一 物料传送带的 PLC 启停控制 ······ 1
  任务一 物料传送带的启停控制 ······ 1
  任务二 基于触摸屏的物料传送带控制 ······ 22

项目二 三相异步电动机的 PLC 运行控制 ······ 35
  任务一 电动机的点动与连续运行控制 ······ 35
  任务二 电动机的正反转控制 ······ 43
  任务三 电动机的预警启动与顺序控制 ······ 52
  任务四 电动机计数循环正反转控制 ······ 60

项目三 灯光及信息显示的 PLC 控制 ······ 68
  任务一 十字路口交通灯控制 ······ 68
  任务二 四人抢答器设计 ······ 76
  任务三 喷泉灯的 PLC 控制 ······ 81
  任务四 设备维护提醒控制 ······ 85

项目四 通风机系统的 PLC 控制 ······ 91
  任务一 基于 FC 的通风机控制 ······ 91
  任务二 基于 FB 的通风机降压启动控制 ······ 97
  任务三 通风机的断续运行控制 ······ 102
  任务四 通风机的定时启停控制 ······ 110
  任务五 通风机系统的运行控制 ······ 117

项目五 搬运系统的 PLC 控制 ······ 121
  任务一 物流小车的 PLC 控制 ······ 121
  任务二 工业机械手的 PLC 控制 ······ 125
  任务三 多种工作方式的机械手控制 ······ 135

项目六　生产线输送带系统的 PLC 控制 ··· 142
任务一　两级输送带的异地启停控制 ·· 142
任务二　两级输送带的正反向运行控制 ······································ 153

项目七　变频调速系统的 PLC 控制 ··· 159
任务一　搅拌机的变频调速控制 ·· 159
任务二　数控车床主轴电动机的转速控制 ···································· 165

项目八　物料送仓控制系统的设计 ·· 172

参考文献 ··· 188

项目一　物料传送带的 PLC 启停控制

项目导入

实训室的物料送仓装置中有一个传送单元，其结构如图 1-1 所示。物料传送单元主要由直流电动机、同步轮、同步带、传送带、光纤传感器等组成。传送送料机械手送来的物料块，在光纤传感器检测到机械手送料到位后，由 24 V 直流电动机带动传送带运行，经光纤传感器检测物料运送到位后传送带停止工作。

图 1-1　物料传送单元的结构

任务一　物料传送带的启停控制

任务描述

用按钮控制传送带的启动和停止，按下启动按钮 SB1，传送带运行，按下停止按钮 SB2，传送带立即停止。

学习目标

（1）了解 PLC 的概念、特点、应用、分类与发展；
（2）掌握 S7-1200 PLC 的硬件结构、外部端子含义；
（3）初步认识博途软件的编程环境与编程语言；
（4）能够识读、绘制 PLC 的外部接线图；
（5）能根据电路图完成 PLC 的安装与接线；
（6）能编辑、仿真、下载和运行 PLC 梯形图程序；
（7）激发爱国情怀，培养爱岗敬业的精神。

问题引导

思考以下问题，回答内容写在任务工单上。

问题 1：什么是 PLC？主要应用在哪些方面？它的硬件结构由哪些元件组成？

问题 2：你了解的国内外 PLC 厂家有哪些？今后 PLC 的发展趋势是怎样的？

问题 3：根据接触器控制的电机启停控制电路，如何用 PLC 实现电机启停控制？

相关知识

知识点一　PLC 的初步认识

1. PLC 的产生

PLC 的初步认识

传统的继电器-接触器控制系统存在设备体积大、调试维护工作量大、通用性及灵活性差、可靠性低、功能简单等缺点。1968 年，美国通用汽车制造公司为了解决传统控制普遍存在的问题，设想把计算机的完备功能、灵活及通用的优点与传统继电器-接触器控制系统相结合，制成一种适用于工业环境的通用控制装置，并把计算机的编程方法和程序输入方式加以简化，使不熟悉计算机的人也能很快掌握它的应用。

1969 年，美国数字设备公司（DEC）研制成功第一台 PLC，应用于美国通用汽车自动装配生产线上，取得了极大的成功。从此以后，这项研究技术迅速发展，从美国、日本、欧洲普及到全世界。这种新型工业控制装置可以通过编程改变控制方案，且专门用于逻辑控制，所以人们称这种新型工业控制装置为可编程逻辑控制器（Programmable Logic Controller，PLC）。随着科技的发展，现已远远超出逻辑控制功能，应称之为可编程控制器 PC，但为了与个人计算机 PC 区别，因此名字仍简称为 PLC。

2. 可编程控制器（PLC）的定义

国际电工委员会（IEC）对 PLC 的定义是：可编程控制器是一种数字运算操作的电子系统，专为在工业环境下应用而设计。它采用可编程的存储器，在其内部存储执行逻辑运算、

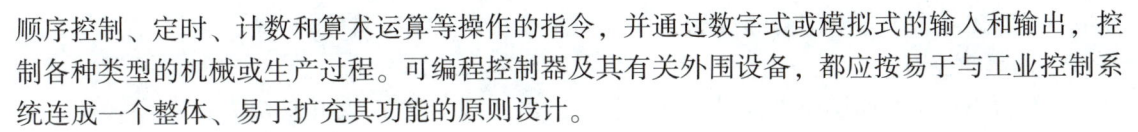

顺序控制、定时、计数和算术运算等操作的指令，并通过数字式或模拟式的输入和输出，控制各种类型的机械或生产过程。可编程控制器及其有关外围设备，都应按易于与工业控制系统连成一个整体、易于扩充其功能的原则设计。

3. PLC 的特点

（1）可靠性高、抗干扰能力强。

高可靠性是电气控制设备的关键性能。硬件方面，PLC 利用现代大规模集成电路技术，采用严格的生产工艺制造，内部电路采取了先进的抗干扰技术，可靠性大大提高。从 PLC 的机外电路来说，使用 PLC 构成控制系统，和同等规模的继电器接触器系统相比，电气接线及开关接点可减少到数百甚至数千分之一，故障也就大大降低。此外，PLC 带有硬件故障自我检测功能，出现故障时可及时发出警报信息。在应用软件中，应用者还可以编入外围器件的故障自诊断程序，使系统中除 PLC 以外的电路及设备也获得故障自诊断保护。

（2）易学易用，深受工程技术人员欢迎。

PLC 作为通用工业控制计算机，它的编程语言易于被工程技术人员接受。梯形图语言的图形符号与表达方式和继电器电路图相当接近，只用 PLC 的少量开关量逻辑控制指令就可以方便地实现继电器电路的功能。为不熟悉电子电路、不懂计算机原理和汇编语言的人使用计算机从事工业控制打开了方便之门。

（3）系统设计周期短，维护方便，改造容易。

PLC 用存储逻辑代替接线逻辑，大大减少了控制设备外部的接线，在外部设备安装的同时，进行实验室系统的开发，使控制系统设计及建造的周期大为缩短，同时维护也变得容易起来。更重要的是使同一设备经过改变程序改变生产过程成为可能，这很适合多品种、小批量的生产场合。

（4）配套齐全、功能完善、适用性强。

PLC 发展到今天，已经形成了大、中、小各种规模的系列化产品，可以用于各种规模的工业控制场合。除了逻辑处理功能以外，现代 PLC 大多具有完善的数据运算能力，可用于各种数字控制领域。近年来 PLC 的功能单元大量涌现，使 PLC 渗透到了位置控制、温度控制、CNC 等各种工业控制中，加上 PLC 通信能力的增强及人机界面技术的发展，使 PLC 组成各种控制系统变得非常容易。

（5）体积小、质量轻、能耗低。

以超小型 PLC 为例，新近出产的品种底部尺寸小于 100 mm，质量小于 150 g，功耗仅数瓦。由于体积小，很容易装入机械内部，是实现机电一体化的理想控制设备。

4. PLC 的应用

目前，PLC 已广泛应用于钢铁、石油、化工、电力、建材、机械制造、汽车、轻纺、交通运输、环保及文化娱乐等各个行业，使用情况大致可归纳为以下几类：

（1）开关量的逻辑控制。

开关量的逻辑控制是 PLC 最基本、最广泛的应用领域，可用它取代传统的继电器控制电路，实现逻辑控制、顺序控制，既可用于单台设备的控制，又可用于多机群控制及自动化流水线。

（2）模拟量控制。

在工业生产过程中，为了使可编程控制器能处理如温度、压力、流量、液位和速度等模拟量信号，PLC 厂家都有配套的 A/D、D/A 转换模块用于模拟量控制。

（3）运动控制。

PLC 可以用于圆周运动或直线运动的控制。各主要 PLC 厂家几乎都有运动控制功能专用模块，如可驱动步进电动机或伺服电动机的单轴或多轴位置控制模块，广泛地用于各种机械、机床、机器人、电梯等场合。

（4）过程控制。

过程控制是指对温度、压力、流量等模拟量的闭环控制。PLC 能编制各种各样的控制算法程序，完成闭环控制。如 PID 调节就是一般闭环控制系统中常用的调节方法。PID 处理一般是运行专用的 PID 子程序。过程控制在冶金、化工、热处理、锅炉控制等场合有非常广泛的应用。

（5）数据处理。

现代 PLC 具有数学运算（含矩阵运算、逻辑运算）、数据传送、数据转换、排序、查表、位操作等功能，可以完成数据的采集、分析及处理。这些数据可以与存储器中的参考值比较，完成一定的控制操作，也可以利用通信功能传送到别的智能装置，或将它们打印制表。数据处理一般用于大型控制系统，如无人控制的柔性制造系统；也可用于过程控制系统，如造纸、冶金、食品工业中的一些大型控制系统。

（6）通信及联网。

PLC 通信包含 PLC 之间的通信以及 PLC 与其他智能设备间的通信。随着计算机控制的发展，工厂自动化网络发展将会加快，各 PLC 厂商都十分重视 PLC 的通信功能，纷纷推出各自的网络系统。最新生产的 PLC 都具有通信接口，实现通信非常方便。

5. PLC 的分类

PLC 的形式有多种，功能也不尽相同，对 PLC 进行分类时一般按照以下原则分类：

（1）按硬件结构形式分类。根据硬件结构形式的不同，可大致将 PLC 分为整体式和模块式。整体式 PLC 将电源、CPU、存储器、I/O 系统都集中在一个小箱体内，小型 PLC 多为整体式 PLC。模块式 PLC 按功能分成若干模块，如电源模块、CPU 模块、输入/输出模块等，再根据系统要求组合不同的模块，形成不同用途的 PLC 系统，中、大型的 PLC 多为模块式 PLC。

（2）按 I/O 点数分类。根据 PLC 的 I/O 点数的多少，可将 PLC 分为小型机、中型机和大型机三类。小型 PLC 的输入/输出点数在 256 点以下，适合于单机控制或小型系统的控制；中型 PLC 的输入/输出点数为 256~2 048 点，控制功能比较丰富，它适合中型或大型控制系统；大型 PLC 的输入/输出点数在 2 048 点以上，不仅能完成较复杂的算术运算还能进行复杂的矩阵运算，可用于对设备进行直接控制，还可以对多个下一级的可编程序控制器进行监控。

（3）按功能分类。根据 PLC 的功能强弱不同，可将 PLC 分为低档、中档、高档三类。

6. PLC 的发展

PLC 自问世以来，经过几十年的快速发展，其功能越来越强大，应用范围也越来越广泛，现已形成了完整的产品系列，强大的软、硬件功能已接近或达到计算机功能。PLC 产品在工业控制领域中无处不见，并扩展到楼宇自动化、家庭自动化、商业、公共事业、测试设备和农业等领域。

目前，PLC 控制系统主要朝着两个方向发展：一是向小型化、微型化方向发展；二是向大型化、网络化、高性能、多功能、智能化方向发展，实现大规模、复杂系统的数据共享和综合控制。PLC 已成为当前工业自动化领域使用量最多的控制设备，PLC、机器人和 CAD/CAM 被称为工业自动化三大支柱，并跃居这三大支柱的首位。

7. PLC 的组成

PLC 系统包括硬件系统和软件系统。PLC 的硬件系统与计算机控制系统的组成十分相似，也具有中央处理器（CPU）、输入/输出（I/O）接口、电源、存储器、编程器、通信及扩展接口，如图 1-2 所示。

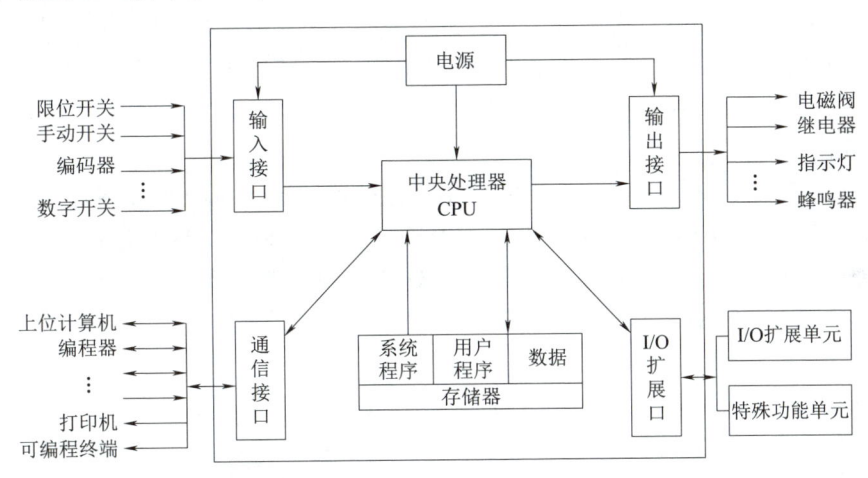

图 1-2 PLC 的硬件系统

1) 中央处理器 CPU

中央处理器 CPU 是系统运算、控制的中心。作为 PLC 的核心，CPU 的功能主要包括以下几个方面：CPU 接收从编程器或计算机输入的程序和数据，并送入用户程序存储器中存储；监视电源、PLC 内部各个单元电路的工作状态；诊断编程过程中的语法错误，对用户程序进行编译；在 PLC 进入运行状态后，从用户程序存储器中逐条读取指令，并分析、执行该指令；采集由现场输入装置送来的数据，并存入指定的寄存器中；按程序进行处理，根据运算结果，更新有关标志位的状态和输出状态或数据寄存器的内容；根据输出状态或数据寄存器的有关内容，将结果送到输出接口；响应中断和各种外围设备（如编程器、打印机等）的任务处理请求。

2) 存储器

存储器是可编程控制器存放系统程序、用户程序及运算数据的单元，分为系统程序存储器、用户程序存储器和数据存储器。系统程序存储器用来存放由 PLC 生产厂家编写的系统程序，并固化在 ROM 中，用户不能更改。系统程序由三部分组成：系统管理程序、用户指令解释程序和标准程序模块及系统调用。用户程序存储器专门提供给用户存放程序和数据。数据存储器中存放用户程序中所使用器件的状态和数值等。PLC 产品手册中给出的"存储器类型"和"程序容量"是针对用户程序存储器而言的。

PLC 使用的存储器类型：①随机存取存储器（RAM）：可读可写、易失性、工作速度高、价格便宜、改写方便，存放运行时的用户程序和数据。②只读存储器（ROM）：只读不能写、非易失性的，保存系统程序。③可电擦除可编程的只读存储器（EEPROM）：非易失性的、可读可写，用来保存用户程序和需长期保存的重要数据。

3）输入/输出模块

PLC 的输入/输出模块是联系外部现场设备和 CPU 的桥梁。数字量输入模块的作用是接收各种外部控制信号，如按钮、选择开关、数字拨码开关、接近开关、光电开关、限位开关、压力继电器等送来的开关量输入信号。模拟量输入模块用来接收电位器、测速发电机、各种传感器提供的连续变化的模拟量电压、电流信号或者直接接收热电阻、热电偶提供的温度信号。输出模块的作用是根据 PLC 运算结果驱动外部执行机构。数字量输出模块用来控制接触器、电磁铁、指示灯、电磁阀、数字显示装置、报警装置等输出设备。模拟量输出模块的作用是把现场连续变化的模拟量标准电压或电流信号转换成适合可编程控制器内部处理的二进制数字信号，用来控制调节阀、变频器等执行装置。

4）电源模块

PLC 的电源模块将交流电源转换成供 CPU、存储器、输入/输出模块等所需的直流电源，是整个 PLC 的能源供给中心。PLC 一般使用 AC 220 V 电源或 DC 24 V 电源。内部的开关电源为各模块提供不同电压等级的直流电源。小型 PLC 可以为输入电路和外部的电子传感器提供 DC 24 V 电源，驱动 PLC 负载的直流电源一般由用户提供。

5）编程器

编程器是 PLC 的重要组成部分，可将用户编写的程序写到 PLC 的用户程序存储区。因此，它的主要任务是输入、修改和调试程序，并可监视程序的执行过程。编程器有电脑编程器和简易编程器。

6）通信及扩展接口

通信接口是 PLC 与网络、编程器、计算机及其他设备进行数据交换的接口。扩展接口用来增加 PLC 的功能模块。

PLC 的软件系统是指 PLC 工作所使用的各种程序的集合，它包括系统软件和应用软件两大部分。系统软件决定了 PLC 的基本功能，应用软件则规定了 PLC 的具体工作。

8. PLC 的主要产品

目前，全球 PLC 产品生产厂家有 200 多家，比较著名的有美国的 AB、通用（GE）；日本的三菱（MITSBISHI）、欧姆龙（OMRON）、富士电机（FUJI）、松下电工；德国的西门子（SIEMENS）；法国的 TE（Telemecanique）、施耐德（SCHNEIDER）；韩国的三星（SUMSUNG）与 LG 等。

我国 PLC 产品研制、生产和应用发展也很快。20 世纪 70 年代末和 80 年代初，我国引进了不少国外的 PLC 成套设备。此后，在传统设备改造和新设备设计中，PLC 的应用逐年增多，并取得显著的经济效益。我国从 20 世纪 90 年代开始生产 PLC，也拥有较多的 PLC，如台湾永宏、台达、深圳汇川，无锡信捷等。目前市场占有率最高的 PLC 生产厂家主要有德国西门子的 PLC、日本三菱的 PLC。

讨论：伴随着国内的工控水平不断提升与"工业 5.0"时代的到来，国内 PLC 持续发展，并在新能源、环保等新兴行业中不断取得业务突破点。未来在自动化升级和智能制造的逻辑下，PLC 市场规模有望持续扩张。国内 PLC 市场份额主要由西门子、三菱、欧姆龙、罗克韦尔等欧美和日系巨头占据，西门子在国内 PLC 市场的份额超过 40%，三菱的市场份额约 14%。请结合实际情况说明国产 PLC 与国外 PLC 产品相比，有哪些优势？还需要做哪些方面的改进？作为新一代的青年，你愿意为国家科技发展贡献一份力量吗？

知识点二　S7-1200 PLC 产品及硬件结构

1. S7-1200 PLC 产品

西门子 S7 系列 PLC 产品目前有 S7-200、S7-200 smart、S7-1200、S7-300、S7-400、S7-1500 等。原产品系列包括 S7-200、S7-200 smart、S7-300、S7-400，其中 S7-200、S7-200 smart 产品为小型 PLC，采用 STEP7-Micro/Win 软件编程；S7-300 和 S7-400 为中、大型 PLC，采用 STEP7 编程软件，需进行设备组态。

S7-1200 适用于中、小型控制系统的集成及应用，而 S7-1500 则应用于中、高端控制系统，适合较复杂的控制。S7 系列中，除 S7-200 外，S7-1200、S7-300、S7-400、S7-1500 的 PLC 都可在 TIA Portal 软件中进行项目的开发、编程、集成和仿真，可以在同一个开发环境下组态开发 PLC、人机界面（WinCC）和驱动系统等，并可通过仿真软件（S7-PLCSIM）进行项目的离线仿真、监控和调试。

本书采用的 PLC 型号为西门子应用广泛的 S7-1200 PLC。S7-1200 产品定位小型 PLC，与 S7-200 相比，在现场安装、接线及编程方式的灵活性方面、通信功能、系统诊断和柔性控制方面都有显著的提高和创新，更适合中、小型项目的开发与应用。它的硬件结构由紧凑模块化结构组成，系统 I/O 点数、内存容量均比 S7-200 多出 30%，更好地满足市场针对小型 PLC 的需求。S7-1200 PLC 的主要特性可归纳为以下几点：模块紧凑；控制功能强大；编程资源丰富、通信方式多样灵活；开发环境高效。

2. S7-1200 的硬件结构

S7-1200 PLC 主要由 CPU、信号板、信号模块、通信模块和编程软件组成，各种模块安装在标准 DIN 导轨上。S7-1200 的硬件组成具有高度的灵活性，用户可以根据自身需求确定 PLC 的结构，系统扩展很方便。

1）CPU 模块

CPU 不断地采集输入信号，执行用户程序，刷新系统的输出，并负责系统程序的调度、管理、运行和 PLC 的自诊断。S7-1200 PLC 的 CPU 模块如图 1-3 所示。S7-1200 的 CPU 模块将微处理器、电源、数字量输入/输出电路、模拟量输入/输出电路、PROFINET 以太网接口、高速运动控制功能组合到一个设计紧凑的外壳中。每块 CPU 内可以安装一块信号板，安装以后不会改变 CPU 的外形和体积。它带有集成电源（24 V 接口）和集成输入与输出，无须附加组件即随时可以使用。

S7-1200 CPU 还配置了以太网接口，可以采用一根标准网线与安装有 STEP 7 Basic 或 TIA Portal 软件的 PC 进行通信。S7-1200 集成的 PROFINET 接口除用于计算机通信外，还可与 HMI（人机界面）、其他 PLC 或其他设备通信，此外它还通过开放的以太网协议支持与第三方设备的通信。

目前西门子公司的 1200 系列 PLC 有 CPU 1211C、CPU 1212C、CPU 1214C、CPU 1215C、CPU 1217C 等型号。不同的 CPU 模块提供了不同的特征和功能。S7-1200 PLC 的 I/O 端子与 S7-200 PLC 刚好相反，接线时要注意。S7-1200 系列 PLC 不同型号的技术规范如表 1-1 所示。CPU 版本特性如表 1-2 所示。

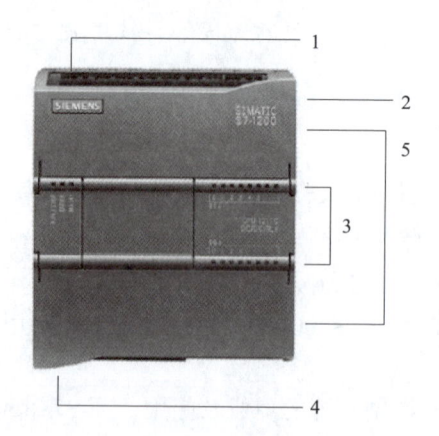

图 1-3 S7-1200 PLC 的 CPU 模块

1—24 V 电源接口；2—存储卡插槽（上部保护盖下面）；
3—板载 I/O 和 CPU 的运行模式的状态 LED；4—PROFINET 接口（CPU 的底部）；
5—用户接线用的可插入端子排（保护盖下面）

表 1-1 S7-1200 系列 CPU 不同型号的技术规范

特性	CPU 1211C	CPU 1212C	CPU 1214C	CPU 1215C	CPU 1217C
本机数字量 I/O 点数 本机模拟量 I/O 点数	6 入/4 出 2 入	8 入/6 出 2 入	14 入/10 出 2 入	14 入/10 出 2 入/2 出	14 入/10 出 2 入/2 出
工作存储器/KB	50	75	100	125	150
装载存储器/MB	1	2	4	4	4
保持性存储器/KB	10				
过程映像大小	输入（I）/输出（Q）：1 024/1 024（B）				
位存储器（M）	4 096（B）		8 192（B）		
信号模块扩展个数	无	2	8	8	8
信号板、电池板或通信板	1				
通信模块	3				
最大本地数字量 I/O 点数	14	82	284	284	284
最大本地模拟量 I/O 点数	13	19	67	69	69
高速计数器	最多可以组态 6 个使用任意内置或信号板输入的高速计数器				
脉冲输出（最多 4 点）	100 kHz	100 kHz 或 20 kHz			1 MHz 或 100 kHz
上升沿/下降沿中断点数	6/6	8/8	12/12	12/12	12/12
脉冲捕获输入点数	6	8	14	14	14
传感器电源输出电流/mA	300	300	400	400	400
数据日志的数量、大小	数量：每次最多打开 8 个； 大小：每个数据日志为 500 MB 或受最大可用装载存储器容量限制				

续表

特性	CPU 1211C	CPU 1212C	CPU 1214C	CPU 1215C	CPU 1217C
存储卡（选件）	有				
实时时钟保持时间	通常为 20 天，40 ℃时至少 12 天（免维护超级电容）				
PROFINET 接口	1			2	
实数数学运算执行速度	2.3 μs/指令				
布尔运算执行速度	0.08 μs/指令				
外形尺寸/mm	90×100×75	90×100×75	110×100×75	130×100×75	150×100×75

表 1-2 CPU 版本特性

版本	电源电压	输入电压	输出电压	输出电流
DC/DC/DC	DC 24 V	DC 24 V	晶体管输出 DC 24 V	0.5 A，MOSFET
DC/DC/Relay	DC 24 V	DC 24 V	继电器输出 DC 5~30 V 或 AV 5~250 V	2 A，DC 30 W/AC 200 W
AC/DC/Relay	AV 85~264 V	DC 24 V	继电器输出 DC 5~30 V 或 AV 5~250 V	2 A，DC 30 W/AC 200 W

2）信号模块（SM）

输入（Input）模块和输出（Output）模块简称为 I/O 模块，数字量（又称为开关量）输入模块和数字量输出模块简称为 DI 模块和 DQ 模块，模拟量输入模块和模拟量输出模块简称为 AI 模块和 AQ 模块，它们统称为信号模块，简称为 SM。信号模块的外观如图 1-4 所示。

信号模块用于扩展控制器的输入和输出通道，可以使 CPU 增加附加功能，安装在 CPU 模块的右边，扩展能力最强的 CPU 可以扩展 8 个信号模块，以增加数字量和模拟量输入、输出点。数字量 I/O 模块可以选用 8 点、16 点的 DI 或 DQ 模块，或 8DI/8DQ、16DI/16DQ 模块来满足不同的需要，如表 1-3 所示。DQ 模块有继电器输出和 DC 24 V 输出两种。模拟量 I/O 模块也分输入模块 AI、输出模块 AQ。AI

图 1-4 信号模块的外观

模块用于 A/D 转换，AQ 模块用于 D/A 转换。有 4 路、8 路的 13 位 AI 模块和 4 路的 16 位 AI 模块，如表 1-4 所示。双极性模拟量满量程转换后对应的数字为 -27 648~27 648，单极性模拟量转换后为 0~27 648。

CPU 模块内部的工作电压一般为 5 V，而 PLC 的外部输入/输出信号电压一般较高，例如 DC 24 V 或 AC 220 V。从外部引入的尖峰电压和干扰噪声可能损坏 CPU 中的元器件，或使 PLC 不能正常工作。在信号模块中，用光耦合器、光敏晶闸管、小型继电器等器件来隔离 PLC 的内部电路和外部的输入、输出电路。信号模块除了传递信号外，还有电平转换与隔离的作用。

表 1-3　数字量 I/O 模块

型号	型号
SM1221，8 输入 DC 24 V	SM1222，8 继电器输出（双态），2 A
SM1221，16 输入 DC 24 V	SM1223，8 输入 DC 24 V/8 继电器输出，2 A
SM1222，8 继电器输出 2 A	SM1223，16 输入 DC 24 V/16 继电器输出，2 A
SM1222，16 继电器输出 2 A	SM1223，8 输入 DC 24 V/8 输出 DC 24 V，0.5 A
SM1222，8 输出 DC 24 V，0.5 A	SM1223，16 输入 DC 24 V/16 输出 DC 24 V，0.5 A
SM1222，16 输出 DC 24 V，0.5 A	SM1223，8 输入 AC 230 V/8 继电器输出，2 A

表 1-4　模拟量 I/O 模块

型号	相关说明
SM1231 模拟量输入模块	4 路、8 路的 13 位模块和 4 路的 16 位模块；模拟量输入可选±10 V、±5 V、0~20 mA、4~20 mA 等多种量程
SM1231 热电偶和热电阻模块	有 4 路、8 路热电偶（TC）模块和 4 路、8 路的热电阻（RTD）模块，可选多种量程的传感器
SM1232 模拟量输出模块	有 2 路、4 路的模拟量输出模块，−10~+10 V 电压输出为 14 位，0~20 mA、4~20 mA 电流输出为 13 位
SM1234 模拟量输入/输出模块	4 路模拟量输入，2 路模拟量输出，相当于 SM1231 4×13 bit 模块和 SM1232 2×14 bit 模块的组合

3）信号板（SB）

信号板（Signal Board）为 S7-1200 PLC 所特有的，通过信号板（SB）给 CPU 模块增加 I/O。每一个 CPU 模块都可以添加一个具有数字量或模拟量 I/O 的 SB。CPU 正面可以安装一块信号板，如图 1-5 所示，可以安装 4DI、4DQ、2DI/2DQ、热电偶、热电阻、1AI、1AQ、RS485 信号板和电池板。DI、DQ 信号板的最高频率为 200 kHz。信号板（SB）的技术规范如表 1-5 所示。

图 1-5　安装信号板

表 1-5　信号板（SB）的技术规范

模块分类	模块名称	模块作用
DI/DQ	SB1221	数字量输入信号板 DI4
	SB1222	数字量输出信号板 DQ4
	SB1223	数字量输入/输出信号板 DI2/DQ2
AI/AQ	SB1231	模拟量输入信号板 AI1×12BIT
	SB1231	热电偶和热电阻模拟量输入信号板 AI1×RTD、AI1×TC
	SB1232	模拟量输出信号板 AQ1×12 BIT
通信板	CB1241	带有 RS485 接口，9 针 D-sub 插座

4）存储卡

如果确实需要安全保护数据，可将用户程序存储在存储卡内，用这种方式可保证断电时不会丢失数据或程序。存储卡以 FLASH EPROM 提供最大 512 KB 存储器。它们是直接在 CPU 内编程，因此不需要 MC 编程器。存储卡在 CPU 上的中央数据管理方面也起到重要作用，这是因为连接 I/O 模块的所有参数化数据都安全地存储在存储卡上。要插入存储卡，需打开 CPU 顶盖，然后将存储卡插入插槽中。

5）集成的通信接口与通信模块

通信模块代表 PLC 的组网能力，是代表 PLC 性能的重要内容。PROFINET 是基于工业以太网的现场总线，CPU 集成的 PROFINET 接口可以与计算机、其他 S7 CPU、PROFINET I/O 设备和使用标准的 TCP 协议的设备通信。通信模块安装在 CPU 模块的左边，最多可以安装 3 块通信模块，可以使用点对点模块、PROFIBUS 模块、工业远程通信模块、AS-i 接口模块和 IO-Link 模块。通信模块接入 PLC 后，可使 PLC 与计算机或 PLC 与 PLC 进行通信，有的还可实现与其他控制部件，如变频器、温控器通信或组成局部网络。

知识点三　S7-1200 PLC 的安装与接线

1. S7-1200 PLC 的安装

S7-1200 PLC 的 CPU、SM 和 CM 模块都可以很方便地安装到标准 DIN 导轨或面板上，可使用 DIN 导轨卡夹将设备固定到 DIN 导轨上。这些卡夹还能掰到一个伸出位置以提供设备面板安装时所用的螺钉安装位置。S7-1200 安装时要注意以下几点：

（1）可以将 S7-1200 安装在面板或标准导轨上，并且可以水平或垂直安装 S7-1200。

（2）S7-1200 采用自然冷却方式，因此要确保其安装位置的上、下部分与临近设备之间至少留出 25 mm 的空间，并且 S7-1200 与控制柜外壳之间的距离至少为 25 mm（安装深度）。

（3）当采用垂直安装方式时，其允许的最大环境温度要比水平安装方式降低 10 ℃，此时要确保 CPU 被安装在最下面。

2. S7-1200 PLC 的接线

在安装和移动 S7-1200 模块及其相关设备时，一定要切断所有的电源。S7-1200 PLC 现场接线的注意事项如下：

（1）使用正确的导线，采用 0.50~1.50 mm^2 的导线。

（2）尽量使用短导线（最长 500 m 屏蔽线或 300 m 非屏蔽线），导线要尽量成对使用，用一根中性线或公共导线与一根热线或信号线相配对。

（3）将交流线和高能量快速开关的直流线与低能量的信号线隔开。

（4）针对闪电式浪涌，安装合适的浪涌抑制设备。

（5）外部电源不要与 DC 输出点并联用作输出负载，这可能导致反向电流冲击输出，除非在安装时使用二极管或其他隔离栅。

图 1-6 所示为 CPU 1215C 的 2 种版本的接线端子及外部接线图，还有一种 DC/DC/RLY

型号的 PLC，它的输入为 DC 24 V 直流供电，输出为 RLY 继电器输出类型，其他的接线与图 1-6 类似，不再展示。下面以 CPU 1215C 型号为例介绍 S7-1200 PLC 的端子排构成及外部接线。

(a)

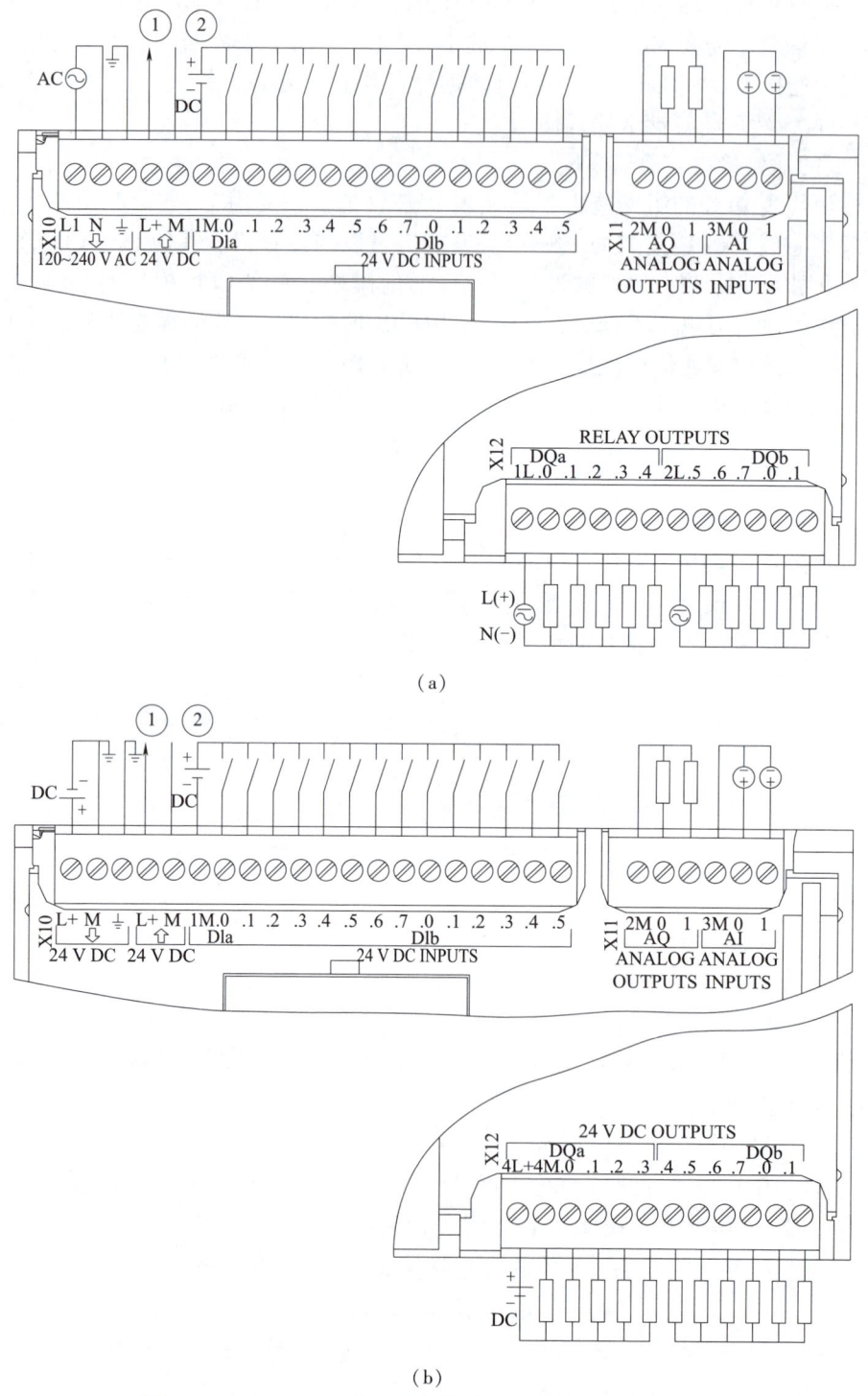

(b)

图 1-6　CPU 1215C 的 2 种版本的接线端子及外部接线图

(a) CPU 1215C AC/DC/RLY 外部接线图；(b) CPU 1215C DC/DC/DC 外部接线图

1) 电源端子

AC/DC/RLY 型的 CPU 1215C 为交流供电。L1、N 端子是模块电源的输入端子，一般直接使用交流电 AC 120~240 V，L1 端子接交流电源相线，N 端子接交流电源的中性线。DC/DC/RLY 与 DC/DC/DC 型的 CPU 1215C 为直流供电。标有朝里箭头的 L+、M 端子是模块电源的输入端子，一般使用 DC 24 V。

2) 传感器电源端子

CPU 上标有朝外箭头的 L+、M 端子为输出 24 V 直流电源，为输入元器件和扩展模块供电。注意不要将外部电源接至此端子，以防损坏设备。

3) 输入端子

DIa（0~7）、DIb（0~5）为输入端子，共 14 个输入点。1M 为输入端子的公共端，可接直流电源的正端（源型输入）或负端（漏型输入）。DC 输入端子若连接交流电源将会损坏 PLC。CPU 1215C 有两路模拟量输入端子，可接收外部传感器或变送器输入的 0~10 V 电压信号，AI0 和 AI1 端子连接输入信号的正端，3M 端子连接输入信号的负端。

4) 输出端子

DQa（0~7）、DQb（0~1）为输出端子，共 10 个输出点。输出类型分为继电器输出和晶体管输出，继电器输出型可以接交流或直流负载，晶体管输出型只能接直流负载。图 1-6（a）为继电器输出，每 5 个一组，分为两组输出，每组有一个对应的公共端子 1L、2L，使用时注意同组的输出端子只能使用同一种电压等级，其中 DQa（0~4）的公共端子为 1L，DQa（5~7）和 DQb（0~1）的公共端子为 2L。图 1-6（b）为晶体管输出，4L+连接外部 DC 24 V 电源 "+" 端，4M 为公共端 DC 24 V 电源 "−" 端，连接外部 PLC 输出端子驱动负载能力有限，要注意相应的技术指标。CPU 1215C 还有两路模拟量输出端子，可输出两路 0~20 mA 的电流，其中 AQ0 和 AQ1 端子连接输出信号的正端，2M 端子连接输出信号的负端。

讨论：以上两种版本的 CPU 接线的主要区别在哪里？你能参考这两种版本的 CPU 接线图，绘制出 DC/DC/RLY 型号 PLC 的外部接线图吗？请根据 PLC 型号，正确、规范绘制接线图，养成规范做事的好习惯。

知识点四　S7-1200 的编程语言

可编程控制器的编程语言是编制 PLC 应用软件的工具。它是以 PLC 的输入口、输出口、机内元件进行逻辑组合以及数量关系实现系统的控制要求，并存储在机内的存储器中。国际电工委员会（IEC）制定了 PLC 编程语言标准。IEC 61131-3 PLC 的编程语言标准是唯一的工业控制系统的编程语言标准，越来越多的 PLC 厂家提供符合 IEC 61131-3 标准的产品。S7-1200 PLC 使用梯形图（LAD）、功能块图（FBD）和结构化控制语言（SCL）三种编程语言。

1. 梯形图语言

梯形图（Ladder Diagram，LAD）是一种以图形符号及其在图中的相互关系表示控制关系的编程语言，使用最广泛。它的图形符号和继电器线路图中的符号十分相似，具有直观、易懂的优点，比较容易掌握，尤其适用于数字量逻辑控制。PLC 中参与逻辑组合的常用元件有常开、常闭触点及线圈，且线圈的得电及失电将导致触点的相应动作。

1) 左母线

在梯形图程序的左边,有一条从上到下的竖线,叫左母线。所有的程序支路都连接在左母线上,并起始于左母线。左母线上有一个始终存在,由上而下、从左到右的电流(能流),叫假象电流。用能流概念来代替继电器线路中的电流概念,并利用它进行梯形图程序的分析。

2) 触点

触点分为常开触点和常闭触点,符号如表1-6所示。它代表输入条件,如外部开关、按钮及内部条件等。CPU运行扫描到触点符号时,到触点位指定的存储器位访问,即CPU对存储器的读操作。该位数据(状态)为1时,表示"能流"能通过。计算机读操作的次数不受限制,用户程序中常开触点、常闭触点可以使用无数次。

3) 线圈

线圈表示输出结果,通过输出接口电路来控制外部的指示灯、接触器,以及内部的输出。线圈左侧接点组成的逻辑运算结果为1时,"能流"可以达到线圈,使线圈得电动作,CPU将线圈的位地址指定的存储器的位置为1。逻辑运算结果为0时,线圈不通电,存储器的位置为0。线圈代表CPU对存储器的写操作,每个线圈只能使用一次。在PLC程序中提出了"软继电器"概念,一个软继电器实际上是一个内部存储单元,存储"0"或"1"两个数据,与物理继电器的线圈对应,称为"得电"或"失电"状态。一个软继电器的线圈与其对应的常开触点及常闭触点状态的关系完全等同于物理继电器,如表1-6所示。

表1-6 线圈与常开触点、常闭触点的关系

元件	符号	状态	
线圈	—( )—	得电"1"态	失电"0"态
常开触点	—| |—	接通"1"态	断开"0"态
常闭触点	—|/|—	断开"0"态	接通"1"态

从表1-6可知,常开触点的状态与线圈状态相同,常闭触点的状态与线圈状态相反。实际上在PLC内部程序执行过程中,扫描到常开触点时,调用所存储的数据,而常闭触点是数据的取反调用。

2. 功能块图

功能块图(Function Block Diagram,FBD)是一种类似于数字逻辑电路的编程语言,熟悉数字电路的人比较容易掌握。该编程语言用类似与门、或门的方框来表示逻辑运算关系,方框的左侧为逻辑运算的输入变量,右侧为输出变量,信号自左向右流动,就像电路图一样,它们被"导线"连接在一起。

3. 结构化控制语言

结构化控制语言(Structured Control Language,SCL)是一种基于PASCAL的高级编程语言。SCL除了包含PLC的典型元素(如输入、输出、定时器或存储器位)外,还包含高级编程语言中的表达式、赋值运算和运算符。SCL提供了简便的指令进行程序控制,如创建程序分支、循环或跳转。SCL语言在数据管理、过程优化、配方管理、数学计算和统计任务等应用领域比较实用。

知识点五　TIA 博途软件的认识

1. TIA 博途软件的特点

TIA Portal（博途）软件是西门子自动化的全新工程设计软件平台，它将所有自动化软件工具集成在一起，构建了一个整体的系统环境。TIA 博途软件的主要特点如下：

（1）软件提高了设计效率，所有的自动化任务采用统一的工程工具。

（2）软件支持通信的设备类型丰富。它可以支持 SIMATIC S7-1200 PLC、S7-1500 PLC、S7-300 PLC、S7-400 PLC；驱动可以组态 SIMATIC G120 变频器、V90PN 伺服驱动器。

TIA 博途软件认识

（3）软件组态直观，自动生成管理程序，编程灵活并可重复利用已有的自动化解决方案，快速又可靠。

（4）功能强大、兼容性强。它具备自动系统诊断、集成安全系统及高性能 PROFINET 通信功能、控制器与 HMI 驱动直接交互、创新的编程语言、强大的库功能和在线功能。它可量身打造系统解决方案，客户反馈良好。

（5）具备强大的 PLCSIM 仿真软件，具有硬件 PLC 的功能，无须针对仿真进行调整，为工程项目调试带来极大的便利。

2. TIA 博途 V15 软件的安装

西门子博途软件的更新速度比较快，版本越高对计算机的配置要求越高，本书选择了 TIA 博途 V15 版本。软件具体的安装步骤请扫描二维码查看。

注意：安装西门子博途软件时，如果遇到要求重新启动计算机，可以通过删除注册表键值的办法来解决。按住 win+R 打开"运行"窗口，在"运行"中输入 regedit，按"回车"键进入注册表编辑器。删除 HKEY_ LOCAL_ MACHINE \ SYSTEM \ CurrentControlSet \ Control \ Session Manager 下面的键值 PendingFileRenameOperations。删除后根据解压缩路径找到安装文件，双击 Start. exe，就可以继续安装了。

3. TIA 博途 V15 软件入门

TIA 博途集成软件可以使用两个不同视图：Portal 视图，一种面向任务的项目任务视图；项目视图，一种包含项目所有组件和相关工作区的视图。Portal 视图和项目视图可以相互切换。

1）Portal 视图

它是面向任务的工作模式，使用简单、直观，可以更快地开始项目设计。通过 Portal 视图，可以访问项目所有的组件。Portal 视图布局如图 1-7 所示，左边栏是启动选项，列出了安装软件包所涵盖的功能，用于不同任务的入口。根据不同的选择栏会自动筛选出可以进行的动作。右边的选择面板会更详细地列出具体的操作项目。

2）项目视图

项目视图显示项目的全部组件。在该视图中，可以方便地访问设备和块。项目的层次化结构，编辑器、参数和数据等全部显示在一个视图中。项目视图布局如图 1-8 所示，左边是项目树，右边是工作区、任务卡等。

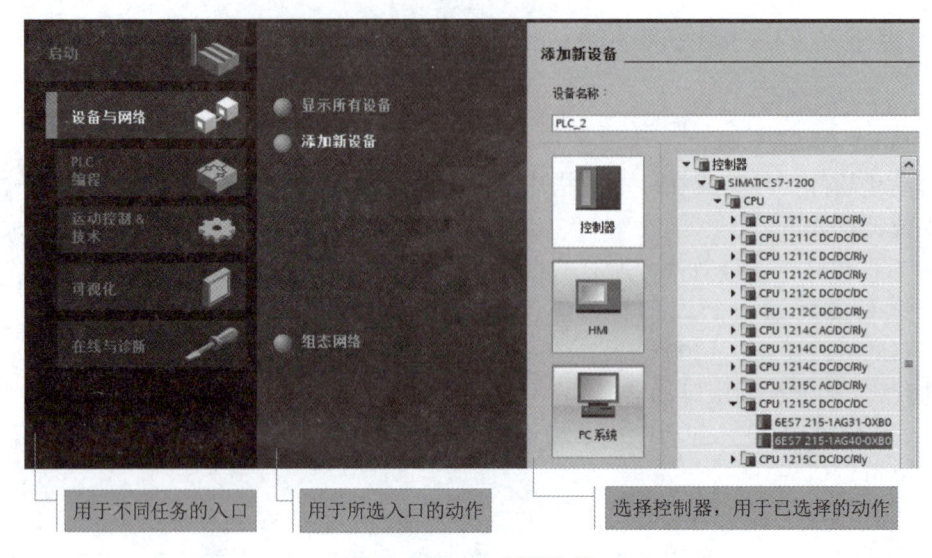

图 1-7　Portal 视图布局

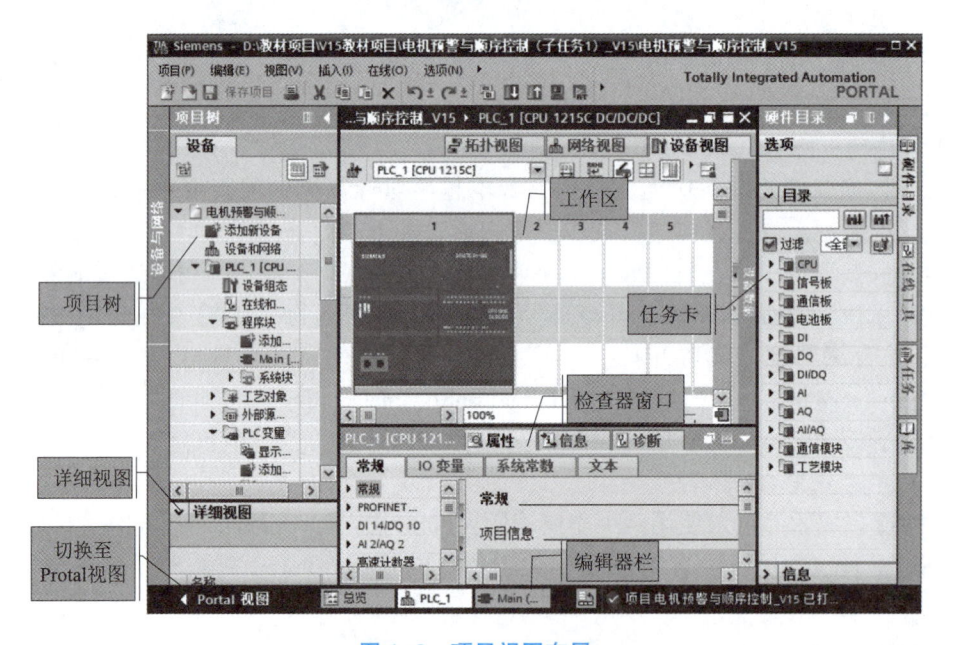

图 1-8　项目视图布局

（1）项目树：显示整个项目的各种元素，访问所有的设备和项目数据。在项目树中可以执行以下任务：添加新设备，编辑现有的设备，扫描并更改现有项目数据的属性。项目树可以访问所有的设备和项目数据，打开处理数据的编辑器。

（2）工作区：工作区内显示可以打开并进行编辑的对象，这类对象包括编辑器、视图以及表。

（3）检查器窗口：检查器窗口显示与已选对象或者已执行活动等有关的附加信息。检查器窗口由属性、信息、诊断等选项卡组成。属性：该选项卡用于显示被选择对象的属性。在该选项卡中可以更改，允许编辑的。信息：该选项卡显示被选择对象的其他信息及与被执行动作（如编译）有关的信息。诊断：该选项卡提供与系统诊断事件和已组态报警事件等有关的信息。

（4）编辑器栏：用于显示已打开的编辑器，可以使用编辑器栏在打开的对象之间实现快速切换。

（5）任务卡：根据被编辑或被选定对象的不同，使用任务卡，可以自动提供执行的附加操作。这些操作包括：从某个库中选择对象、从硬件目录中选择对象、搜索和替换项目中的对象、已选定对象的诊断信息。

（6）详细视图：将显示总览窗口和项目树中所选对象的特定内容，如其内容可以是文本列表或者变量。

要若要更改用户界面语言，可按照以下步骤操作：

（1）在"Options（选项）"菜单中，选择"Settings（设置）"命令。

（2）在导航区中选择 General（常规）组。

（3）从"User interface language（用户界面语言）"下拉列表中选择所需要的语言，则用户界面语言将会更改成所需要的语言，下次打开该程序时，将显示为已经选定的用户界面语言。

任务实施

1. 任务分析

分析任务，把被控对象、PLC I/O 设备、控制过程分析填写在任务工单上。

1）被控对象分析

实施 PLC 控制首先要根据任务要求明确被控对象。被控对象是被控制的装置或设备，一般指受控的机械、电气设备、生产线或生产过程，如机床、各类生产线、机械手等。

本任务的被控对象是传送带。

2）I/O 设备的确定

工业控制系统中被控对象很多，但实际上 PLC 具体的控制对象只有指示灯（包含蜂鸣器）、气缸（包括油缸）和电动机三类。气缸和电动机是为各类设备提供动力的执行元件，指示灯、蜂鸣器是提供报警、指示功能的执行元件。这些元件通过不同的 PLC 外围器件或设备与 PLC 连接。

PLC 在本质上是工业控制的专用计算机，所以它的外围器件、设备、接口在许多方面与计算机相似。通常与 PLC 输入端子连接的外围器件或设备有按钮、开关、传感器等，与 PLC 输出端子连接的外围器件或设备有交流接触器、继电器、电磁阀、信号灯、蜂鸣器、变频器等。这些输入、输出器件或设备，统称 I/O 设备。

本任务给 PLC 提供控制命令的元件是启动按钮、停止按钮，用作 PLC 输入元件；本任务的被控对象——传送带，由 24 V 直流电动机控制，直流电动机由中间直流继电器控制，作为 PLC 的输出元件。

讨论：PLC 的被控对象一定是 PLC 的输出设备吗？请举例说明它们的区别。

3）PLC 的选型

在 PLC 控制系统中，输入信号和被控对象之间没有硬件电路的直接关联，而是通过 PLC 内部的用户程序建立两者之间的逻辑关系。

根据已确定的 I/O 设备，本任务需要 2 个输入信号和 1 个输出信号，全为数字量、24 V 电源供电，查阅 S7-1200 PLC 选型手册，可以为本任务选择一个合适的 PLC。

根据 PLC 的相关知识及选型手册，以及电源类型、I/O 点的数量和使用成本最低的原则，并考虑今后任务的调整和扩充，加上 10%~15% 的备用量，可以选择型号为 1211C DC/DC/DC 的 PLC。由于学校的实训室会因为在 PLC 项目上的综合考虑，选择的 PLC 型号 I/O 点数会多些，比如我校选择的 PLC 型号为 1215C DC/DC/DC。但学习 PLC 的人必须要明白 PLC 的选型原则，后面 PLC 任务采用的 PLC 选型原则与此类似。

讨论：S7-1200 PLC 有哪些不同的型号？每种型号都有哪些不同的规格？请说明 CPU 1215C DC/DC/DC 型号的含义。

4）控制过程分析

传送带启停控制过程分析如表 1-7 所示，这里的启动按钮与停止按钮均为常开型按钮。

表 1-7　传送带启停控制过程分析

条件	PLC 输入元件状态	PLC 输出元件状态	动作
按下 SB1 启动按钮	对应 I 常开触点接通	输出 Q 线圈得电	传送带运行
释放 SB1 启动按钮	对应 I 常开触点断开	输出 Q 线圈维持得电	传送带运行
按下 SB2 停止按钮	对应 I 常闭触点断开	输出 Q 线圈失电	传送带停止
释放 SB2 停止按钮	对应 I 常闭触点接通	输出 Q 线圈维持失电	传送带停止

本任务的 PLC 的程序是一个启保停程序，和接触器控制的三相电动机启停控制电路类似，它是典型的基础控制程序之一。

2. 列出 I/O 分配表

根据任务分析，对 PLC 输入量、输出量进行地址分配，列出 I/O 分配表。

提示：

PLC 的 I/O 分配表是指将每一个输入设备对应一个 PLC 的输入地址，将每一个输出设备对应一个 PLC 的输出地址，如表 1-8 所示。实训装置里控制传送带电动机的继电器输出端已经接在了 PLC 的 Q0.6 端子，因此 I/O 分配要与实际接线端子一致。

表 1-8　传送带启停控制 I/O 分配表

输入/输出元件	地址	功能
启动按钮 SB1	I0.0	启动传送带
停止按钮 SB2	I0.1	停止传送带
继电器 KA	Q0.6	控制传送带电动机

3. 绘制接线图

根据列出的 I/O 分配表，绘制 PLC 的硬件接线图及传送带的控制电路，并完成任务的接线。

提示：

确定任务选用的 PLC 型号，根据图 1-6 所示 PLC 的外部接线图绘制，PLC 的输出点 Q 控制 24 V 直流电动机，电动机控制传送带的运行。

4. 编制 PLC 程序

根据任务的控制要求，编制 PLC 梯形图程序。具体的操作请扫描二维码查看。

提示：

1）创建新项目

在桌面中双击 TIA Portal V15 图标启动软件，软件界面包括 Portal 视图和项目视图，两个界面中都可以新建项目。

2）添加新设备

添加新设备可在项目视图下添加新设备，也可以在 Portal 视图下添加新设备。

3）以太网地址设置

双击 CPU 模块的网口位置可弹出"属性"选项的"以太网"选项，设置 IP 地址和子网掩码，默认的 IP 地址是 192.168.0.1，子网掩码为 255.255.255.0。若此处没有网络，可单击"添加新子网"，然后输入 IP 地址和子网掩码。注意和计算机 PC 网络要在一个网段内，前三个字节相同，最后一个字节不同。

物料传送带控制程序编制与仿真

4）创建 PLC 变量表

若在编程中没有事先设置变量名称，那在程序编辑时系统会给地址分配默认名称，然后变量会在默认变量表中出现，可以在默认变量表中统一修改变量的名称。单击在项目树中的"PLC 变量"选项，双击"添加新变量表"，会生成一个变量表，在变量表中，把要设置的变量输入变量表中。

5）编辑 PLC 程序

PLC 中触点和线圈等组成的电路称为程序段，英语名称为 Network（网络），STEP7 自动地为程序段编号。在项目视图中，双击项目树"程序块"中"Main"选项，进入主程序编辑界面。

拖动编辑区工具栏上收藏夹的常开触点、常闭触点、线圈到"程序段 1"，输入相应的地址，若没有创建变量表，系统会自动分配地址的符号名称。此处已经建立变量表，输入地址后会自动加载名称，也可以不直接输入变量，单击"??.?"处，右边出现按钮，在按钮下拉列表中选择要输入的变量名称。编辑好程序后，单击"编辑"菜单的"编译"选项，编译程序，编译完成后，若有错误可以在编程信息窗口中查找错误的程序段。只有编译成功的程序才可以仿真、下载。

5. 程序仿真

编制程序并编译成功后，仿真 PLC 程序。具体的操作请扫描二维码查看。

提示：

单击工具栏的 按钮开始仿真，弹出"启动仿真将禁用所有其他的在线接口"对话框，单击"确定"按钮，弹出"扩展的下载到设备"窗口，选择接口及连接类型，单击"开始搜索"按钮。完成后单击"下载"按钮，弹出"下载预览"窗口，下载前检查无误后，单击"装载"按钮，弹出"下载结果"窗口，选择"启动模块"，单击"完成"按钮，即可完成程序的仿真下载。

在程序编辑界面，单击 按钮，启用监视。这时程序会变色，梯形图用绿色连续线来表示状态满足，即有"能流"流过，用蓝色虚线表示状态不满足，没有能流流过。

创建仿真 SIM 表格，在"SIM 表格_1"中输入 PLC 程序相关的变量。按下"启动按钮"时，"传送带"变量打上了"√"，传送带运行，变量的仿真表如图 1-9 所示。返回到程序界面，可以看到程序的输出变量"传送带"也变成了绿色，传送带启动监视状态如图 1-10 所示。按下"停止按钮"时，传送带停止运行，传送带停止监视状态如图 1-11 所示。

图 1-9 变量的仿真表

图 1-10 传送带启动监视状态 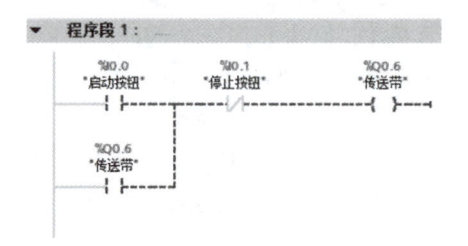　　　　图 1-11 传送带停止监视状态

6. 程序下载与运行

提示：

为了使信息能在以太网上准确地传送到目的地，连接到以太网的设备必须拥有一个唯一的 IP 地址，并且要与计算机网卡的 IP 地址不同，否则不能成功下载。

物料传送带控制程序下载与运行

PLC 下载到设备与 PLC 仿真时的下载步骤类似。单击工具栏上的"下载"按钮 或"在线"菜单中的"下载到设备"命令，启动下载操作。打开"扩展的下载设备"对话框，单击"开始搜索"按钮。这里要注意：PG/PC 接口和仿真时选择的接口不同，选择"Realtek PCIe GBE Family Controller"，单击"下载"按钮。若 PLC 之前已经下载过程序，会出现"装载到设备前的软件同步"对话框，单击"在不同步的情况下继续"。在"下载预览"窗口，停止模块处选择"全部停止"，下载前检查完成后，单击"装载"按钮，在"下载结果"窗口选择"启动模块"后单击"完成"，PLC 切换到 RUN 模式。

注意：若 PLC 修改了硬件配置和程序，可在项目树中选择"PLC_1"文件夹，单击鼠标右键选择"下载到设备"中的"硬件和软件（仅更改）"进行下载程序。

与 PLC 建立好在线连接后，打开需要监视的程序，单击程序编辑器工具栏上的"启用/禁用监视"按钮 ，启动程序状态监视，观察程序与设备的运行状态。程序运行状态的显示与前文仿真时的状态显示类似，这里不再详述。若运行结果与控制要求一致，说明本任务调试成功。

评价与总结

1. 评价

任务实施完成后,根据任务成果,填写任务评价表,完成评价。把任务实施相关的内容及评价结果记录在任务工单。

2. 总结

第一次任务的 PLC 外部接线,务必要根据绘制的接线图进行接线,尤其注意电源不能接反。PLC 外部接线图和继电器控制传送带电动机的电路,如图 1-12 和图 1-13 所示。

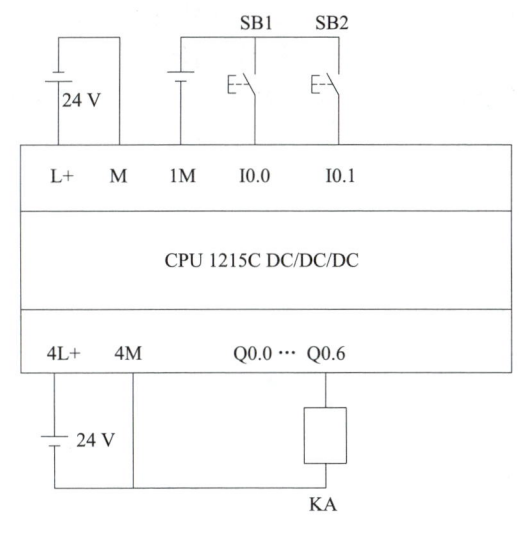

图 1-12　PLC 外部接线图

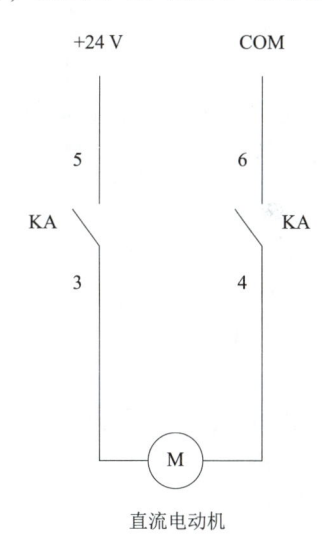

图 1-13　继电器控制电路

该任务实施中的难点是 PLC 程序的编制、仿真、下载和运行。PLC 程序编制与下载的实施步骤总结如下:

创建新项目→添加 PLC 设备→以太网地址设置→创建 PLC 变量表→编辑 PLC 程序→单击下载按钮 ■（或其他下载方式）启动下载→打开"扩展的下载设备"对话框→单击"开始搜索"按钮,搜索到 PLC 设备→单击"下载"按钮→停止模块处选择"全部停止"→单击"装载"按钮→在"下载结果"窗口选择"启动模块"→单击"完成"。

任务实施中还要注意以下几点:

(1) PLC 设备的型号要添加正确;

(2) PLC、计算机的网络 IP 地址不同,但要在同一个网段;

(3) 程序运行时,开启程序监视按钮 ■,观察 PLC 外部输入、输出的状态是否与程序监视状态一致。若不一致,要检查接线和程序,直到成功运行。

思考题 1:PLC 控制与传统的接触器-继电器控制相比,有哪些优点?

思考题 2:PLC 启停控制程序与接触器控制的电动机启停控制电路相比,有哪些异同点?

思考题 3：在任务实施过程中，遇到了哪些困难？怎么解决的？

任务二　基于触摸屏的物料传送带控制

任务描述

按下外部启动按钮 SB1 或触摸屏启动按钮 SB3 时，系统启动，触摸屏指示灯 L1 亮，当物料检测开关 K1 检测到有物料时，传送带开启运行，当物料传送到传送带末尾时，到料检测开关 K2 动作，传送带停止运行。在传送带运行期间，按下外部停止按钮 SB2 或触摸屏停止按钮 SB4 时，系统停止，触摸屏指示灯 L1 灭，传送带也立即停止。

学习目标

（1）掌握 PLC 的工作原理；
（2）掌握 TIA 博途软件的操作步骤；
（3）会分析任务的控制对象、输入/输出设备；
（4）会 PLC、扩展模块、触摸屏的组态与联合仿真；
（5）会 PLC 简单程序的编制、仿真、监视与调试；
（6）培养踏实肯干、严谨细致的工作作风。

问题引导

思考以下问题，回答内容写在任务工单上。

问题 1：S7-1200 CPU 有哪几种工作模式？CPU 的状态指示灯有哪几种？

问题 2：PLC 外部输入端子的按钮、PLC 外部的输出端子负载，与 PLC 程序通过什么联系的？

问题 3：分析任务一的 PLC 外部接线图、PLC 程序与继电器控制电路的工作原理。

相关知识

知识点一　PLC 的工作原理

PLC 的工作原理与计算机的工作原理基本上是一致的，可以简单地表述为在系统程序的管理下，通过运行应用程序完成用户任务。PLC 是在确定了工作任务，装入了专用程序后成为一种专用机，系统工作任务管理及应用程

PLC 的工作原理

序执行是以循环扫描方式完成的。当 PLC 正常运行时，它将不断重新扫描过程。

1. 操作系统与用户程序

CPU 的操作系统用来组织与具体的控制任务无关的所有的 CPU 功能。操作系统的任务包括处理暖启动、刷新输入/输出过程映像、调用用户程序、检测中断事件和调用中断组织块、检测和处理错误、管理存储器，以及处理通信任务等。

用户程序包含处理具体的自动化任务必需的所有功能。用户程序由用户编写并下载到 CPU，用户程序的任务包括：

（1）检查是否满足暖启动需要的条件，例如限位开关是否在正确的位置，安全继电器是否处于正常的工作状态。

（2）处理过程数据，例如用读取的数字量输入信号来控制数字量输出信号，读取和处理模拟量输入信号，输出模拟量值。

（3）用 OB（组织块）中的程序对中断事件做出反映，例如在诊断错误中断 OB82 中发出报警信号，以及编写处理错误的程序。

2. CPU 的工作模式

S7-1200 CPU 有以下三种工作模式：STOP（停止）模式、STARTUP（启动）模式和 RUN（运行）模式。CPU 的状态 LED 指示当前工作模式。

在 STOP 模式下，CPU 处理所有通信请求（如果有的话）并执行自诊断，但不执行用户程序，过程映像也不会自动更新。只有在 CPU 处于 STOP 模式时，才能下载项目。

在 STARTUP 模式下，执行一次启动组织块（如果存在的话）。上电后 CPU 进入 STAPTUP 模式，进行上电诊断和系统初始化，检查到某些错误时，将禁止 CPU 进入 RUN 模式，保持在 STOP 模式。在 RUN 模式的启动阶段，不处理任何中断事件。

在 RUN 模式下，重复执行扫描周期，即重复执行程序循环组织块 OB1。中断事件可能会在程序循环阶段的任何点发生并进行处理。处于 RUN 模式下时，无法下载任何项目。

CPU 支持通过暖启动进入 RUN 模式。在暖启动时，所有非保持性系统及用户数据都将被复位为来自装载存储器的初始值，保留保持性用户数据。

在 CPU 内部的存储器中，设置了一片区域来存放输入信号和输出信号的状态，它们被称为过程映像输入区和过程映像输出区。CPU 的操作模式从 STOP 切换到 RUN 时，进入启动模式，CPU 执行下列操作（见图 1-14 中各阶段的符号）：

阶段 A 复位过程映像输入区（I 存储区）。

阶段 B 用上一次 RUN 模式最后的值或替代值来初始化输出。

阶段 C 执行一个或多个启动 OB，将非保持性 M 存储器和数据块初始化为其初始值，并启用组态的循环中断时间和时钟事件。如果启动 OB 不止一个，首先执行 OB100，然后按递增的编号执行其他启动 OB。

阶段 D 将外设输入状态复制到过程映像输入区。

阶段 E（整个启动阶段）将中断事件保存到队列，以便在 RUN 模式进行处理。

阶段 F 将过程映像输出区（Q 区）的值写到外设输出。

启动阶段结束后，进入 RUN 模式。

为了使 PLC 的输出及时地响应各种输入信号，CPU 反复地分阶段处理各种不同的任务（见图 1-14）：

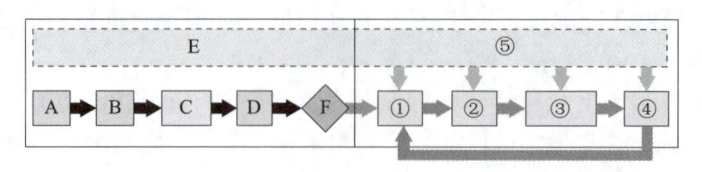

图1-14 启动与运行过程示意图

阶段①将过程映像输出区的值写到输出模块。
阶段②将输入模块处的输入传送到过程映像输入区。
阶段③执行一个或多个程序循环OB，首先执行主程序OB1。
阶段④处理通信请求和进行自诊断。

上述任务是按顺序执行的。这种为完成PLC所承担的工作，系统周而复始的依一定顺序完成一系列的具体工作，这种循环工作方式称为扫描循环。执行一次扫描工作所需的时间称为扫描周期。在扫描循环的任意阶段（阶段⑤）出现中断事件时，执行中断程序。

CPU没有用于切换运行模式的物理开关。运行模式（STOP或RUN）可使用编程软件的操作员面板上的按钮来切换。另外，该操作员面板还提供了用于执行全面存储器复位的按钮MRES，并具有可显示CPU状态的LED指示灯。除编程软件切换运行模式外，还可以在用户程序中用STP指令使CPU进入STOP模式。

3. CPU的启动方式

CPU有冷启动和暖启动两种方式。下载了用户程序的块和硬件组态后，下一次切换到RUN模式时，CPU执行冷启动。冷启动时复位输入，初始化输出；复位存储器，即清除工作存储器、非保持性存储区和保持性存储区，并将装载存储器的内容复制到工作寄存器。存储器复位不会清除诊断缓冲区，也不会清除永久保存的IP地址。

冷启动之后，在下一次下载之前的STOP到RUN模式的切换均为暖启动。暖启动时所有非保持的系统数据和用户数据被初始化，不会清除保持性存储区。

暖启动不对存储器复位，可以用在线与诊断视图的"CPU操作面板"上的"MRES"按钮来复位存储器。S7-1200 CPU之间通过开放式用户通信进行的数据交换只能在RUN模式进行。移除或插入中央模块将导致CPU进入STOP模式。

4. RUN模式CPU的操作

下面是RUN模式各阶段任务的详细介绍。

1）写外设输出

在扫描循环的第一阶段，操作系统将过程映像输出中的值写到输出模块并锁存起来。梯形图中某输出位的线圈"通电"时，对应的过程映像输出位中的二进制数为1。信号经输出模块隔离和功率放大后，继电器输出模块中对应的硬件继电器的线圈通电，其常开触点闭合，使外部负载通电工作。若梯形图中某输出位的线圈"断电"，对应的过程映像输出位中的二进制数为0。将它送到继电器型输出模块，对应的硬件继电器的线圈断电，其常开触点断开，外部负载断电，停止工作。过程映像输出区的等效电路如图1-15所示。

可以用指令立即改写外设输出点的值，同时将刷新过程映像输出。

2）读外设输入

在扫描循环的第二阶段，读取输入模块的输入，并传送到过程映像输入区。外接的输入电路闭合时，对应的过程映像输入位中的二进制数为 1，梯形图中对应的输入点的常开触点接通，常闭触点断开。外接的输入电路断开时，对应的过程映像输入位中的二进制数为 0，梯形图中对应的输入点的常开触点断开，常闭触点接通。过程映像输入区的等效电路如图 1-16 所示。

可以用指令立即读取数字量或模拟量的外设输入点的值，但是不会刷新过程映像输入。

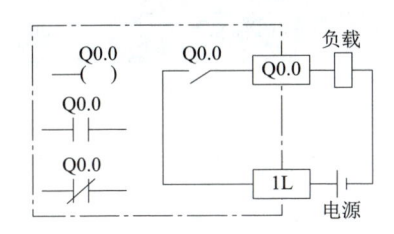

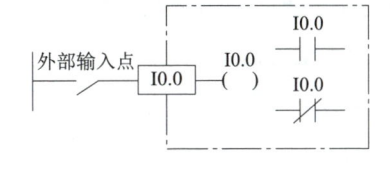

图 1-15 过程映像输出区的等效电路　　图 1-16 过程映像输入区的等效电路

3）执行用户程序

PLC 的用户程序由若干条指令组成，指令在存储器中按顺序排列。从第一条指令开始，逐条顺序执行用户程序中的指令，包括程序循环 OB 调用 FC 和 FB 的指令，直到最后一条指令。

在执行指令时，从过程映像输入/输出或别的位元件的存储单元读出其 0、1 状态，并根据指令的要求执行相应的逻辑运算，运算的结果写入相应的过程映像输出和其他存储单元，它们的内容随着程序的执行而变化。

程序执行过程中，各输出点的值被保存到过程映像输出，而不是立即写给输出模块。在程序执行阶段，即使外部输入信号的状态发生了变化，过程映像输入的状态也不会随之而变，输入信号变化了的状态只能在下一个扫描周期的读取输入阶段被读入。执行程序时，对输入/输出的访问通常是通过过程映像，而不是实际的 I/O 点，这样做有以下好处：

（1）在整个程序执行阶段，各过程映像输入点的状态是固定不变的，程序执行完后再用过程映像输出的值更新输出模块，使系统的运行稳定。

（2）由于过程映像保存在 CPU 的系统存储器中，访问速度比直接访问信号模块快得多。

4）通信处理与自诊断

在扫描循环的通信处理和自诊断阶段，处理接收到的报文，在适当的时候将报文发送给通信的请求方。此外还要周期性地检查固件、用户程序和 I/O 模块的状态。

5）中断处理

事件驱动的中断可以在扫描循环的任意阶段发生。有事件出现时，CPU 中断扫描循环，调用组态给该事件的 OB。OB 处理完事件后，CPU 在中断点恢复用户程序的执行。中断功能可以提高 PLC 对事件的响应速度。

5. CPU 的状态指示灯

CPU 模块提供状态指示灯，位于 CPU 前面的 LED 态指示灯的颜色指示出 CPU 的当前工作状态。

（1）RUN/STOP 指示灯：黄色灯指示 STOP 模式，绿色灯指示 RUN 模式，闪烁灯指示 STARTUP 模式。

（2）ERROR 指示灯：红色闪烁时，表明出现 CPU 内部错误、存储卡错误或组态错误；

红色灯常亮时，表明硬件出现故障。

（3）MAINT（维护）指示灯：在插入或取出存储卡或版本错误时，黄色灯将闪烁；如果有 I/O 点被强制或安装电池板后电量过低，黄色灯将会常亮。

CPU 状态指示灯详细说明如表 1-9 所示。

表 1-9　CPU 状态指示灯详细说明

说明	RUN/STOP 黄色/绿色	ERROR 红色	MAINT 黄色
断电	灭	灭	灭
启动、自检或固件更新	闪烁（黄色和绿色交替）	—	灭
停止模式	亮（黄色）	—	—
运行模式	亮（绿色）	—	—
取出存储卡	亮（黄色）	—	闪烁
错误	亮（黄色或绿色）	闪烁	—
请求维护 强制 I/O 需要更换电池（若安装电池板）	亮（黄色或绿色）	—	亮
硬件出现故障	亮（黄色）	亮	灭
LED 测试或 CPU 固件出现故障	闪烁（黄色和绿色交替）	闪烁	闪烁
CPU 组态版本未知或不兼容	亮（黄色）	闪烁	闪烁

讨论：小组成员在实施任务过程中，发现程序不能下载，CPU 状态指示灯 RUN/STOP 灯亮黄色，ERROR 红灯闪烁，你认为它有可能出现哪些问题？这个指示灯的说明是否能帮助我们缩小问题的范围？市场上大多数电器产品都有产品故障代码或指示。通过仔细解读故障代码或指示，有助于快速查找到问题的根源，并采取有效的解决措施。

知识点二　传送带启停控制系统分析

根据过程映像输入、输出区的等效电路，再结合上一个任务的传送带启停控制的 PLC 程序与外部接线图，各按钮的状态、输入过程映像 I、输出过程映像 Q、输出继电器 KA 的关系如表 1-10 所示。

表 1-10　传送带启停控制系统状态表

元件状态 输入状态	过程映像输入 I	输入 I 的触点	过程映像输出 Q	继电器 KA	传动带电动机
启动按钮 SB1 按下	1	常开接通	1	得电	启动
启动按钮 SB1 释放	0	常开断开	1	得电	保持运行
停止按钮 SB2 按下	1	常闭断开	0	断电	停止
停止按钮 SB2 释放	0	常闭接通	0	断电	保持停止

知识点三　西门子的人机界面

1. 人机界面概述

1）人机界面的定义

人机界面是指具有人-机交互功能的设备统称，简称为 HMI。人机界面可以连接可编程序控制器（PLC）、变频器、直流调速器、温控仪表、数采模块等工业控制设备，利用显示屏显示，通过触摸屏、按键、鼠标等输入单元写入参数或输入操作命令，进而实现用户与机器的信息交互。

2）人机界面的组成

人机界面产品一般由 HMI 硬件设备和 HMI 操作软件两部分组成。HMI 硬件设备包括处理器、显示单元、输入单元、通信接口、数据存储单元等，其中处理器的性能决定了人机界面产品的性能高低，是人机界面的核心单元。

2. 西门子人机界面产品

西门子人机界面分为精智面板、精简面板、移动面板、按键面板、精彩面板等。

精智面板适用于复杂的操作画面，尺寸从 4~22 in[①] 可选，多为宽屏；可进行触摸操作或按键操作；实现能效管理，带集成诊断功能；万一发生电源故障，可确保 100% 的数据安全；使用系统卡来简化项目传输；可在危险区域中使用；同时支持 PROFIBUS/MPI 接口和 PROFINET（LAN）接口；支持多种通信协议，例如：PROFIBUS、PROFINET 以及第三方协议。

精简面板适用于不太复杂的可视化应用，具有基本的功能，有较高的性价比。移动面板便于携带，适用于有线或无线环境。按键面板结构小巧、价格低廉，集成了故障安全功能。精彩面板通过串口可以连接西门子 S7-200 和 S7-200 SMART，也可以和市场主流的小型 PLC 建立稳定可靠的通信连接。

知识点四　软件的上传项目

做好计算机与 PLC 通信的准备工作后，生成一个新项目，选中项目树中的项目名称，执行菜单命令"在线"→"将设备作为新站上传（硬件和软件）"，出现"将设备上传至 PG/PC"对话框。用"PG/PC 接口"下拉式列表选择实际使用的网卡。

单击"开始搜索"按钮，经过一定的时间后，在"所选接口的可访问节点"列表中，出现连接的 CPU 和它的 IP 地址，计算机与 PLC 之间的连线由断开变为接通。CPU 所在方框的背景色变为实心的橙色，表示 CPU 进入在线状态。选中可访问节点列表中的 CPU，单击对话框下面的"从设备上传"按钮。上传成功后，可以获得 CPU 完整的硬件配置和用户程序。

知识点五　帮助功能

为了帮助用户获得更多信息和快速高效地解决问题，软件提供了丰富的帮助功能。

---

① 英寸，1 in = 25.4 mm。

1. 弹出项

将鼠标的光标放在 STEP 7 的文本框、工具栏上的按钮和图标等对象上，例如在设置 CPU 的"周期"属性的"循环周期监视时间"时，单击文本框，出现黄色背景的弹出项方框，方框内是对象的简要说明或帮助信息。设置循环周期监视时间时，如果输入的值超过了允许的范围，按回车键后，出现红色背景的错误信息。

2. 层叠工具提示

将光标放在程序编辑器的收藏夹的"空功能框"按钮上，出现的黄色背景的层叠工具提示框中的三角形图标表示有更多信息。单击该图标，层叠工具提示框出现蓝色有下划线的层叠项，它是指向相应帮助主题的链接。单击该链接，将会打开帮助，并显示相应的主题。

3. 信息系统

信息系统又称为帮助系统，可以通过以下方式打开帮助系统：①执行菜单命令"帮助"→"显示帮助"；②选中某个对象（例如某条指令）后按〈F1〉键；③单击层叠工具提示框中的链接，直接转到帮助系统中的对应位置。

使用信息系统的"索引"和"搜索"选项卡，可以快速查找到需要的帮助信息，也可以通过目录查找到感兴趣的帮助信息。单击"收藏类"选项卡的"添加"按钮，可以将右边窗口打开的主题保存到收藏夹。

任务实施

基于触摸屏的物料传送带控制程序编制与仿真

1. 任务分析

按照前任务的分析方法，把被控对象、PLC I/O 设备、控制过程分析填写在任务工单上。

提示：

根据任务要求，触摸屏指示灯的控制属于启保停控制，和上个任务类似。传送带的运行条件是：触摸屏指示灯亮且物料检测开关检测到有物料。传送带的停止条件是：触摸屏指示灯灭或到料检测开关检测到物料到达传送带末尾。

2. 列出 PLC 变量表

根据任务分析，对 PLC 的输入量、输出量进行分配，列出 I/O 变量以及与触摸屏关联的输入/输出变量分配表。

提示：

实训装置中，物料检测开关和到料检测开关均采用光纤传感器，分别已接到 PLC 输入的 I2.5 和 I2.0。

讨论： 触摸屏的输入/输出变量与 PLC 的外部输入/输出变量有什么异同之处？PLC 的哪些输入设备可以用触摸屏设置的输入变量代替？

3. 绘制 PLC 接线图

根据列出的 I/O 分配表，绘制 PLC 的硬件接线图，并完成任务的接线。

提示：

参考上一个任务的外部接线图。

4. 编制 PLC 程序

根据任务的控制要求,编制梯形图程序。

提示:

在程序中外部输入按钮用到的 PLC 变量是输入 I,输出继电器用到的 PLC 变量是输出 Q,触摸屏所用到的变量是位存储区 M。

这里的 PLC 软件操作步骤包括:创建新项目→添加 PLC、I/O 扩展模块、触摸屏设备→组态设备网络→创建 PLC 变量表→编辑 PLC 程序。下面介绍与上一个任务不同的操作步。

1) 添加 I/O 扩展模块

创建新项目,添加 PLC 设备,方法同上一个任务。PLC 1215C 的本体自带 I0.0~I0.7,I1.0~I1.5。这里的检测开关接到了扩展模块,所以要在软件中组态一个与硬件配置同型号的扩展模块。在项目视图后面的"硬件目录"中选择"DI/DQ"中的"DI 16/DQ 16×24 V DC",双击或拖曳下拉列表中的"6ES7 223-1BL32-0XB0"选项,该型号的信号模块就放置到 CPU 的右边。双击信号模块,或在信号模块上单击鼠标右键选择"属性"选项,打开属性窗口,可修改信号模块的起始地址。

2) 添加 HMI 触摸屏设备

用同样的方法可添加触摸屏,单击"添加新设备"窗口的"HMI"按钮,在中间的目录树中显示各种 HMI 设备的型号,在这里选择 HMI→SIMATIC 精智面板→7 英寸显示屏→TP700 Comfort→6AV2124-0GC01-0AX0,版本号可选择为 14.0.1.0 或最新版本。若勾选了窗口左下角的"启动设备向导",单击"添加按钮将启动"HMI 设备向导对话框,这里不勾选。

3) 组态设备网络

添加完 HMI 设备后,要进行 S7-1200 与 HMI 的联网组态。选择项目树中"设备与网络"的"网络视图",这里有显示 PLC 和 HMI 两个设备。单击 PLC 右下方的绿色 PROFINET 接口,按住鼠标左键,出现连接线,拖动到触摸屏右下方的绿色 PROFINET 接口位置,这样可以与 PLC 建立网络连接。触摸屏的地址设置和 CPU 的地址设置方法相同,和 CPU 在一个网段内,但地址的最后一个字节不能相同。

4) 创建 PLC 变量表

根据任务要求,按照上一个任务类似的方法,创建 PLC 变量表。PLC 变量表如图 1-17 所示。

		名称	数据类型	地址	保持	可从…	从 H…	在 H…
1		启动按钮	Bool	%I0.0		✓	✓	✓
2		停止按钮	Bool	%I0.1		✓	✓	✓
3		触摸屏启动按钮	Bool	%M0.0		✓	✓	✓
4		触摸屏停止按钮	Bool	%M0.1		✓	✓	✓
5		物料检测开关	Bool	%I2.5		✓	✓	✓
6		到料检测开关	Bool	%I2.0		✓	✓	✓
7		触摸屏指示灯	Bool	%M2.0		✓	✓	✓
8		传送带	Bool	%Q0.6		✓	✓	✓

图 1-17　PLC 变量表

5）编辑 PLC 程序

根据任务要求及分析、PLC 变量表，编制 PLC 程序。本任务可以在上一个任务的基础上修改。

6）组态触摸屏

系统添加触摸屏后，在画面里添加两个按钮，一个启动按钮，一个停止按钮。添加两个基本对象"圆"来分别表示"触摸屏指示灯"变量和"传送带"变量的状态。组态完触摸屏变量后，单击项目树的"HMI_1"位置，单击工具栏里的编译按钮 ![]，编译完成后相应的编译信息出现在编译信息窗口。只有编译正确的触摸屏组态才可以仿真、下载。

5. 程序仿真

1）位存储器 M 的直接仿真

位存储器的变量可以直接在程序编辑界面上修改变量的值进行仿真，很方便，但外部开关量不能使用这种方法，只能采用表格仿真。

2）位存储器 M 的表格仿真

位存储器 M 的表格仿真和上一个任务的 I/O 变量表格仿真方法类似，不过需要注意的是，仿真列表默认设置下不能仿真 M 位存储器变量，若要仿真 M 变量，必须开启"非输入修改"功能，单击表格上的 ![] 按钮即可启用此功能，启用后 M 变量也可以仿真。

3）PLC 与触摸屏 HMI 联合仿真

在"PLC"及"HMI_1"位置分别单击工具栏里的 ![] 仿真按钮，启用仿真。按下触摸屏仿真画面上的启动按钮，"触摸屏指示灯"由蓝色变为红色，表示"触摸屏指示灯"的输出变量置 1，"触摸屏指示灯"接通，如图 1-18 所示。

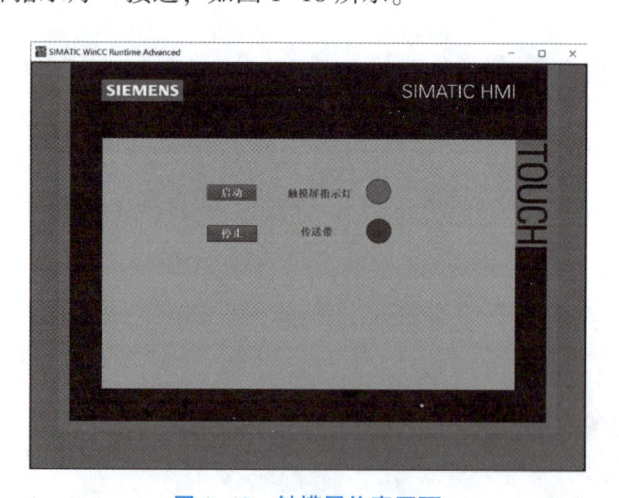

图 1-18　触摸屏仿真画面

启用变量的表格仿真功能，表格仿真中"触摸屏指示灯"变量打上了"√"，表示接通，如图 1-19 所示，同时程序编辑界面的输出变量由虚线蓝色变为绿色，与触摸屏仿真状态一致，如图 1-20 所示。按下停止按钮，触摸屏上的"触摸屏指示灯"由红色变为蓝色，"触摸屏指示灯"的输出变量复位为 0，"触摸屏指示灯"断开，同时程序编辑界面的输出变量由绿色变为虚线蓝色，与触摸屏仿真状态一致。"传送带"的仿真方法与其类似，不再赘述。

图 1-19 仿真变量表

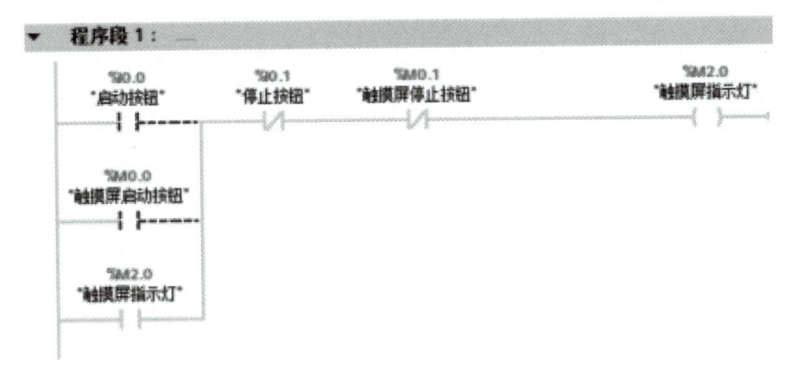

图 1-20 "触摸屏指示灯"的程序仿真界面

6. 下载、调试与运行

提示：

1）程序下载

PLC 下载到设备与上一个任务的步骤类似。单击工具栏上的"下载"按钮 或"在线"菜单中的"下载到设备"命令，完成下载操作。PLC 切换到 RUN 模式。

基于触摸屏的物料传送带控制程序下载、调试与运行

2）监视变量

监控表的功能有：①监视变量，在计算机上显示用户程序或 CPU 中变量的当前值；②修改变量，将固定值分配给用户程序或 CPU 的变量；③对外设输出赋值，允许在 STOP 模式下将固定值赋给 CPU 的外设输出点，这功能可用于硬件调试时检查接线。

监控表可以赋值或显示的变量包括过程映像（I 和 Q）、外设输入输出(I_:P 和 Q_:P)、位存储器（M）和数据块（DB）内的存储单元。

（1）启用监视。

与 PLC 建立好在线连接后，打开需要监视的程序，单击程序编辑器工具栏上的"启用/禁用监视"按钮 ，启动程序状态监视。

（2）生成监控表并输入变量。

打开项目树中 PLC 的"监控与强制表"文件夹，双击其中的"添加新监控表"，生成一个名为"监控表_1"的新监控表，并在工作区自动打开它。根据需要，可以生成多个监

31

控表。在监控表中输入变量的名称或地址，也可以将 PLC 变量表中的变量名称复制到监控表。

（3）监视与修改变量。

与 CPU 建立在线连接后，单击工具栏上的"全部监视"按钮，启动或关闭监视功能，将在"监视值"列连续显示变量的动态实际值。单击工具栏上的"立即一次性监视所有变量"按钮，立即读取一次变量值，并在监控表中显示。单击"显示/隐藏所有修改列" 按钮，在出现的"修改值"列输入变量新的值，勾选要修改的变量的复选框。

用鼠标右键菜单也可以修改 M 位变量的值。用鼠标右键单击某个位变量，执行出现的快捷菜单中的"修改"→"修改为 0"或"修改"→"修改为 1"命令，可以将选中的变量修改为"FALSE"或"TRUE"。在 RUN 模式修改变量时，各变量同时又受到用户程序的控制。在 RUN 模式，不能改变 I 区变量的值，因为它们的状态取决于外部输入电路的通断状态，但可以使用触发器进行修改。

3）程序调试

按下外部启动按钮或触摸屏上的启动按钮，触摸屏指示灯亮，当检测到有物料时，I2.5 接通，Q0.6 接通，继电器得电吸合，传送带运行，同时触摸屏上的表示传送带的"圆"变为红色。物料到达皮带末尾时，I2.0 常闭触点断开，Q0.6 断开，传送带停止。任意时刻，按下外部停止按钮或触摸屏停止按钮，传送带立即停止。若该任务的运行结果与控制要求一致，说明本任务调试成功。

讨论：在工业生产中常用触摸屏控制设备，你在日常生活中发现哪些场合也用到触摸屏？随着科技的发展，触摸屏技术也进一步完善和普及。屏幕无处不在，科技成就美好生活。

评价与总结

1. 评价

任务实施完成后，根据任务成果，填写任务评价表，完成评价。把任务实施相关的内容及评价结果记录在任务工单。

2. 总结

该任务的参考程序如图 1-21 所示。参考程序中，触摸屏指示灯的启停控制是在上一个任务的启保停典型控制程序演变而来的，外部启动按钮 I0.0 和触摸屏启动按钮 M0.0 实现点亮触摸屏指示灯功能，外部停止按钮 I0.1 和触摸屏停止按钮 M0.1 实现熄灭触摸屏指示灯功能；触摸屏指示灯点亮后，当物料检测开关检测到有物料时，I2.5 常开触点接通，Q0.6 接通，传送带运行；到料检测开关检测到物料到达传送带末尾时，I2.0 常闭触点断开，Q0.6 断开，传送带停止；若中途按下停止按钮，触摸屏指示灯灭，M2.0 常开触点断开，传送带也停止。

任务实施中还要注意以下几点：

（1）PLC、触摸屏设备的型号要添加正确；

（2）PLC、计算机、触摸屏的网络 IP 地址不同，但要在同一个网段；

（3）位存储器 M 可以直接仿真，但外部输入端子 I 只能采用表格仿真，程序仿真成功后再进行项目的下载、运行，有助于提高任务实施效率。

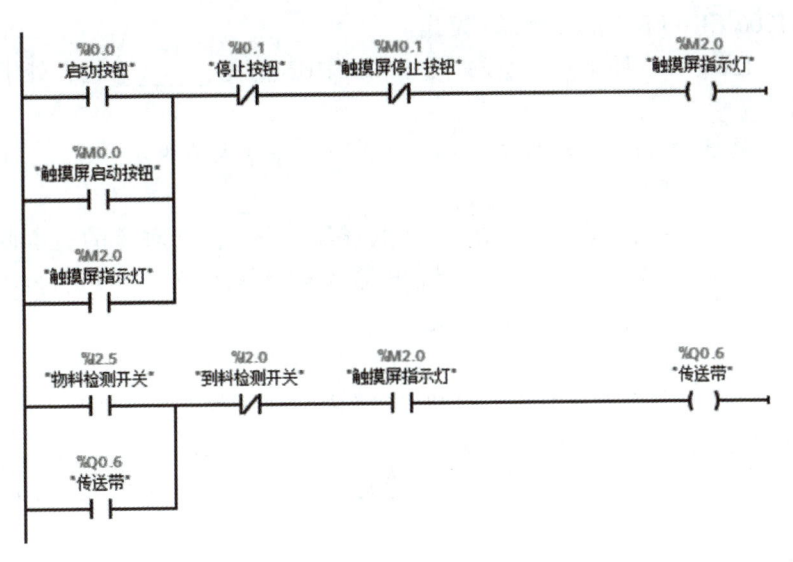

图 1-21　传送带的 PLC 参考程序

思考题 1：若任务接的停止按钮是常闭型按钮，PLC 程序应怎么改？

思考题 2：两个按钮都可以控制系统启动，两个按钮都可以控制系统停止，在编程方面有什么规律吗？

拓展任务

PLC 监控表有使用触发器修改输入变量 I、在 STOP 模式改变外设输出状态的功能，PLC 强制表有强制变量的功能。具体的操作可扫描二维码查看或参考 PLC 的技术文档学习。

项目一
拓展知识

练习

1. 填空题

（1）S7-1200 PLC 主要由_____、_____、_____、_____和编程软件组成，各种模块安装在标准 DIN 导轨上。

（2）CPU 1215C 最多可以扩展_____个信号模块、_____个通信模块。信号模块安装在 CPU 的_____边，通信模块安装在 CPU 的_____边。

（3）CPU 1215C 有集成的_____点数字量输入、_____点数字量输出、_____点模拟量输入、_____点模拟量输出。

（4）CPU 1215C AC/DC/RLY 型号的 PLC 供电电源一般是 AC_____V 电源，CPU 1215C DC/DC/DC 型号的 PLC 供电电源一般是 DC_____V 电源。

（5）STEP7 标准软件包配置了三种基本的编程语言，分别是_____、_____、_____。其中最常用语言的英文简称为_____。

（6）S7-1200 CPU 有以下三种工作模式：_____、_____、_____。

（7）当 S7-1200 CPU 处于停止模式时，STOP/RUN 灯亮_____色；处于运行模式时，STOP/RUN 灯亮_____色。

（8）PLC 的外部输入电路接通时，对应的过程映像输入位为_____，梯形图中对应的常开触点_____，常闭触点_____。

（9）若梯形图中某一过程映像输出位 Q 的线圈"断电"，对应的过程映像输出位为_____，在写入输出模块阶段之后，继电器型输出模块对应的硬件继电器的线圈_____，其常开触点_____，外部负载_____。

（10）添加 PLC 的新设备时，在"添加新设备"界面左边选项框中选择_____，添加触摸屏的新设备时，在"添加新设备"界面左边选项框中选择_____。

（11）S7-1200 CPU 默认的 IP 地址是_____，子网掩码是_____。

（12）PLC 仿真中，_____色虚线表示能流断开，_____色实线表示能流导通。

2. 简答题

（1）什么是可编程控制器？

（2）PLC 有哪些特点？

（3）西门子公司的 1200 系列 PLC 有哪些型号？

（4）CPU 模块提供状态指示灯有哪几个？其中 RUN/STOP 指示灯有哪几种显示方式？

（5）TIA 博途软件的特点有哪些？

（6）在博途软件的 Portal 视图下怎样添加新设备？

（7）计算机与 S7-1200 通信时，怎样设置网卡的 IP 地址和子网掩码？

（8）若软件添加的设备与实际设备的型号不相符，怎样更改设备型号？

（9）怎样打开 S7-PLCSIM 和下载程序到 S7-PLCSIM？

（10）软件里的监控表有什么功能？

（11）修改变量与强制变量有什么区别？

（12）打开博途软件的信息系统有哪几种方式？

项目二　三相异步电动机的 PLC 运行控制

项目导入

三相异步电动机是将电能转换为机械能供给生产机械实现各种运动的一种动力设备。它在机械、运输、冶金、煤炭、石油、化工等工业领域应用十分广泛，各类机床设备、起重设备、运料装置、电铲、轧钢机、水泵、风机、粉碎机、运输机械、纺织机械等都大量采用三相异步电动机来拖动。三相异步电动机的点动、连续运行和停止、正反转控制等基本运行问题都可以采用 PLC 来解决。

任务一　电动机的点动与连续运行控制

任务描述

用 PLC 设计一台三相异步电动机的点动与连续控制。当按下长动按钮 SB1，电动机启动，松开按钮 SB1，电动机连续运行。当按下点动按钮 SB2，电动机启动，松开按钮 SB2，电动机停止。任意时刻，按下停止按钮 SB3，电动机停止。当电动机过载时，热继电器工作，电动机停止。

说明：本书提到的"电机"均指"电动机"，下同。

学习目标

(1) 了解 PLC 存储器的分类与功能；
(2) 掌握电动机点动与连续控制电路的工作原理；
(3) 掌握 S7-1200 PLC 基本位指令的应用；
(4) 能根据转换设计法进行 PLC 编程；
(5) 掌握 PLC 编程的基本原则，培养程序设计规范性。

问题引导

思考以下问题，回答内容写在任务工单上。

问题1：分析接触器控制的电动机点动与连续运行电路原理。

问题2：S7-1200的存储区包括哪些？位存储区M与过程映像输出Q有什么区别？

问题3：什么是转换设计法？它一般有哪些步骤？

相关知识

知识点一 存储器

1. 存储器的分类

S7-1200 CPU 的存储区包括三个基本区域，即装载存储器、工作存储器 RAM 和系统存储器 RAM，如表2-1所示。

PLC 的存储器

表2-1 CPU 的存储区

装载存储器	动态装载存储器 RAM
	可保持装载存储器 EEPROM
工作存储器 RAM	用户程序，如逻辑块、数据块
系统存储器 RAM	过程映像 I/O 区
	位存储器、定时器、计数器
	局域数据堆栈、块堆栈
	中断堆栈、中断缓冲区

2. 装载存储器

装载存储器是非易失性存储器，用于保存用户程序、数据和组态信息。项目被下载到 CPU 后，首先存储在装载存储器中。每个 CPU 都具有内部装载存储器。该内部装载存储器的大小取决于所使用的 CPU。该内部装载存储器可以用外部存储卡来替代。如果未插入存储卡，CPU 将使用内部装载存储器；如果插入了存储卡，CPU 将使用该存储卡作为装载存储器。但是，可使用的外部装载存储器的大小不能超过内部装载存储器的大小，即使插入的存储卡有更多空闲空间。该非易失性存储器能在断电后继续保持。

3. 工作存储器

工作存储器是易失性存储器，集成在 CPU 中的高速存取的 RAM，为了提高运行速度。用于在执行用户程序时存储用户项目的某些内容，例如 CPU 会将组织块、函数块、函数和数据等内容从装载存储器复制到工作存储器。装载存储器类似于计算机的硬盘，工作存储器类似于计算机的内存条，CPU 断电后工作存储器的内容会丢失，而在恢复供电时由 CPU 恢复。

4. 系统存储器

系统存储器是 CPU 为用户程序提供的存储器组件，被划分为若干个地址区域。使用指令可以在相应的地址区内对数据直接进行寻址。系统存储器用于存放用户程序的操作数据，例如过程映像输入/输出、位存储器、数据块、局部数据、I/O 输入输出区域和诊断缓冲区等。

1）过程映像输入 I

输入映像区每一位对应一个数字量输入点，在每个扫描周期的开始，CPU 对输入点进行采样，并将采样值存于输入映像寄存器中。CPU 在接下来的本周期各阶段不再改变输入过程映像寄存器中的值，直到下一个扫描周期的输入处理阶段进行更新。

2）过程映像输出 Q

输出映像区的每一位对应一个数字量输出点，在扫描周期的末尾，CPU 将输出映像寄存器的数据传送给输出模块，再由后者驱动外部负载。

I 和 Q 均可以按位、字节、字和双字来访问，如 I0.0、QB0、IW2、QD4。

3）外设输入

在输入点 I 地址后面加":P"，可以立即读取外设输入，包括 CPU、信号板和信号模块的输入。访问时使用 I:P 取代 I 的区别在于前者的数字直接来自被访问的输入点，而不是来自过程映像输入。因为数据从信号源被立即读取，而不是从最后一次刷新的过程映像输入中复制，这种访问被称为"立即读"访问。由于外设输入点从直接连接在该点的现场设备接收数据值，因此写外设输入点是被禁止的，即 I:P 访问是只读的。

4）外设输出

在输出点 Q 的地址后面加":P"，可以立即写外设输出，包括 CPU、信号板和信号模块的输出。访问时使用 Q:P 取代 Q 的区别在于前者的数字直接写给被访问的外设输出点，同时写给过程映像输出。这种访问被称为"立即写"访问，因为数据被立即写给目标点，不用等到下一次刷新时将过程映像输出中的数据传送给目标点。由于外设输出点直接控制与该点连接的现场设备，因此读外设输出点是被禁止的，即 Q:P 访问是只写的。

5）位存储区 M

用来保存控制继电器的中间操作状态或其他控制信息，可以用位、字节、字或双字读/写存储器区。

6）定时器 T

定时器相当于继电器系统中的时间继电器，用定时器地址（T 和定时器号，如 T5）来存取当前值和定时器状态位，带位操作数的指令存取定时器状态位，带字操作的指令存取当前值。

7）计数器 C

用计数器地址（C 和计数器号，如 C20）来存取当前值和计数器状态位，带位操作数的指令存取计数器状态位，带字操作的指令存取当前值。

8）局部变量 L

可以作为暂时存储器或给子程序传递参数，局部变量只在本单元有效。

9）数据块 DB

在程序执行的过程中存放中间结果，或用来保存与工序或任务有关的其他数据。数据块关闭后，或有关代码的执行开始或结束后，数据块中存放的数据不会丢失。数据块分全局数据块、背景数据块两种。

系统存储器的存储区说明如表2-2所示。

表2-2 系统存储器的存储区说明

存储区	说明	强制	保持性
I 过程映像输入	在扫描周期开始时从外设输入复制	否	否
I_:P(外设输入)	立即读取CPU、SB和SM上的外设输入点	是	否
Q 过程映像输出	在扫描周期开始时复制到外设输出	无	否
Q_:P(外设输出)	立即写入CPU、SB和SM的外设输出点	是	否
M 位存储器	控制和数据存储器	否	是
L 临时存储器	存储块的临时数据，这些数据仅在该块的本地范围内有效	否	否
DB 数据块	数据存储器，同时也是FB的参数存储器	否	是

5. 断电保持存储器

断电保持存储器（保持型存储器）用来防止在电源关闭时丢失数据，暖启动后，断电保持存储器的数据不会丢失，存储器复位时其值被清除。在暖启动时，所有非保持的位存储器被删除，非保持的数据块的内容被复位为装载存储器中的初始值。冷启动后，断电保持存储器的数据被清除。这些数据必须预先定为具有保持功能。断电过程中，CPU使用保持性存储器存储所选用户存储单元的值。如果发生断电或掉电，CPU将在上电时恢复这些保持性值。例如，用户根据情况可设置位存储器（M）的保持性存储器的大小。

对于FB的局部变量，如果生成FB时激活了"仅符号访问"属性，可以在FB的界面定义单个变量是否具有保持功能。如果没有激活FB的该属性，只能在指定的背景数据块中定义变量是否有断电保持属性。对于全局数据块中的变量，如果激活了"仅符号访问"属性，可以对每个定义变量单独设置断电保持属性。如果禁止了数据块DB的该属性，则只能设置DB中所有的变量是否具有断电保持属性。

6. 存储卡

存储卡用于在断电时保存用户程序和某些数据，不能用普通读卡器格式化存储卡，可以将存储卡作为程序卡、传送卡或固件更新卡。装载了用户程序的存储卡将替代设备的内部装载存储器，后者的数据被擦除。拔掉存储卡不能运行，不用软件只用传送卡就可以将项目复制到CPU的内部装载存储器，复制后必须取出存储卡。

知识点二 PLC梯形图程序的编程原则

PLC的编程原则

PLC编程虽然有多种编程语言，但主要还是以梯形图编程为主，它比较直观易懂，也更利于调试。以下是PLC梯形图的编程规则。

（1）梯形图程序由若干个网路段组成。梯形图网络段的结构不增加程序长度，软件编译结果可以明确指出错误语句所在的网络段，清晰的网络结构有利于程序的调试，正确使用网络段有利于程序的结构化设计，使程序简明易懂。

（2）梯形图程序必须符合顺序执行的原则，即从左到右、从上到下执行。

（3）梯形图每一行都是从左母线开始，线圈接在右边。触点不能放在线圈的右边，在继电器控制的原理图中，热继电器的触点可以加在线圈的右边，而 PLC 的梯形图是不允许的。

（4）外部输入/输出继电器、内部继电器、定时器、计数器等器件的触点可多次重复使用。

（5）有些品牌的 PLC 线圈不能直接与左母线相连，必须从触点开始，以线圈或指令盒结束。如果需要，可以通过一个没有使用的内部继电器的动断触点或者特殊内部继电器的动合触点来连接。S7-1200 的 PLC 线圈可以直接与左母线相连。

（6）同一编号的线圈在一个程序中使用两次称为双线圈输出。双线圈输出容易引起误操作，应尽量避免线圈重复使用，并且不允许多个线圈串联使用。

（7）梯形图程序触点的并联网络多连在左侧母线，设计串联逻辑关系时，应将单个触点放在右边。

（8）两个或两个以上的线圈可以并联输出。

（9）每一个开关输入对应一个确定的输入点，每一个负载对应一个确定的输出点。外部按钮（包括启动和停止）一般用动合触点。

（10）输出继电器的使用方法。输出端不带负载时，控制线圈应使用内部继电器 M 或其他线圈，不要使用输出继电器 Q 的线圈。

讨论：PLC 梯形图程序是顺序执行的，如果同一个输出 Q 出现 2 次，会有什么问题？遵循 PLC 的编程原则规范设计 PLC 程序，能避免不必要的错误。每个企业都有规章制度，很多工作岗位的具体任务也制定了操作规程，工作者认真遵守这些制度是职业素养的必备要求。

知识点三　相关位逻辑指令

1. 常开触点与常闭触点

常开触点：在赋的位值为 1 时，常开触点将闭合（ON）；在赋的位值为 0 时，常开触点将断开（OFF）。

常闭触点：在赋的位值为 0 时，常闭触点将闭合（ON）；在赋的位值为 1 时，常闭触点将断开（OFF）。

可将触点相互连接并创建用户自己的组合逻辑。如果用户指定的输入位使用存储器标识符 I（输入）或 Q（输出），则从过程映像寄存器中读取位值。控制过程中的物理触点信号会连接到 PLC 上的 I 端子。CPU 扫描已连接的输入信号并持续更新过程映像输入寄存器中的相应状态值。通过在 I 偏移量后加入":P"，可指定立即读取物理输入。对于立即读取，直接从物理输入读取位数据值，而非从过程映像中读取。立即读取不会更新过程映像。

2. 取反 RLO 触点

取反触点：RLO 是逻辑运算结果的简称，中间有"NOT"的触点为取反 RLO 触点，如果没有能流流入取反 RLO 触点，则有能流流出。如果有能流流入取反 RLO 触点，则没有能流流出，如图 2-1 所示。

```
   %I0.0       %I0.1                                    %Q0.0
────┤ ├────────┤/├──────────┤NOT├─────────────────────────( )────
```

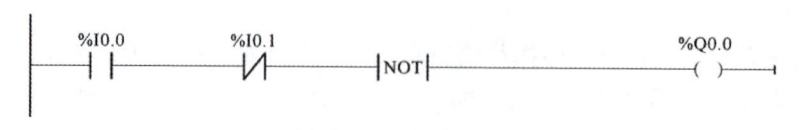

图 2-1 取反触点

3. 线圈

"OUT" 输出线圈：线圈将输入的逻辑运算结果（RLO）的信号状态写入指定的地址，线圈通电时写入 1，断电时写入 0。

"OUT" 反向输出线圈：如果有能流流过 M1.1 的取反线圈，则 M1.1 为 0 状态，其常开触点断开，反之 M1.1 为 1 状态，其常开触点闭合，如图 2-2 所示。

```
   %I0.3       %M1.0                                    %M1.1
────┤ ├────────┤/├───────────────────────────────────────( / )────
```

图 2-2 取反线圈

PLC 可以用 Q0.1:P 的线圈将位数据值写入过程映像输出 Q0.1，同时立即直接写给对应的物理输出点，如图 2-3 所示。

```
   %M2.1       %I0.4                                   %Q0.1:P
────┤ ├────────┤ ├───────────────────────────────────────( )────
```

图 2-3 立即输出

知识点四　电动机的点动与连续控制电路

接触器控制的三相异步电动机点动与连续控制的电路如图 2-4 所示。合上 QS，按下按钮 SB1，KM 线圈得电，主触点闭合，电动机 M 得电启动运行；同时，KM 辅助常开触点闭合，通过 SB2 常闭触点构成自锁回路，故按下 SB1 为长动运行。按下按钮 SB2，KM 线圈得电，主触点闭合，电动机 M 得电启动运行；同时，KM 辅助常开触点闭合，但 SB2 的常闭触点断开，因此不能构成自锁回路，故按下 SB2 按钮为点动运行，按下 SB3 按钮，电动机停止运行。

讨论：电动机点动与连续运行电路中的复合按钮 SB2 与 PLC 程序中的常开、常闭触点有什么不同？

知识点五　转换设计法

转换设计法是 PLC 程序设计方法之一。转换设计法就是将继电器-接触器控制电路图按照一定规则转换成与原有功能相同的 PLC 梯形图程序，能充分利用原有的控制线路资源，缩短编程时间。这种等效转换是一种简便、快捷的编程方法。

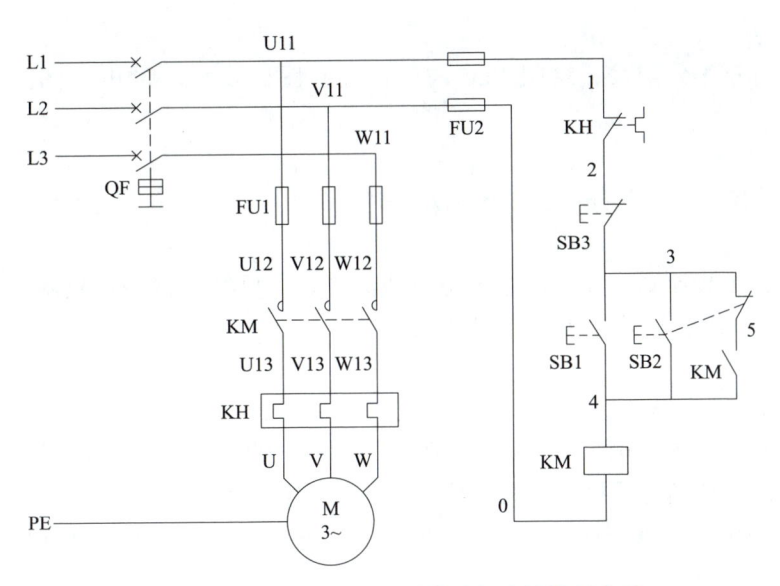

图 2-4 三相异步电动机的点动与连续控制电路

转换设计法的步骤有以下几点：

（1）了解被控设备的工艺过程和机械的动作情况，根据继电器电路图分析和掌握控制系统的工作原理。

（2）确定 PLC 的输入信号和输出信号，画出 PLC 的外部接线图。

（3）确定 PLC 梯形图中的辅助继电器（M）、定时器（T）等元件号。

（4）根据上述对应关系画出 PLC 的梯形图。

（5）根据被控设备的工艺过程和机械的动作情况及梯形图编程的基本规则，优化梯形图，使梯形图既符合控制要求，又具有合理性、条理性和可靠性。

这种转换设计法适用于将已知的、较成功的电气线路进行转化，但直接的转化并不会百分百成功，一般要对原有线路进行修改或只能作为设计参考，因为 PLC 的工作原理和电气控制还是有所区别。

任务实施

1. 任务分析

分析任务，把被控对象、PLC I/O 设备、控制过程分析填写在任务工单上。

提示：

本任务的被控对象是三相异步电动机。控制过程分析主要是确定控制对象运行及停止的条件。电动机点动运行的条件是：按下点动按钮；电动机长动运行的条件是：按下长动按钮；电动机停止运行的条件是：按下停止按钮或电动机过载。

2. 列出 I/O 分配表

根据任务分析，确定 PLC 的输入量、输出量，列出 I/O 分配表。

3. 绘制接线图

根据列出的 I/O 分配表，绘制 PLC 的硬件接线图以及相关的电路图，并完成任务的接线。

4. 设计 PLC 程序

根据任务的控制要求及分析，设计 PLC 程序。

提示：

遵循 PLC 的编程原则，并要注意避免双线圈现象，再结合接触器控制的电动机点动与连续控制电路，利用转换设计法设计 PLC 程序。

5. 仿真与调试

程序编制完成后，进行程序编译，编译成功后，可以先进行 PLC 程序的仿真，仿真结果符合控制要求后，再按照前一个项目介绍的方法进行项目的下载，若不能成功下载，则根据提示检查 PLC 的通信与连接。下载成功后，开启程序监视，按下长动按钮 SB1、点动按钮 SB2、停止按钮 SB3，观察程序软元件的通断状态、继电器和接触器的通断状态、电动机的通断状态。

评价与总结

1. 评价

任务实施完成后，根据任务成果，填写任务评价表，完成评价。把任务实施相关的内容及评价结果记录在任务工单。

2. 总结

该任务的 I/O 分配表如表 2-3 所示，外部接线图如图 2-5 所示，继电器转换电路如图 2-6 所示。它的主电路和图 2-4 接触器控制的电路类似，不再重复展示。不过要注意的是，参考图中的接触器线圈电压是 220 V，而图 2-4 接触器控制电路中的接触器线圈电压是 380 V。

参考程序请扫描二维码查看。程序段 1：按下长动按钮，I0.1 常开触点接通，长动标志位 M0.0 接通；程序段 2：按下点动按钮，I0.2 常开触点接通，点动标志位 M0.1 接通；程序段 3：长动与点动功能控制一个输出 Q0.0，从而控制电动机的运行。在运行过程中，若按下停止按钮或电动机过载，M0.0 和 M0.1 都断开，电动机停止。回答思考题。

表 2-3 电动机点动与连续控制 I/O 分配表

输入/输出元件	地址	功能
长动按钮 SB1	I0.1	电动机连续运行
点动按钮 SB2	I0.2	电动机点动运行
停止按钮 SB3	I0.3	电动机停止
热继电器常闭触点 KH	I0.4	过载保护
继电器 KA	Q0.0	控制电动机运行

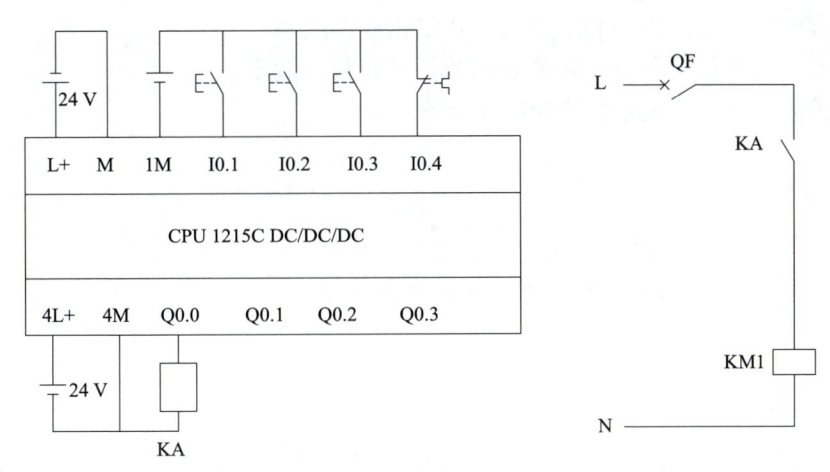

图 2-5　点动与连续控制的 PLC 外部接线图　　图 2-6　继电器转换电路

思考题 1：怎么避免在 PLC 程序设计中出现的双线圈现象？

思考题 2：外部接线图中的热继电器触点改为常开型触点，程序应怎么改？

思考题 3：在程序设计中，怎么实现同一个输出对象的一种控制状态直接切换成另一种控制状态？

任务二　电动机的正反转控制

任务描述

用 PLC 设计一台三相异步电动机的正反转控制。

子任务 1：

按下正向启动按钮 SB1，三相异步电动机正转。按下反向启动按钮 SB2，三相异步电动机反转。任意时刻，按下停止按钮 SB3 或电动机过载时，电动机停止。正反转可以直接通过按钮切换。

子任务 2：

在停止状态下，按下正向启动按钮 SB1，三相异步电动机正转。在停止状态下，按下反向启动按钮 SB2，三相异步电动机反转。电动机正转状态下，按下反向启动按钮 SB2，三相异步电动机先停止，松开按钮后，电动机再反转。电动机反转状态下，按下正向启动按钮 SB1，三相异步电动机先停止，松开按钮后，电动机再正转。任意时刻，按下停止按钮 SB3 或电动机过载时，电动机停止。（用边沿指令）

学习目标

（1）掌握电动机正反转控制电路的工作原理；

(2）掌握 S7-1200 PLC 置位、复位、边沿指令的应用；
(3）能使用基本位指令完成简单 PLC 程序的设计与调试；
(4）培养爱岗敬业、团结协作的职业素养。

问题引导

思考以下问题，回答内容写在任务工单上。

问题1：分析接触器控制的电动机正反转电路原理。

问题2：前面任务的传送带启停控制程序，用置位复位指令编程，怎么设计？

问题3：两种触发器指令有什么不同？上升沿检测触点指令和上升沿检测线圈指令有什么不同？

相关知识

知识点一　置位、复位相关指令

1. 置位、复位输出指令

置位、复位相关指令

置位指令：置位1位，S（置位）激活时，OUT 地址处的数据值设置为1。S 不激活时，OUT 不变。简单地说，S（置位输出）指令将指定的位操作数置位。

复位指令：复位1位，R（复位）激活时，OUT 地址处的数据值设置为0。R 不激活时，OUT 不变。简单地说，R（复位输出）指令将指定的位操作数复位。

如果同一操作数的 S 线圈和 R 线圈同时断电，指定操作数的信号状态不变。置位输出指令与复位输出指令最主要的特点是有记忆和保持功能。

图2-7所示为置位和复位指令的简单例子。如果 I0.1 的常开触点闭合，Q0.0 变为1状态并保持该状态。即使 I0.1 的常开触点断开，Q0.0 也仍然保持1状态。在程序状态中，用 Q0.0 的 S 和 R 线圈连续的绿色圆弧和绿色的字母表示 Q0.0 为1状态，用间断的蓝色圆弧和蓝色的字母表示0状态。如果 I0.2 的常闭触点闭合，Q0.0 变为0状态并保持该状态。即使 I0.2 的常闭触点断开，Q0.0 也仍然保持0状态。

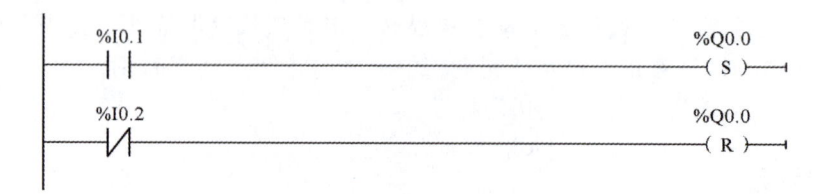

图2-7　置位和复位指令的简单例子

2. 置位位域指令与复位位域指令

—[SET_BF]— 置位位域指令：SET_BF 激活时，将指定的地址开始的连续的若干个位地址置位，即从地址 OUT 处开始的 "n" 位分配数据值 1。SET_BF 不激活时，OUT 不变。

—[RESET_BF]— 复位位域指令：RESET_BF 激活时，将指定的地址开始的连续的 "n" 个位地址复位，即从地址 OUT 处开始的 "n" 位写入数据值 0。RESET_BF 不激活时，OUT 不变。

3. 置位/复位触发器与复位/置位触发器

SR 方框是置位/复位（复位优先）触发器，RS 方框是复位/置位（置位优先）触发器，SR 与 RS 触发器的功能如表 2-4 所示。

表 2-4　SR 和 RS 触发器的功能

SR 触发器			RS 触发器		
S	R1	输出位	S1	R	输出位
0	0	保持	0	0	保持
0	1	0	0	1	0
1	0	1	1	0	1
1	1	0	1	1	1

图 2-8 所示为 SR 触发器和 RS 触发器的简单例子。M7.0 常开触点闭合时，输出线圈 M7.3 接通。M7.1 为 1 时，输出线圈 M7.3 断开。M7.4 常开触点闭合时，输出线圈 M7.7 断开。M7.5 为 1 时，输出线圈 M7.7 闭合。在置位（S）和复位（R1）信号同时为 1 时，方框上的输出位 M7.2 被复位为 0。可选的输出 Q 反映了 M7.2 的状态。在置位（S1）和复位（R）信号同时为 1 时，方框上的 M7.6 为置位为 1，可选的输出 Q 反映了 M7.6 的状态。

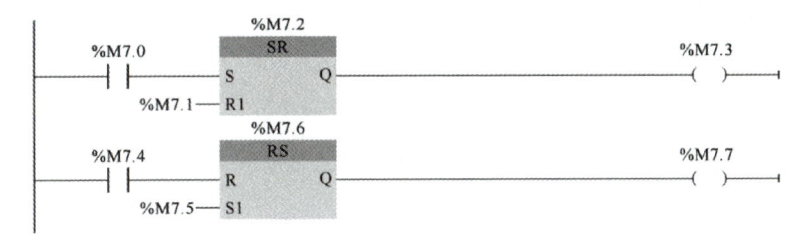

图 2-8　SR 触发器和 RS 触发器的简单例子

知识点二　边沿检测相关指令

1. 上升沿检测触点和下降沿检测触点指令

上升沿检测触点和下降沿检测触点指令也称扫描操作数信号边沿的指令。

—|P|— 上升沿检测触点指令：也称为"扫描操作数的信号上升沿"。在分配的 "IN" 位上检测到正跳变（关到开）时，该触点的状态为 TRUE。该触点逻辑状态随后与能流输入状态组合以设置能流输出状态。P 触点可以放置

边沿检测相关指令

在程序段中除分支、结尾外的任何位置。

图2-9所示为上升沿检测触点指令的简单例子。在I0.6的上升沿（I0.6由0状态变为1状态），该触点接通一个扫描周期，M5.0开始的连续4个存储器位置位。M4.3为边沿存储位，用来存储上一次扫描循环时I0.6的状态。通过比较I0.6前后两次循环的状态，来检测信号的边沿。边沿存储位的地址只能在程序中使用一次，不能用代码块的临时局部数据或I/O变量来做边沿存储位。

```
   %I0.6                                    %M5.0
   "Tag_1"                                  "Tag_3"
   ——| P |——————————————————————————————( SET_BF )——
   %M4.3                                       4
   "Tag_2"
```

图2-9 上升沿检测触点指令的简单例子

下降沿检测触点指令：也称为"扫描操作数的信号下降沿"。在分配的输入位上检测到负跳变（开到关）时，该触点的状态为TRUE。该触点逻辑状态随后与能流输入状态组合以设置能流输出状态。N触点可以放置在程序段中除分支、结尾外的任何位置。

图2-10所示为下降沿检测触点指令的简单例子。在M4.4的下降沿（M4.4由1状态变为0状态），该触点接通一个扫描周期，RESET_BF的线圈"通电"一个扫描周期，M5.4开始的连续3个存储器位复位。该触点下面的M4.5为边沿存储位。

所有边沿指令均使用存储器位（M_BIT）存储要监视的输入信号的前一个状态。通过将输入的状态与存储器位的状态进行比较来检测沿。如果状态指示在关注的方向上有输入变化，则会在输出写入TRUE来报告沿。否则，输出会写入FALSE。

```
   %M4.4                                    %M5.4
   "Tag_4"                                  "Tag_5"
   ——| N |——————————————————————————————( RESET_BF )——
   %M4.5                                       3
   "Tag_6"
```

图2-10 下降沿检测触点指令的简单例子

2. 边沿检测线圈指令

边沿检测线圈指令也称在信号边沿置位操作数的指令，分为上升沿检测线圈指令和下降沿检测线圈指令两种。

上升沿检测线圈指令：这种中间有P的线圈也称"在信号上升沿置位操作数"指令。在进入线圈的能流中检测到正跳变（关到开）时，分配的位"OUT"为TRUE。能流输入状态总是通过线圈后变为能流输出状态。P线圈可以放置在程序段中的任何位置。

下降沿检测线圈指令：这种中间有N的线圈也称"在信号下降沿置位操作数"指令。在进入线圈的能流中检测到负跳变（开到关）时，分配的位"OUT"为TRUE。能流输入状态总是通过线圈后变为能流输出状态。N线圈可以放置在程序段中的任何位置。

这两条边沿检测线圈不会影响逻辑运算结果RLO，它对能流是畅通无阻的，其输入的逻辑运算结果被立即送给线圈的输出端。这两条指令可以放置在程序段的中间或最右边。

─|P|─ 表示仅在流进该线圈的能流的上升沿，该指令的输出位 M6.1 为 1 状态。其他情况下 M6.1 均为 0 状态，M6.2 为保存 P 线圈输入端的 RLO 的边沿存储位。

─|N|─ 表示仅在流进该线圈的能流的下降沿，该指令的输出位 M6.3 为 1 状态。其他情况下 M6.3 均为 0 状态，M6.4 为边沿存储位。

图 2-11 所示为边沿检测线圈指令的简单例子。在运行时用外接的开关使 I0.7 变为 1 状态时，I0.7 的常开触点闭合，能流经 P 线圈和 N 线圈流过 M6.5 的线圈。在 I0.7 的上升沿，M6.1 的常开触点闭合一个扫描周期，使 M6.6 置位，在 I0.7 的下降沿，M6.3 的常开触点闭合一个扫描周期，使 M6.6 复位。

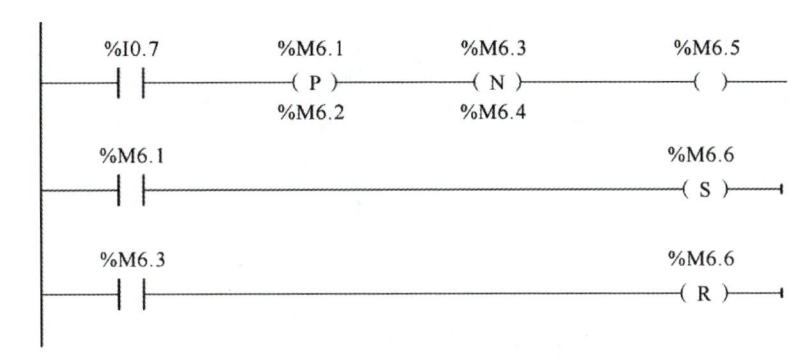

图 2-11　边沿检测线圈指令的简单例子

3. 扫描 RLO 的信号边沿指令

P_TRIG 为扫描 RLO 的信号上升沿指令。在流进该指令（P_TRIG 指令）的 CLK 输入端的能流（即 RLO）的上升沿，Q 端输出脉冲宽度为一个扫描周期的能流，方框下面的 M_BIT 是脉冲存储位。

N_TRIG 为扫描 RLO 的信号下降沿指令。在流进该指令（N_TRIG 指令）的 CLK 输入端的能流的下降沿，Q 端输出一个扫描周期的能流。方框下面的 M_BIT 是脉冲存储器位。P_TRIG 指令与 N_TRIG 指令不能放在电路的开始处和结束处。

图 2-12 所示为扫描 RLO 的信号边沿指令的简单例子。在流进 P_TRIG 指令的 CLK 输入端的能流的上升沿（能流刚出现），Q 端输出一个扫描周期的能流，使 M8.1 置位。指令框下面的 M8.0 是脉冲存储位。在流进 N_TRIG 指令的 CLK 输入端的能流的下降沿（能流刚消失），Q 端输出一个扫描周期的能流，使 Q0.6 复位。指令框下面的 M8.2 是脉冲存储位。

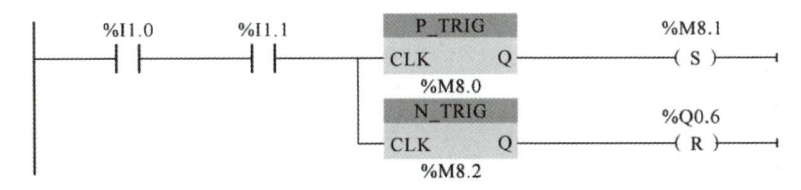

图 2-12　扫描 RLO 的信号边沿指令的简单例子

4. 检测信号边沿指令

R_TRIG 是"检测信号上升沿"指令，F_TRIG 是"检测信号下降沿"指令，如图 2-13 所示。它们是函数块，在调用时应为它们指定背景数据块。这两条指令将输入 CLK 的当前状态与背景数据块中的边沿存储位保存的上一个扫描周期的 CLK 的状态进行比较。如果 R_TRIG 指令检测到 CLK 的上升沿，将会通过 Q 端输出一个扫描周期的脉冲，从而使 M4.0 也接通一个扫描周期。如果 F_TRIG 指令检测到 CLK 的下降沿，会通过 Q 端输出一个扫描周期的脉冲，从而使 M4.2 也接通一个扫描周期。

在输入 CLK 输入端的电路时，选中左侧的垂直"电源"线，双击收藏夹中的"打开分支"按钮，生成一个串联电路。用鼠标将串联电路右端的双箭头拖曳到 CLK 端。松开鼠标左键，串联电路被连接到 CLK 端。

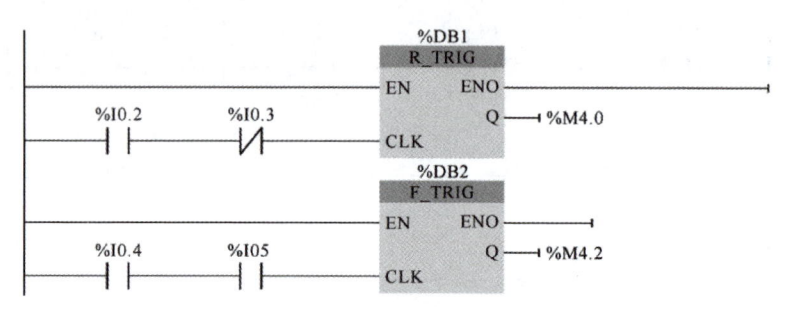

图 2-13 R_TRIG 和 F_TRIG 指令

5. 各种边沿检测指令的不同点

以上升沿检测为例，P 触点用于检测触点上面的地址的上升沿，并且直接输出上升沿脉冲。其他 3 种指令都是用来检测 RLO（流入它们的能流）的上升沿。

P 线圈用于检测能流的上升沿，并用线圈上面的地址来输出上升沿脉冲。其他 3 种指令都是直接输出检测结果。

R_TRIG 指令与 P_TRIG 指令都是用于检测流入它们的 CLK 端的能流的上升沿，并直接输出检测结果。其区别在于 R_TRIG 指令用背景数据块保存上一次扫描循环 CLK 端信号的状态，而 P_TRIG 指令用边沿存储位来保存它。

知识点三　电动机的正反转控制电路

接触器控制的三相异步电动机正反转控制的电路如图 2-14 所示。合上 QS，按下按钮 SB1，KM1 线圈得电，主触点闭合，电动机正转；同时，KM1 辅助常开触点闭合，构成自锁回路，电动机维持正转。按下按钮 SB2，SB2 的常闭触点断开，断开 KM1 的自锁回路，电动机停止正转，SB2 的常开触点接通，KM2 线圈得电，电动机反转；同时，KM2 辅助常开触点闭合，构成自锁回路，电动机维持反转。按下 SB3 按钮，电动机停止运行。

讨论：本任务的哪些接线部分可以借鉴上面的三相异步电动机的正反转控制电路？请查阅相关资料，明确电气线路接线规范及标准。要实现任务的 PLC 编程并完成电动机正反转控制电路的接线，一次课的时间比较紧，要求团队协作，合理分配小组成员的具体工作，才能按时完成任务。请写出小组人员的分工情况。通过小组团队协作，培养集体的归属感、荣誉感，培养互帮互助的团队精神，增强协同攻关能力。

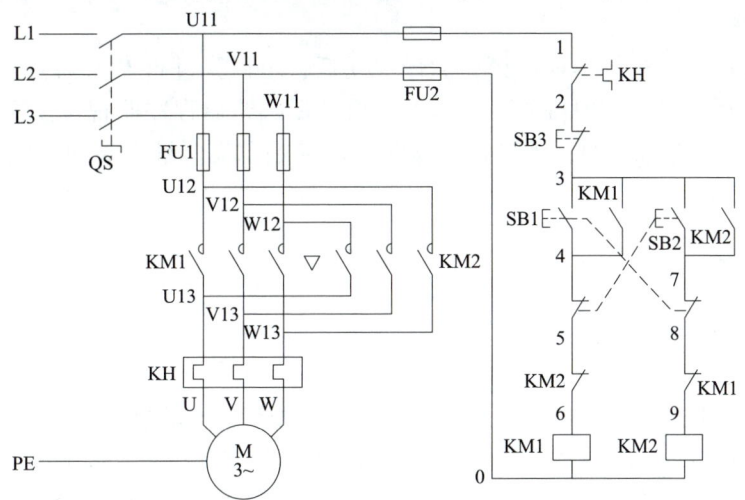

图 2-14 三相异步电动机的正反转控制电路

任务实施

1. 任务分析

分析任务，把被控对象、PLC I/O 设备、控制过程分析填写在任务工单上。

讨论：根据接触器控制的电动机正反转电路，如何用 PLC 实现同样功能的控制？控制交流电动机的正转与反转，就会涉及相间短路保护和电动机自身过载保护的问题，要有安全意识。在设计控制系统时，应该全面考虑、谨慎思维，必须兼顾安全性与可靠性。

提示：电动机正转运行的条件是：按下正转按钮；电动机反转运行的条件是：按下反转按钮；电动机停止运行的条件是：按下停止按钮或电动机过载。电动机正转的时候，按下反转按钮需要先断开正转回路才能接通反转回路，电动机反转时类似。

2. 列出 I/O 分配表

根据任务分析，确定 PLC 的输入量、输出量，列出 I/O 分配表。

3. 绘制接线图

根据列出的 I/O 分配表，绘制 PLC 的硬件接线图以及相关的电路图，并完成任务的接线。

提示：

该任务设计需要软件和硬件双重互锁（或称联锁）。如果没有硬件互锁，从正转切到反转，由于切换过程中电感的延时作用，可能会出现原来接通的接触器的主触点还未断弧，另一个接触器的主触点已经合上的现象，从而造成电流瞬间短路的故障。此外，若没有硬件互锁，且因为主电路电流过大或接触器质量不好，某一接触器的主触点被断电时产生的电弧熔焊而被黏结，其线圈断电后主触点仍然是接通的，这时如果另一个接触器的线圈通电，也会造成三相电源短路故障。

4. 设计 PLC 程序

根据任务的控制要求及分析，设计 PLC 程序。

49

提示：

参考接触器控制的电动机正反转控制电路，利用转换设计法设计 PLC 程序。

5. 仿真与调试

程序编制完成后，进行程序编译，编译成功后，可以先进行 PLC 程序的仿真，仿真结果符合控制要求后，再进行项目的下载。下载成功后，开启程序监视，按下正转按钮 SB1、反转按钮 SB2、停止按钮 SB3，观察程序软元件的通断状态、继电器和接触器的通断状态、电动机的通断状态。

拓展任务

任务名称： 电动机点动与连续运行的正反转控制

任务要求：

按下正向启动按钮 SB1，电动机正向启动，松开按钮，电动机连续运行，按下正向点动按钮 SB2，电动机点动运行，按下停止按钮 SB3，电动机立即停止。按下反向启动按钮 SB4，电动机反向启动，松开按钮，电动机连续反向运行，按下反向点动按钮 SB5，电动机反向点动运行，按下停止按钮 SB3，电动机立即停止。电动机正反向运行不能直接切换，需要按下停止按钮才可以。当电动机过载时，热继电器工作，电动机停止运行。

要求列出 PLC 的 I/O 分配表，编制 PLC 程序，完成程序的仿真与调试。

提示： 电动机正转和反转都有两个不同的状态：点动和连续运行，可采用位存储器 M 来保存。程序设计可在启保停的基本程序上修改，把连续运行和点动状态分别放在两个标志位 M 中，两个标志位再并联，接通输出 Q，使电动机正转。控制要求电动机正反转，这由两个不同的输出变量控制，不能同时接通，所以程序需要有互锁环节。

评价与总结

1. 评价

任务实施完成后，根据任务成果，填写任务评价表，完成评价。把任务实施相关的内容及评价结果记录在任务工单。

2. 总结

该任务的 I/O 分配表如表 2-5 所示，外部接线图如图 2-15 所示，继电器转换电路如图 2-16 所示。它的主电路和图 2-15 所示接触器控制的电路类似，不再重复展示。

表 2-5 电动机正反转控制 I/O 分配表

输入/输出元件	地址	功能
正转按钮 SB1	I0.1	电动机正转
反转按钮 SB2	I0.2	电动机反转
停止按钮 SB3	I0.3	电动机停止
热继电器常闭触点 KH	I0.4	过载保护
中间继电器 KA1	Q0.0	控制电动机正转
中间继电器 KA2	Q0.1	控制电动机反转

图 2-15　正反转控制的 PLC 外部接线图

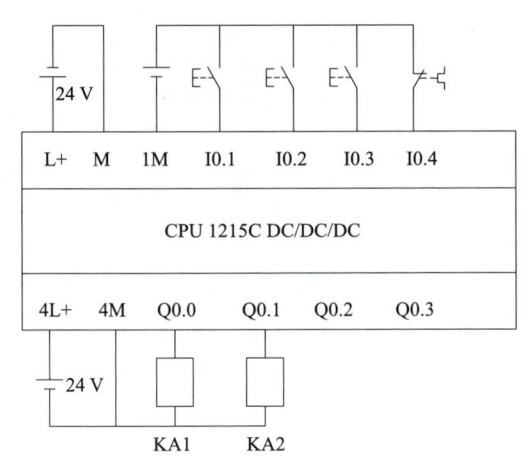

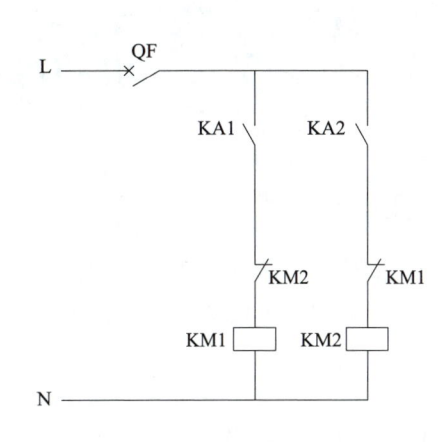

图 2-16　继电器转换电路

子任务 1 的参考程序请扫描二维码查看。该程序是按照转换设计法转换来的，PLC 外部接入的是热继电器的常闭触点，程序要用 I0.4 的常开触点才能使电动机停止，起到过载保护作用。在电动机停止状态下，按下正转按钮 SB1，I0.1 常开触点接通，Q0.0 线圈得电，使电动机正转。在正转状态下，按下反转按钮 SB2，对应的 I0.2 常闭触点断开，断开正转回路，I0.2 常开触点闭合，接通反转回路，电动机反转。其他工作情况与此类似。按下停止按钮 SB3 或电动机过载，电动机立即停止。程序中还要实现软件互锁，把 Q0.1 的常闭触点串入 Q0.0 的回路中，把 Q0.0 的常闭触点串入 Q0.1 的回路中，避免正反转同时接通出现短路的情况。

电动机的正反转控制子任务 1 参考程序

三相电动机的正反转控制 PLC 程序可以用置位复位指令编制，参考程序请扫描二维码查看。在电动机停止状态，按下 SB1 正转按钮，Q0.0 置位，电动机正转。按下 SB2 反转按钮的工作情况与此类似。电动机过载时，热继电器常闭触点断开，PLC 内部的 I0.4 线圈断开，I0.4 常闭触点处于闭合状态，从而能接通复位回路，把输出 Q0.0 和 Q0.1 线圈断开，使得电动机停止。

电动机的正反转控制

子任务 2 的 PLC I/O 分配表和外部接线图与子任务 1 一样，PLC 参考程序请查看二维码。这个程序里用到了边沿检测指令，PLC 程序的工作原理请自行分析。回答思考题。

电动机的正反转控制子任务 1 参考程序（置位复位指令）

思考题 1：启保停设计法和置位复位设计法，各有什么特点？

思考题 2：请用置位/复位触发器指令设计子任务 1 的正反转控制程序。

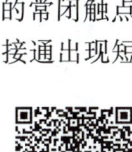

电动机的正反转控制子任务 2 参考程序

任务三　电动机的预警启动与顺序控制

任务描述

为保证设备的运行安全，许多大型生产机械，如起重机、龙门刨床等，在运行启动前都用电铃或蜂鸣器发出报警信号，预示设备即将启动，警告工作人员迅速退出危险区域。

子任务 1：

某生产设备有两台电动机，分别为电动机 M1、M2，用 PLC 设计电动机的预警启动与顺序控制。当按下启动按钮 SB1，电铃响 5 s，这期间警示灯 HL 快速闪烁（频率为 2 Hz）。然后，M1 电动机自动启动，警示灯 HL 灭，3 s 后 M2 电动机启动。任意时刻，按下停止按钮 SB2 或电动机过载时，两台电动机都停止。

子任务 2：

某生产设备有三台电动机，分别为电动机 M1、M2 和 M3。①当按下启动按钮时，M1 先启动；当 M1 运行 3 s 后，M2 启动；当 M2 运行 3 s 后，M3 启动。②当按下停止按钮时，M3 先停止，2 s 后 M2 停止；再过 2 s 后，M1 停止。③在启动过程中，警示灯 HL 常亮，表示"正在启动中"；启动过程结束后，警示灯 HL 熄灭。当某台电动机出现过载故障时，全部电动机都停止，警示灯 HL 闪烁（频率为 1 Hz），表示"出现过载故障"。④当按下复位按钮时，警示灯 HL 灭，所有电动机停止运行。

学习目标

（1）掌握电动机顺序控制电路的工作原理；
（2）掌握 S7-1200 PLC 定时器指令的应用；
（3）能根据相关知识，完成 PLC 程序的设计与调试；
（4）增强生产安全意识，珍惜学习时间。

问题引导

思考以下问题，回答内容写在任务工单上。

问题 1：S7-1200 的定时器指令有哪几种？分别有什么特点？

问题 2：定时器的背景数据块有什么作用？背景数据块有哪些参数？

问题 3：根据接触器控制的两台电动机顺序控制电路，如何用 PLC 实现同样的顺序控制？

相关知识

知识点一　定时器指令

在工业生产的控制任务中，经常需要各种各样的定时器和计数器，它是 PLC 指令中使用频率很高的指令，如电动机的星形启动经延后转换到三角形运行；各种机床的延时顺序控制；停车场车位的控制要用到计数器；工业机器人中机械手的控制也需要用到定时器和计数器。

定时器指令

用户程序中可以使用的定时器数仅受 CPU 存储器容量限制。每个定时器均使用 16 字节的 IEC_Timer 数据类型的 DB 结构来存储功能框或线圈指令顶部指定的定时器数据。TIA 博途软件会在插入指令时自动创建该数据块 DB。

定时器共有四种类型：脉冲定时器（TP）、接通延时定时器（TON）、断开延时定时器（TOF）、保持性接通延时定时器（TONR）。四种定时器的格式及说明如表 2-6 所示。定时器线圈通电时被启动，它的功能与对应的方框定时器指令相同。

表 2-6　四种定时器的格式及说明

LAD 功能框	线圈	说明
%DB1 "IEC_Timer_0_DB" TP Time — IN　Q — <???> — PT　ET — …	%DB1 "IEC_Timer_0_DB" —(TP Time)— <???>	TP 脉冲定时器，输入信号（IN）的上升沿生成具有预设宽度时间的脉冲
%DB2 "IEC_Timer_0_DB_1" TON Time — IN　Q — <???> — PT　ET — …	%DB2 "IEC_Timer_0_DB_1" —(TON Time)— <???>	TON 接通延时定时器，输入（IN）为 1，经过预置的延时时间后，输出 Q 为 1
%DB3 "IEC_Timer_0_DB_2" TOF Time — IN　Q — <???> — PT　ET — …	%DB3 "IEC_Timer_0_DB_2" —(TOF Time)— <???>	TOF 断开延时定时器，输入（IN）为 1 时，输出为 1；输入（IN）为 0 时，经过预置的时间后，输出 Q 为 0
%DB4 "IEC_Timer_0_DB_3" TONR Time — IN　Q — … — R　ET — … <???> — PT	%DB4 "IEC_Timer_0_DB_3" —(TONR Time)— <???>	TON 保持型接通延时定时器，输入（IN）为 1 时，经过预置的延时时间后，输出 Q 设置为 1，在使用 R 输入重置经过的时间之前，会跨越多个定时时段一直累加经过的时间。输入脉冲宽度可以小于预置时间值

在博途环境下添加 IEC 定时器时，系统会自动为其分配背景数据块，定时器指令的数据保存在背景数据块中。IEC 定时器的背景数据块包含以下参数，如图 2-17 所示。

名称	数据类型	起始值	保持
▼ Static			
■ PT	Time	T#0ms	□
■ ET	Time	T#0ms	□
■ IN	Bool	false	□
■ Q	Bool	false	□

图 2-17 定时器背景数据块参数

IEC 定时器没有编号，可以用背景数据块的名称作定时器的标识符，如"T1""电动机启动延时"等。定时器的输入输出参数如表 2-7 所示。

表 2-7 定时器的输入输出参数

参数	数据类型	说明
IN	Bool	启用定时器输入
R	Bool	将 TONR 经过的时间重置为 0
PT	Bool	预设的时间值输入
Q	Bool	定时器输出
ET	Time	经过的时间值输出
定时器数据块	DB	指定要使用 RT 指令复位的定时器

参数 IN 从 0 变为 1 将启动 TP、TON、TONR，从 1 变为 0 将启动 TOF。ET 为定时开始后经过的时间，或称为已耗时间值，数据类型为 32 位的 Time，单位 ms。

IEC 定时器的时间值是一个 32 位的双整型变量（DInt），默认为毫秒（ms），最大定时值为 2 147 483 647 ms。当然，以毫秒计算有时候是不方便的，S7-1200 也支持以 天-小时-分钟-秒 的方式计时，在时间值的前面加上符号"T#"，比如定时 200 s，写作 T#200s；定时 1 天-2 小时-30 分钟-5 秒-200 毫秒，写作：T#1d_2h_30m_5s_200ms，如图 2-18 所示。

图 2-18 定时器的时间书写格式

1. 脉冲定时器指令

脉冲型定时器的指令标识为 TP，可以将输出 Q 置位为 PT 预设的一段时间，当定时器的 IN 使能端的状态从 OFF 变为 ON 时，可启动该定时器指令，定时器开始计时。无论后续使能端的状态如何变化，输出 Q 置位由 PT 指定的一段时间。若 IN 输入信号为 0 状态，则当前时间变为 0，若 IN 为 1 则当前值保持不变，如图 2-19 所示。

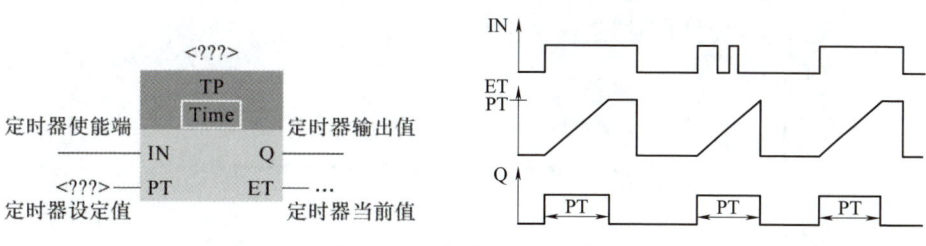

图 2-19 脉冲定时器指令

TP 定时器可生成具有预设宽度时间的脉冲。在脉冲输出期间，即使 IN 又出现上升沿，也不会影响脉冲输出。下面是一个电动机延时自动关闭控制程序，如图 2-20 所示。

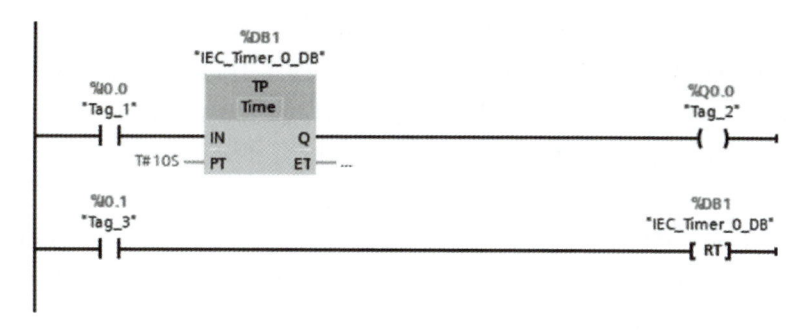

图 2-20 电动机延时自动关闭程序

按下启动按钮 S1（I0.0），电动机 M（Q0.0）立即启动，延时 10 s 以后自动关闭，运转过程中按下停止按钮 S2（I0.1），电动机立即停止。用定时器的背景数据块名称来指定需要复位的定时器。该程序中 I0.1 为 1 时，定时器复位线圈（RT）通电，定时器被复位。如果此时正在定时，且 IN 输入信号为 0 状态，将使当前时间值 ET 清零，Q 输出也变为 0 状态。如果此时正在定时，且 IN 输入信号为 1 状态，将使当前时间值 ET 清零，但是 Q 输出保持为 1 状态。只是在需要时才对定时器使用 RT 指令。

2. 接通延时定时器指令

接通延时定时器的指令标识符为 TON，将输出端 Q 在预设的延时时间过后，输出状态为 ON，指令中管脚定义与 TP 定时器指令管脚定义一致。当定时器的使能端为上升沿开始计时。在定时器的当前值 ET 与设定值 PT 相等时，输出端 Q 输出为 ON，ET 保持不变。只要使能端的状态仍为 ON，输出端 Q 就保持输出为 ON。若使能端的信号状态变为 OFF，则将复位输出端 Q 为 OFF。在使能端再次变为 ON 时，该定时器功能将再次启动。接通延时定时器指令及时序图如图 2-21 所示。CPU 第一次扫描时，定时器输出被清零。

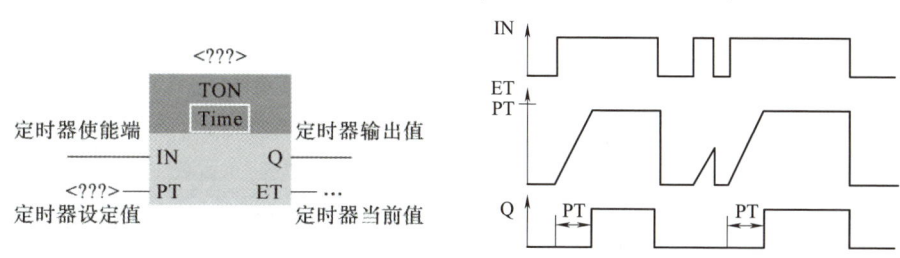

图 2-21 接通延时定时器指令及时序图

55

下面是一个电动机延时启动控制程序，如图 2-22 所示。

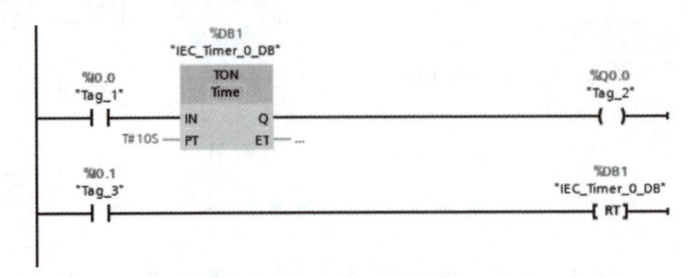

图 2-22 电动机延时启动程序

合上启动开关 S1（I0.0），电动机 M（Q0.0）延时 10 s 后启动，运转过程中按停止按钮 S2（I0.1）或断开启动开关 S1，电动机立即停止。该程序中的 I0.1 为 1 状态时，定时器复位线圈 RT 通电，定时器被复位，当前时间被清零，Q 输出变为 0 状态。复位输入 I0.1 为 0 状态时，如果 IN 输入信号为 1 状态，将开始重新定时。

3. 关断延时定时器指令

IN 输入端接通时，输出 Q 为 1，当前时间被清零，在 IN 的下降沿开始定时，ET 从 0 逐渐增大。ET 等于设定值时，输出变为 0，当前时间保持不变，直到 IN 输入电路接通。关断延时定时器可以用于设备停机后的延时，例如大型变频电动机的冷却风扇的延时。若 ET 未到达 PT 预设值，IN 输入信号就变为 1 状态，ET 被清 0，输出 Q 保持 1 不变。关断延时定时器指令及时序图如图 2-23 所示。

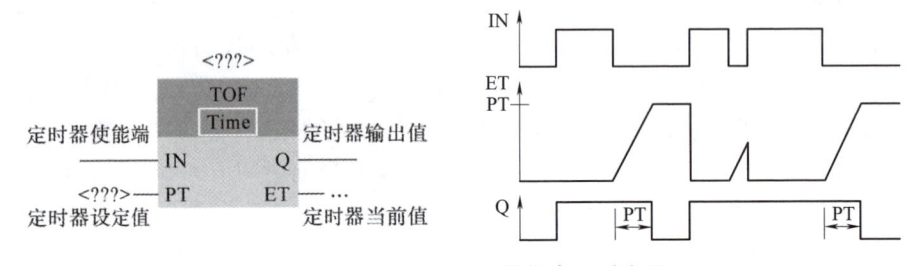

图 2-23 关断延时定时器指令及时序图

下面是一个电动机启动与延时关断控制程序，如图 2-24 所示。合上启动开关 S1（I0.0），电动机 M（Q0.0）立即启动，断开启动开关 S1，电动机延时 10 s 后停止。按下停止按钮 S2（I0.1），电动机立即停止。该程序中的 I0.1 为 1 时，定时器复位线圈 RT 通电。如果此时 IN 输入信号为 0 状态，则定时器被复位，当前时间被清零，输出 Q 变为 0 状态。如果复位时 IN 输入信号为 1 状态，则复位信号不起作用。

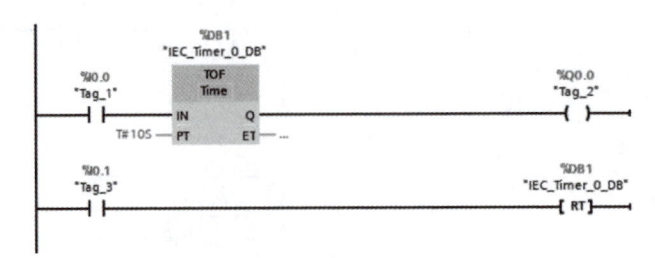

图 2-24 电动机启动与延时关断控制程序

4. 保持型接通延时定时器

保持型接通延时定时器也称时间累加器。TONR 的 IN 接通时开始定时，输入电路断开时，累计的当前时间值保持不变，可以用 TONR 累计输入电路接通的若干个时间段，图中累计的时间 t1+t2=PT 时，Q 输出变为 1。复位输入 R 为 1 状态时，TONR 被复位，其 ET 变为 0，输出 Q 变为 0，如图 2-25 所示。

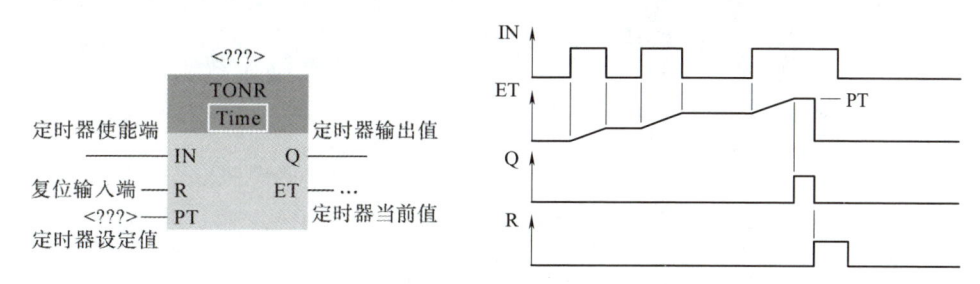

图 2-25　保持型接通延时定时器指令

下面是一个时间累加的延时输出程序，如图 2-26 所示。合上启动开关 S1（I0.0），输出 Q0.0 延时 10 s 后接通，延时过程中若外部开关 I0.0 断开，时间保持当前状态，下次 I0.0 接通时，继续计时，直到累加到 10 s 后输出接通，按下复位按钮 I0.1，输出 Q0.0 立即断开。

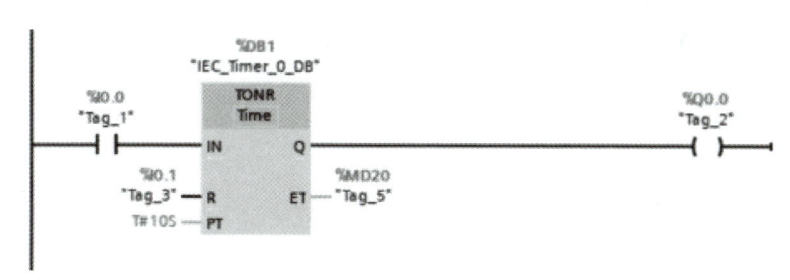

图 2-26　时间累加的延时输出程序

讨论：PLC 的定时功能在工程实际中有哪些应用？控制系统中需要用 PLC 的定时器指令控制设备的运行时间，我们人生中的学习时间由谁来定时？同学们可以给自己的学业目标定时，可以立志惜时、明确目标，争分夺秒地投入学习，努力奋斗。

知识点二　两台电动机的顺序控制电路

两台电动机顺序控制电路如图 2-27 所示，它是利用按钮实现的顺序控制。合上电源开关 QF，按下启动按钮 SB11，接触器 KM1 线圈得电，接触器 KM1 主触点闭合，电动机 M1 启动连续运转。再按下按钮 SB21，接触器 KM2 线圈得电，接触器 KM2 主触点闭合，电动机 M2 启动连续运转。接触器 KM1 线圈必须先得电，接触器 KM2 线圈才能得电，从而实现了电动机 M1 先启动，M2 才能启动。按下常闭按钮 SB22，KM2 控制电路失电，接触器 KM2 线圈失电，常开触点 KM2 断开，同时电动机 M2 停转，按下常闭按钮 SB12，接触器 KM1 线圈失电，电动机 M1 停转。该电路中必须先按常闭按钮 SB22，使电动机 M2 停止，再按常闭按钮 SB12，电动机

顺序控制电路

M1 才能停止。

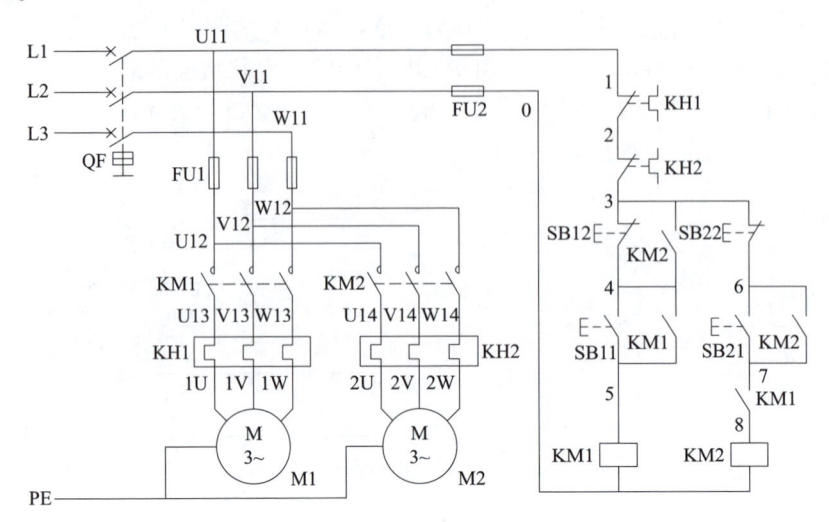

图 2-27 两台电动机的顺序控制电路

讨论：车床主轴必须在油泵工作后才能工作，铣床主轴旋转后工作台才能移动。请查找其中一种机床的控制电路，并说明其工作原理。

案例分析

案例内容请扫描二维码查看。

讨论：根据案例程序，能否绘制出冲水传感器 I0.0 与冲水输出变量 Q0.0 的时序图？

任务 2-3 案例

任务实施

1. 任务分析

分析任务，把被控对象、PLC I/O 设备、控制过程分析填写在任务工单上。

提示：

子任务 1 的被控对象有两台电动机、电铃、警示灯。电铃工作的条件是：按下启动按钮并且在 5 s 计时时间内，警示灯的闪烁条件和电铃一样，不过需要增加一个带闪烁功能的时钟存储器；电动机 M1 的工作条件是：5 s 计时时间到；电动机 M2 的工作条件是：第二个定时器 3 s 计时时间到。

2. 列出 I/O 分配表

根据任务分析，确定 PLC 的输入量、输出量，列出 I/O 分配表。

3. 绘制接线图

根据列出的 I/O 分配表，绘制 PLC 的硬件接线图以及相关的电路图，并完成任务的接线。

提示：

可参考接触器控制的顺序控制电路和前一个任务的接线图及相关电路。

4. 设计 PLC 程序

根据任务的控制要求及分析，设计 PLC 程序。

提示：

警示灯 HL 的闪烁功能可以用时钟存储器实现。参考案例程序中定时器指令的用法，应用基本位指令、定时器指令设计 PLC 程序。

5. 仿真与调试

程序编制完成并编译成功后，可以先进行 PLC 程序的仿真，仿真结果符合控制要求后，再进行项目的下载。下载成功后，开启程序监视，按下启动按钮 SB1、停止按钮 SB2，观察程序软元件的通断状态、电铃和警示灯的通断状态、电动机的通断状态。

讨论： 为保证人身和设备的安全，控制系统往往会设计报警功能。PLC 对控制设备设计带定时的报警功能，可以有效督促操作人员在规定时间内处理报警事件，增强生产安全意识。请列举你了解到的控制设备中有哪些设置了报警，具体是什么报警功能。

拓展任务

任务名称： 电动机 Y-△ 降压启动的 PLC 控制

任务要求：

子任务 1：设计一个三相异步电动机的星-三角降压启动控制系统，按下启动按钮 SB1，三相异步电动机星形启动，5 s 后，电动机三角形正常运行。任意时刻，按下停止按钮 SB2 或电动机过载时，电动机立即停止。

子任务 2：设计一个三相异步电动机的星-三角降压启动控制系统。按下启动按钮 SB1，三相异步电动机星形启动，5 s 后，星形接触器断开，经过 1 s 延时后三角形接触器接通，电动机三角形正常运行。任意时刻，按下停止按钮 SB2 或电动机过载时，电动机立即停止。

提示： 电动机星形启动时，启动接触器 KM1 和星形接触器 KM2 接通，电动机三角形运行时，启动接触器 KM1 和三角形接触器 KM3 接通。采用两级延时的目的是确保星形接触器完全断开后才接通三角形接触器。

讨论： 电动机星-三角降压启动控制在工程实践中有哪些应用？这种启动方式有哪些优缺点？电动机还有哪些启动方式？

评价与总结

1. 评价

任务实施完成后，根据任务成果，填写任务评价表，完成评价。把任务实施相关的内容及评价结果记录在任务工单。

电动机的预警启动与顺序控制子任务 1 参考程序

2. 总结

该任务的 I/O 分配表如表 2-8 所示。它的主电路和接触器控制的电动机顺序控制电路类似，接线图及相关转换电路与前面任务类似，不再重复展示。

子任务 1 的参考程序请扫描二维码查看。程序段 1：按下启动按钮 SB1，接通启停标志位 M2.0；程序段 2：M2.0 接通后，警示灯 Q0.1 以 2 Hz 的频

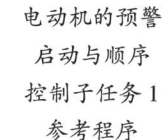

电动机的预警启动与顺序控制

率闪烁，Q0.0 接通，电铃响；程序段 3：M2.0 接通后，T1 定时器计时 5 s，时间计到后，Q0.2 接通，电动机 M1 运行，Q0.2 的常闭触点断开警示灯和电铃，接着 T2 定时器计时 3 s，时间计到后，Q0.3 接通，电动机 M2 运行。按下停止按钮 SB2 或电动机过载时，启停标志位 M2.0 断开，警示灯、电铃、两台电动机都停止工作。

表 2-8　子任务 1 的 I/O 分配表

输入/输出元件	地址	功能
启动按钮 SB1	I0.0	电动机启动
停止按钮 SB2	I0.1	电动机停止
热继电器常闭触点 KH	I0.2	过载保护
电铃 HA	Q0.0	控制电铃
警示灯 HL	Q0.1	控制警示灯
中间继电器 KA1	Q0.2	控制 M1 电动机运行
中间继电器 KA2	Q0.3	控制 M2 电动机运行

电动机的预警启动与顺序控制子任务 2 参考程序

子任务 2 的 PLC I/O 分配表和外部接线图与子任务 1 类似，PLC 参考程序请扫描二维码查看。PLC 程序的工作原理请自行分析。回答思考题。

思考题 1：子任务 1 的闪烁功能要求自编，怎么改编程序？

思考题 2：在子任务 2 的基础上，直接停止改成逆序停止功能，按下停止按钮 SB2，2 号电动机停止，2 s 后 1 号电动机停止，怎么设计 PLC 程序？

任务四　电动机计数循环正反转控制

任务描述

按下启动按钮 SB1，电动机正转 3 s，停 2 s，反转 3 s，停 2 s，如此循环 3 个周期，然后自动停止。任意时刻，按下停止按钮 SB2 或电动机过载时，电动机停止，系统复位。

学习目标

（1）掌握 S7-1200 计数器指令的应用；
（2）掌握 PLC 控制的时序分析法，绘制时序图；
（3）能分析系统的工作过程，完成程序的设计、仿真与调试；
（4）学习简单化与条理化问题，提高工作效率。

问题引导

问题 1：S7-1200 的计数器指令有哪几种？分别有什么特点？

问题 2：什么是时序分析法？时序图分为哪几种？

问题 3：该任务中，用 PLC 定时器指令怎么实现一个系统的循环控制？

相关知识

知识点一 计数器指令

S7-1200 有 3 种计数器：加计数器（CTU）、减计数器（CTD）和加减计数器（CTUD），它们属于软件计数器，其最大计数速率受到它所在的 OB 的执行速率的限制，如果需要速率更高的计数器，可以使用 CPU 内置的高速计数器。调用计数器指令时，需要生成保存计数器数据的背景数据块。计数器指令如图 2-28 所示。

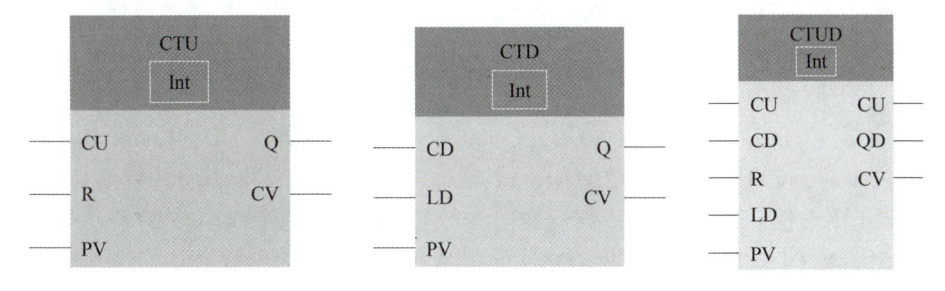

图 2-28 计数器指令

计数器的参数类型及相关说明如表 2-9 所示。计数器的数据类型及说明如表 2-10 所示。

表 2-9 计数器的参数类型及说明

参数	数据类型	说明
CU、CD	Bool	加计数或减计数，按加一或减一计数
R（CTU、CTUD）	Bool	将计数值重置为零
LD（CTD、CTUD）	Bool	预设值的装载控制
PV	SInt、Int、DInt、USInt、UInt、UDInt	预设计数值
Q、QU	Bool	CV>=PV 时为真
QD	Bool	CV<=0 时为真
CV	SInt、Int、DInt、USInt、UInt、UDInt	当前计数值

表 2-10 计数器的数据类型及说明

计数器数据类型	类型	符号	取值范围	说明
IEC_SCOUNTER	短整数	SInt	−128~127	有符号整数,占 1 个字节
IEC_USCOUNTER	无符号短整数	USInt	0~255	无符号整数,占 1 个字节
IEC_COUNTER	整数	Int	−32 768~32 767	有符号整数,占 2 个字节
IEC_UCOUNTER	无符号整数	UInt	0~65 536	无符号整数,占 2 个字节
IEC_DCOUNTER	双整数	DInt	−2 147 483 648~2 147 483 647	有符号整数,占 4 个字节
IEC_UDCOUNTER	无符号双整数	DUInt	0~4 294 967 295	无符号整数,占 4 个字

1. 加计数器指令

加计数器指令（CTU）：参数 CU 的值从 0 变为 1 时，CTU 使计数值加 1，直到 CV 达到指定的数据类型的上限值，此后，CU 状态的变化，CV 值不再增加。如果参数 CV（当前计数值）的值大于或等于参数 PV（预设计数值）的值，则计数器输出参数 Q=1。如果复位参数 R 的值从 0 变为 1，则当前计数值复位为 0。第一次执行程序时，CV 被清零。

2. 减计数器

减计数器（CTD）：如果参数 LOAD 的值从 0 变为 1，则参数 PV（预设值）的值将作为新的 CV（当前计数值）装载到计数器，输出 Q 为 0。参数 CD 的值从 0 变为 1 时，CTD 使计数值减 1。如果参数 CV（当前计数值）的值等于或小于 0，则计数器输出参数 Q=1。第一次执行程序时，CV 被清零。

3. 加减计数器

加减计数器（CTUD）：加计数（CU，Count Up）或减计数（CD，Count Down）输入的值从 0 跳变为 1 时，CTUD 会使计数值加 1 或减 1。如果参数 CV（当前计数值）的值大于或等于参数 PV（预设值）的值，则计数器输出参数 QU=1。如果参数 CV 的值小于或等于零，则计数器输出参数 QD=1。如果参数 LOAD 的值从 0 变为 1，则参数 PV（预设值）的值将作为新的 CV（当前计数值）装载到计数器。如果复位参数 R 的值从 0 变为 1，则当前计数值复位为 0。

讨论：在哪些生产设备的控制系统中用到了计数器功能？工业生产中常常需要自动统计产品的数量，产品入库是增计数，产品出库是减计数。人生道路就像加减计数器，合理运用人生的加法和减法，学会取舍，懂得进退，保持张弛有度的生活状态，体现自我认识的睿智与深刻。

知识点二 时序分析法

电动机 M、接触器 KM 主触头、KM 线圈、按钮 SB 之间在时间上存在先后动作关系，而动作与否又存在逻辑关系，所以该控制过程可以用时间及顺序的直角坐标关系来表达被控对象的这种时序逻辑关系；应用时序逻辑关系去分析控制对象的方法则称为时序分析法。

时序分析法是 PLC 的编程方法之一，它适用 PLC 各输出信号的状态变化有一定的时间顺序的场合。在程序设计时，根据画出的各信号的时序关系图，理顺各状态转换的时刻和转换条件，找出输出与输入及内部触点的对应关系，并进行适当化简，即可设计出程序。在完成前面任务的过程中，实际上也涉及对任务的时序分析。

1. 时序关系图

采用时序逻辑的方法设计 PLC 程序，就必须掌握时序关系图绘制，时序关系图简称时序图，有时也叫作波形图或状态关系图。

通过对控制对象进行分类，可以发现，控制对象的动作过程有规律可循，把过程中的这些变化沿着时间序列的方向用波的形式画出来，即在时间轴上把相关编程元件的逻辑展开，从而动态地展示各个元件之间的逻辑关系，称为时序图。时序图方法能形象直观地反映各变量之间的逻辑关系，反映某些程序段的执行结果。一般来说，很多控制对象的变化规律都可以用时序图来反映。借助形象的时序图就可以高效地完成程序的分析和编写。

时序图就是用高低电平信号显示的控制信号间在时间先后上的状态关系曲线图。时序图中的高、低电平是按正逻辑约定的：逻辑"1"在图中为高电平；逻辑"0"在图中为低电平，同一个编程元件可用一个波形表示其操作时序。

按照时序图所分析的逻辑关系不同，可分为动作时序图和时间时序图。

1) 动作时序图

动作时序图是根据输出与输入的动作关系画出的时序图。因此进行 PLC 编程，首先要分析输入与输出之间的动作关系，再根据硬件连接图画出输出随输入变化的波形。

2) 时间时序图

时间时序图针对的是被控对象依据一定的时间可顺序变化，具有其特定的动作顺序或规律的系统。它们的动作跟时间有密切的联系，其中逻辑关系主要靠定时器来解决。因此，可以根据时间的先后顺序画出输入、输出的变化规律，这就是时间时序图。

时间时序图一般只画输出波形和少量的输入波形。根据时间的变化画出它们的启、停状态；如果元件吸合，波形为高电平；元件释放则为低电平。

在实际应用中，既存在动作上的顺序也存在时间上的顺序。划分动作还是时间时序，主要看时序中哪一种占主要的逻辑关系。

2. 时序分析法的编程步骤

（1）根据控制要求，分析控制要求，明确需要分析的 I/O 信号个数。

（2）明确各输入和输出信号之间的时序关系，绘制各输入和输出信号在一个工作周期中的工作时序图。若是时间时序图，在图中还应画出各个时间段定时器的工作波形。

（3）将时序图划分成若干个时间区段，找出区段间的分界点，弄清分界点处输出信号状态的转换关系和转换条件。

（4）对 PLC 的 I/O、内部辅助继电器和定时器/计数器等进行分配。

（5）根据时序图所揭示的逻辑关系，画出梯形图。

（6）通过模拟调试，检查程序是否符合控制要求，结合经验设计法进一步修改程序，进行梯形图的综合化简。

讨论：一套流水灯系统由 5 只彩灯组成。合上启动开关后，每只彩灯按顺序亮 1 s，所有灯闪亮 2 s，接着彩灯又顺序亮，一直循环下去，直到断开启动开关。你能根据时序分析法绘制系统时序图吗？按照系统的运行规律绘制时序图，更容易理清思路、简化编程、提高编程效率。做很多事情也需要像 PLC 编程绘制时序图一样，提前绘制时间计划表，细化事情处理的步骤与时间，能把复杂的事务简单与条理化，提高工作效率。

案例分析

案例内容请扫描二维码查看。

讨论：用 2 个 TON 指令或 1 个 TON 指令与 1 个 TP 指令组合使用，完成两级传送带的 PLC 控制程序功能，怎么实现？

任务2-4 案例

任务实施

1. 任务分析

分析任务，把被控对象、PLC I/O 设备、控制过程分析填写在任务工单上。

提示：

电动机正转运行的条件是：启动按钮 SB1 按下，并且在第一个时间段 3 s 内；电动机反转运行的条件是：第 2 个时间段 2 s 时间到，在第 3 个时间段 3 s 内；循环 3 个周期的条件是：最后一个时间段 2 s 计了 3 次，计数器工作，使系统复位。

2. 列出 I/O 分配表

根据任务分析，确定 PLC 的输入量、输出量，列出 I/O 分配表。

3. 绘制接线图

根据列出的 I/O 分配表，绘制 PLC 的硬件接线图以及相关的电路图，并完成任务的接线。

提示：

可参考电动机正反转控制的接线图及相关电路。

4. 设计 PLC 程序

根据任务的控制要求及分析，设计 PLC 程序。

提示：

通过分析控制系统的工作过程，绘制系统变量的时序图，应用定时器和计数器指令设计 PLC 程序。

5. 仿真与调试

程序编制完成并编译成功后，可以先进行 PLC 程序的仿真，仿真结果符合控制要求后，再进行项目的下载。下载成功后，开启程序监视，按下启动按钮 SB1、停止按钮 SB2，观察程序软元件的通断状态、电动机的通断状态。

拓展任务

任务名称： 混凝土搅拌机的 PLC 控制

任务要求：

按下启动按钮 SB1，系统指示灯亮，水泥门打开；5 s 后水泥门关闭，砂料门打开；3 s 后砂料门关闭，水泵工作，开始进水；容器到达高水位时，传感器 S1 动作，水泵停止进水，搅拌机开始搅拌，搅拌电动机正转 2 s，停 2 s，反转 2 s，停 2 s，循环 3 次；次数到后，放料门打开，3 s 后停止放料。水泥门重新打开，开始新一轮工作，一直循环，按下停止按钮 SB2，系统指示灯灭，所有工作停止。

评价与总结

1. 评价

任务实施完成后，根据任务成果，填写任务评价表，完成评价。把任务实施相关的内容及评价结果记录在任务工单。

2. 总结

该任务的 I/O 分配表如表 2-11 所示。它的主电路、接线图及相关转换电路与前面任务类似，不再重复展示。

表 2-11　计数循环正反转控制的 I/O 分配表

输入/输出元件	地址	作用
启动按钮 SB1	I0.0	电动机启动
停止按钮 SB2	I0.1	电动机停止
热继电器常闭触点 KH	I0.2	过载保护
中间继电器 KA1	Q0.0	控制电动机正转
中间继电器 KA2	Q0.1	控制电动机反转

参考程序请扫描二维码查看。按下启动按钮，I0.0 常开触点接通，启动标志位 M1.0 接通并自锁，Q0.0 接通，电动机正转，定时器 t1 接通并计时，3 s 后 t1 计时时间到，t1.Q 常闭触点断开，电动机停止，2 s 后，t2 计时时间到，t2.Q 常开触点接通，Q0.1 接通，电动机反转，3 s 后，t3 计时时间到，t3.Q 常闭触点断开，电动机停止，2 s 后，t4 计时时间到，计数器计数 1 次，M0.0 接通，M0.0 常闭触点断开，定时器复位。定时器和 M0.0 复位后，M0.0 常闭触点重新闭合，定时器重新开始计时，计数器计数 3 次后，c1.QU 常闭断开，启动标志位 M1.0 断开，循环结束。每次按启动按钮时，把计数器复位，开始新一轮的计数。按下停止按钮，I0.1 常闭触点断开，启停标志位 M1.0 断开，电动机停止，系统复位。电动机过载时，I0.2 常开触点断开，电动机停止，系统复位。

电动机计数循环正反转控制参考程序

电动机计数循环正反转控制

思考题 1：若要实现参考程序中的四个定时器同时计时，程序应该怎么改？

思考题 2：参考程序中的计数器在启动按钮按下后复位，若要求在循环结束后也复位，程序应该怎么改？

拓展知识

S7-1200 PLC 数据保持性的设置、分配列表的使用、交叉引用列表的使用可扫描二维码查看或参考 PLC 的技术文档学习。

项目二 拓展知识

练习

1. 指示灯的亮灭控制

一个额定电压为 24 V 的指示灯，请用 PLC 实现该指示灯的以下 3 种控制功能：①按下 1 号按钮，指示灯亮，松开按钮，指示灯灭；②按下 2 号按钮，指示按灯亮，松开按钮，指示灯保持亮，按 3 号停止按钮，指示灯灭；③按下 4 号按钮，指示灯闪烁，按 3 号停止按钮，指示灯灭。

2. 单按钮启停控制

用 PLC 设计一个单按钮启停控制程序。按下按钮，指示灯亮，松开按钮后，指示灯仍亮，再次按下按钮后，指示灯灭，松开按钮后，灯仍灭。再按下按钮，指示灯又亮，即每按下一次按钮，指示灯的状态改变一次。

3. 故障信号显示控制

设计一个故障信息显示控制程序。从故障信号 I0.0 的上升沿开始，Q0.0 控制的指示灯以 1 Hz 的频率闪烁。操作人员按复位按钮 I0.1 后，如果故障已经消失，则指示灯熄灭。如果没有消失，则指示灯转为常亮，直至故障消失。

4. 传送带的 PLC 控制

设计一个传送带的 PLC 控制，控制要求：在传送带的起点有两个按钮，用于启动的 S1 和用于停止的 S2。在传送带的尾端也有两个按钮：用于启动的 S3 和用于停止的 S4。要求能从任一端启动或停止传送带。另外，当传送带上的物件到达末端时，传感器 S5 使传送带停止。传送带示意图如图 2-29 所示。

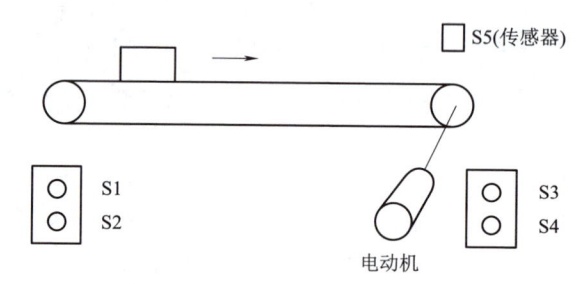

图 2-29 传送带示意图

5. 简易抢答器的 PLC 控制

设计一个简易抢答器的 PLC 控制，控制要求：抢答器有三个抢答按钮，分别为 1 号按钮、2 号按钮、3 号按钮，一个复位按钮，有三个指示灯分别为 1 号指示灯、2 号指示灯和 3 号指示灯。要求：三人中任意抢答，谁先按按钮，谁的指示灯优先亮，且只能亮一盏灯，进行下一问题时主持人按复位按钮，抢答重新开始。

6. 指示灯的延时循环控制

设计一个指示灯的延时循环控制。按下启动按钮，开始定时，6 s 后绿灯亮，再过 6 s，绿灯灭，黄灯亮，6 s 后黄灯灭，红灯闪烁，4 s 后红灯灭。延时 6 s 后绿灯又开始亮，指示灯按上述顺序循环亮，这样周而复始。运行期间，若按下停止按钮，任何指示灯都停止。

7. 三相电动机的星-三角降压启动控制系统

控制要求：按下正转按钮，三相异步电动机正转星形启动，10 s 后，电动机三角形正常运行，整个过程中，按下反转按钮不起作用；若按下反转按钮，电动机反转星形启动，10 s 后三角形正常运行，整个过程中，按下正转按钮，不起作用。任何时间按下停止按钮，电动机立即停止。

8. 简易交通灯的 PLC 控制

按下启动按钮，系统开启运行。

（1）系统启动后，车行道绿灯亮；6 s 后，车行道绿灯灭，车行道黄灯闪亮；2 s 后车行道黄灯灭，车行道红灯亮；6 s 后车行道红灯灭，车行道绿灯亮，如此循环。

（2）车行道绿灯亮和黄灯闪亮时，人行道红灯亮；车行道红灯时，人行道绿灯亮。按下停止按钮，系统停止运行，所有灯都灭。

9. 报警灯的 PLC 计数控制

控制要求：按下启动按钮（I0.0），报警蜂鸣器（Q0.0）亮，报警闪烁灯（Q0.1）闪烁，闪烁效果为灯灭 1 s，灯再亮 1 s，这样重复，计数到 5 次后，报警灯和蜂鸣器都停止。按下复位按钮（I0.1）报警灯、蜂鸣器都复位。

项目三 灯光及信息显示的 PLC 控制

项目导入

在工业控制中，PLC 需要对控制对象进行状态显示、报警显示、故障显示、数据显示等各种信息显示；在日常生活中，PLC 可以被应用到高层建筑、商场、道路照明、舞台与节日灯光装饰等方面。

任务一 十字路口交通灯控制

任务描述

交通信号灯是现代城市交通监控指挥系统中最重要的组成部分，用 PLC 实现交通灯控制相比单片机控制，可靠性更高，抗干扰性好，通用性与扩展能力更强。

任务具体内容如下：

信号灯受一个启动开关 SD 控制，当启动开关 SD 接通时，信号灯系统开始工作，且先南北红灯亮，东西绿灯亮。当启动开关 SD 断开时，所有信号灯都熄灭。

南北红灯亮维持 25 s。东西绿灯亮维持 20 s，到 20 s 时，东西绿灯闪亮，闪亮 3 s 后熄灭。在东西绿灯熄灭时，东西黄灯亮，并维持 2 s。到 2 s 时，东西黄灯熄灭，东西红灯亮，同时南北红灯熄灭，绿灯亮。

东西红灯亮维持 25 s。南北绿灯亮维持 20 s，然后闪亮 3 s 后熄灭，同时南北黄灯亮，维持 2 s 后熄灭，这时南北红灯亮，东西绿灯亮，周而复始。

交通灯实训面板如图 3-1 所示，甲模拟东西向车辆行驶状况；乙模拟南北向车辆行驶状况。东西绿灯亮时，延时 1 s，甲灯亮，东西黄灯亮时，甲灯灭。南北绿灯亮时，延时 1 s，乙灯亮，南北黄灯亮时，乙灯灭。东西南北四组红绿黄三色发光二极管模拟十字路口的交通灯。

项目三　灯光及信息显示的 PLC 控制

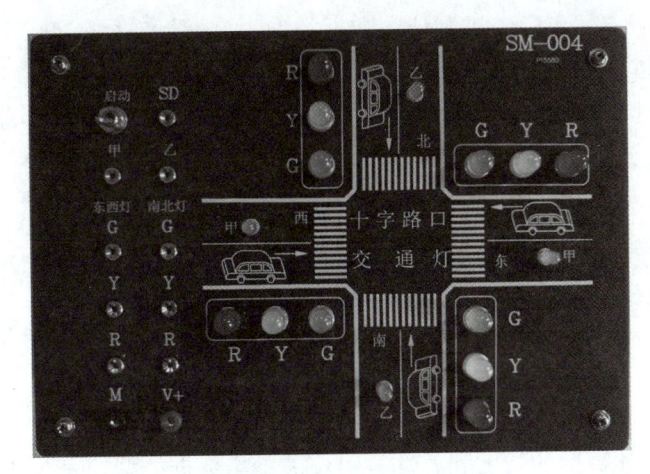

图 3-1　交通灯实训面板

学习目标

（1）了解 PLC 的数制与数据类型；
（2）掌握 S7-1200 比较指令的应用；
（3）能分析控制系统的工作过程，绘制时序图；
（4）能根据相关知识，完成 PLC 的程序设计、仿真与调试；
（5）树立规矩意识，培养积极探索、勇于创新的科学精神。

问题引导

思考以下问题，回答内容写在任务工单上。

问题 1：在 PLC 中怎样编辑二进制数、十进制数、十六进制数？

问题 2：PLC 常用的数据类型有哪几种？双字 MD8 的字节由哪几个组成？

问题 3：常用的比较指令有哪些？支持的数据类型有哪些？

相关知识

知识点一　数制与数据类型

1. 数制

1）二进制数

二进制数的 1 位只能为 0 和 1。用 1 位二进制数来表示开关量的两种不同的状态。如果该位为 1，梯形图中对应的位编程元件的线圈通电、常开触点接通、常闭触点断开，称该编程元件为 TRUE 或 1 状态。该位为 0 则反之，称该

数制与数据类型

编程元件为 FALSE 或 0 状态。二进制位的数据类型为 Bool（布尔）型。

2）多位二进制数

多位二进制数用来表示大于 1 的数字。从右往左的第 n 位（最低位为第 0 位）的权值为 2^n。2#1100 对应的十进制数为 $1×2^3+1×2^2+0×2^1+0×2^0 = 8+4 = 12$。

3）十六进制数

十六进制数用于简化二进制数的表示方法，16 个数为 0~9 和 A~F（10~15），1 位十六进制数对应于 4 位二进制数，例如 2#0001 0011 1010 1111 可以转换为 16#13AF 或 13AFH。十六进制数"逢 16 进 1"，第 n 位的权值为 16^n。16#2F 对应的十进制数为 $2×16^1+15×16^0 = 47$。

2. 数据类型

数据类型用来描述数据的长度和属性，PLC 的基本数据类型如表 3-1 所示。在用这些数据类型时要注意以下几点：

（1）使用短整型数据类型，可以节约内存资源；

（2）无符号数据类型可以扩大正数的数值范围；

（3）64 位双精度浮点数可用于高精度的数学函数运算。

表 3-1 PLC 的基本数据类型

变量类型	符号	位数	取值范围	常数举例
位	Bool	1	1,0	TRUE、FALSE 或 1、0
字节	Byte	8	16#00~16#FF	16#12,16#AB
字	Word	16	16#0000~16#FFFF	16#ABCD,16#0001
双字	DWord	32	16#00000000~16#FFFFFFFF	16#02468ACE
字符	Char	8	16#00~16#FF	'a','T','@'
短整数	SInt	8	−128~127	123、−123
整数	Int	16	−32 768~32 767	123、−123
双整数	DInt	32	−2 147 483 648~2 147 483 647	123、−123
无符号短整数	USInt	8	0~255	123
无符号整数	UInt	16	0~65 535	123
无符号双整数	UDInt	32	0~4 294 967 295	123
浮点数(实数)	Real	32	$1.175\,495×10^{-38}$ ~ $3.402\,823×10^{38}$	12.45、−3.4、−1.2×10^3
双精度浮点数	LReal	64	$2.225\,073\,858\,507\,202\,0×10^{-308}$ ~ $1.797\,693\,134\,862\,315\,7×10^{308}$	12 345.123 456 789，−1.2×10^{40}
时间	Time	32	T#−24d20h31m23s648ms ~ T#24d20h31m23s648ms	T#1d_2h_15m_30s_45ms
日期	Date	16	D#1990-1-1~D#2168-12-31	D#2019-10-31
实时时间	Time_of_Day	32	TOD#0:0:0.0 ~ TOD#23:59:59.999	TOD#10:20:30.400
长格式日期和时间	DTL	12B	最大 DTL#2262-04-11:23:47:16.854775807	DTL#2019-10-28-20:30:20.250

续表

变量类型	符号	位数	取值范围	常数举例
16 位宽字符	WChar	16	16#0000~16#FFFF	WCHAR#'a'
字符串	String	n+2B	n=0~254B	STRING#'NAME'
16 位宽字符串	WString	n+2 字	n=0~16 382 字	WSTRING#'Hello World'

1) 位

二进制数的 1 位（bit）只有 0 和 1 两种不同的取值，可用来表示开关量（或称数字量）的两种不同的状态，如触点的断开和接通、线圈的通电和断电等。如果该位为 1，则表示梯形图中对应的编程元件的线圈"通电"，其常开触点接通，常闭触点断开，反之相反。位数据的数据类型也称为 Bool（布尔）型。

2) 位字符串

数据类型 Byte（字节）、Word（字）、Dword（双字）统称为位字符串，分别由 8 位、16 位和 32 位二进制数组成。

SIMATIC S7 CPU 中可以按照位、字节、字和双字对存储单元进行寻址。位存储单元由字节地址和位地址组成，地址的表达方式为"字节.位"，如 I3.2，其中的区域标识符"I"表示输入（Input），字节地址为 3，位地址为 2，这种存取方式称为"字节.位"寻址方式。

8 位二进制数组成 1 个字节（Byte），其中的第 0 位为最低位（LSB）、第 7 位为最高位（MSB），比如 IB3（B 是 Byte 的缩写）由 I3.0~I3.7 这 8 位组成，MB200 由 M200.0~M200.7 组成。相邻的两个字节组成 1 个字（Word），比如 MW200 表示由字节 MB200、MB201 组成的字，MW200 中的 M 为区域标识符，W 表示字（Word）。其中 MB200 为高有效字节，MB201 为低有效字节，200 为起始字节的地址，如图 3-2 所示。

图 3-2　字节、字示意图

两个字组成 1 个双字（Double Word）。MD200 表示由 MB200~MB203 组成的双字，D 表示存取双字（Double Word），组成双字 MD200 的编号最小的字节 MB200 为 MD200 的最高有效字节，编号最大的字节 MB203 为 MD200 的最低有效字节。用组成双字的编号最小的字节 MB200 的编号作为双字 MD200 的编号，如图 3-3 所示。

图 3-3　双字示意图

3）整数

SInt 和 USInt 分别为 8 位的短整数和无符号短整数，Int 和 UInt 分别为 16 位的整数和无符号整数，DInt 和 UDInt 分别为 32 位的双整数和无符号的双整数。

有符号整数的最高位为符号位，最高位为 0 时为正数，为 1 时为负数。有符号整数用补码来表示，二进制正数的补码就是它本身，将一个正整数的各位取反后加 1，得到绝对值与它相同的负数的补码。

4）浮点数

浮点数又称为实数（REAL），可表示为 $1.m \times 2^E$，指数 E 是有符号数。ANSI/IEEE 标准浮点数为 $1.m \times 2^e$，e=E+127（0~255），范围为 $\pm1.175\ 495 \times 10^{-38} \sim \pm 3.402\ 823 \times 10^{38}$。最高位为浮点数的符号位，正数时为 0，负数时为 1。规定尾数的整数部分总是为 1，第 0~22 位为尾数的小数部分。8 位指数加上偏移量 127 后（0~255），放在第 23~30 位。

LReal 为 64 位的长浮点数，最高位为符号位。尾数的整数部分总是为 1，第 0~51 位为尾数的小数部分。11 位的指数加上偏移量 1 023 后（0~1 023），放在第 52~62 位。

5）时间与日期

Time 是有符号双整数，其单位为 ms，能表示的最大时间为 24 天多。

Date（日期）为 16 位无符号整数，无符号双整数 TOD（TIME_OF_DAY）为从指定日期的 0 时算起的毫秒数。

数据类型 DTL 的 12 个字节为年（占 2 B）、月、日、星期的代码，小时、分、秒（各占 1 B）和纳秒（占 4 B）均为 BCD 码。星期日、星期一~星期六的代码分别为 1~7。

6）字符

数据类型字符（Char）占一个字节，Char 以 ASCII 格式存储。WChar（宽字符）占两个字节，可以存储汉字和中文的标点符号。字符常量用英语的单引号来表示，例如 'A'。

除了表 3-1 中的数据类型外，PLC 还有数组（Array）和结构（Struct）类型的数组。数组是由固定数目的同一个数据类型元素组成的数据结构。结构是由固定数目的多种数据类型的元素组成的数据类型。

讨论：在日常生活和设备应用中，哪些地方用到了二进制？二进制计算机、网络、电子设备都得到了广泛的应用，可以将信息以二进制方式传输给生产设备，让设备按照指定的操作程序实现自动化生产。其实，早在三千年前的著作《周易》中就存在二进制数的使用，也正是因为二进制的发明，才有了现在的电子计算机时代。党的二十大报告指出："中华优秀传统文化源远流长、博大精深，是中华文明的智慧结晶。"我们要不断从中华优秀传统文化中汲取智慧力量，积极探索，勇于科技创新。

知识点二　比较指令

比较指令用来比较数据类型相同的两个数 IN1 和 IN2 的大小，相比较的两个数 IN1 和 IN2 分别在触点的上面和下面，它们的数据类型必须相同。当指令触点比较结果为真（TRUE）时，则该触点会被激活。各种比较指令的说明如表 3-2 所示。

比较指令

表 3-2　各种比较指令的说明

指令	关系类型	满足以下条件时比较结果为真	支持的数据类型
─┤ == ├─ 　 ???	等于	IN1 等于 IN2	SInt, Int, DInt, USInt UInt, UDInt, Real LReal, String, Char Time, DTL, Constant
─┤ <> ├─ 　 ???	不等于	IN1 不等于 IN2	
─┤ >= ├─ 　 ???	大于等于	IN1 大于等于 IN2	
─┤ <= ├─ 　 ???	小于等于	IN1 小于等于 IN2	
─┤ > ├─ 　 ???	大于	IN1 大于 IN2	
─┤ < ├─ 　 ???	小于	IN1 小于 IN2	
IN_RANGE ??? ─MIN ─VAL ─MAX	值在范围内	MIN<=VAL<=MAX	SInt, Int, DInt, USInt SInt, Int, DInt, USInt Real, Constant
OUT_RANGE ??? ─MIN ─VAL ─MAX	值在范围外	VAL<MIN 或 VAL>MAX	
─┤OK├─	检查有效性	输入值为有效 REAL 数	Real, LReal
─┤NOT_OK├─	检查无效性	输入值不是有效 REAL 数	

讨论：怎么实现定时器指令中经过时间的比较？比较指令是比较两个数据的大小。我们在学习和工作中也要与先进比较，在比较中找到差距和不足，更加勤奋学习和工作，不断砥砺前行，慢慢迎头赶上，努力实现超越。

案例分析

案例内容请扫描二维码查看。

任务 3-1 案例

任务实施

1. 任务分析

分析任务，把被控对象、PLC I/O 设备、控制过程分析填写在任务工单上。

提示：

根据任务要求，交通灯系统的一个运行周期是 50 s，南北红灯亮的时间是 25 s 内，东西绿灯常亮的时间是 20 s 内，东西绿灯闪烁的时间是 20~23 s，东西黄灯亮的时间是 23~25 s；后半个周期与前半个周期类似，请自行分析。

73

2. 列出 I/O 分配表

根据任务分析，确定 PLC 的输入量、输出量，列出 I/O 分配表。

3. 绘制接线图

根据列出的 I/O 分配表，绘制 PLC 的硬件接线图，并完成任务的接线。

4. 设计 PLC 程序

根据任务的控制要求及分析，设计 PLC 程序。

提示：

通过分析控制系统的工作过程，绘制系统变量的时序图，明确各色交通灯工作的时间段，应用定时器和比较指令设计 PLC 程序。

5. 仿真与调试

程序编制完成并编译成功后，可以先进行 PLC 程序的仿真，仿真结果符合控制要求后，再进行项目的下载。下载成功后，开启程序监视，合上 SD 开关，观察程序与实验板上红、黄、绿色交通灯的亮灭状态。

讨论：该任务若不用比较指令，就只用定时器指令和基本位指令，程序怎么编？

讨论：交通安全人人有责，遵守交通规则、文明出行是一种社会责任。如果十字路口出现交通灯故障导致交通堵塞，怎么办？请提出一个交通灯故障后的解决办法。

拓展任务

任务名称：手/自动切换的十字路口交通灯控制

任务要求：

在原任务的基础上，增加手/自动切换模式。正常情况下，交通灯按自动模式运行，特殊情况下，开启手动模式。开关 SD2 断开时，合上 SD 开关，系统按原来任务的控制模式自动运行；当开关 SD2 合上时，系统按手动模式运行。

手动模式：在东南西北方向各设一个按钮，分别为 SB1、SB2、SB3、SB4。按下按钮 SB1 或 SB3，南北黄灯闪烁 4 s，4 s 后东西绿灯亮，东西方向通行，南北红灯亮，南北方向禁止通行；按下按钮 SB2 或 SB4，东西黄灯闪烁 4 s，4 s 后南北绿灯亮，南北方向通行，东西红灯亮，东西方向禁止通行。开关 SD2 断开时，所有灯灭。

评价与总结

1. 评价

任务实施完成后，根据任务成果，填写任务评价表，完成评价。把任务实施相关的内容及评价结果记录在任务工单。

十字路口交通灯控制参考程序

2. 总结

交通灯的 I/O 分配表如图 3-4 所示，参考程序请扫描二维码查看。

这个任务采用比较指令来实现。I0.0 外部接的是开关，因此不需要自锁，SD 开关合上，I0.0 常开触点接通，t1 定时器开始计时。当定时器当前值小于等于 20 s 时，东西绿灯常亮，大于 20 s 小于等于 23 s 时，东西绿灯闪烁，大于 23 s 小于等于 25 s 时，东西黄灯亮，对应南北方向，当前数值小于等于

25 s 时，南北红灯亮；后半周期的运行与此类似。定时器当前值大于等于 1 s 小于等于 23 s 时，东西通行指示灯亮，定时器当前值大于等于 26 s 小于等于 48 s 时，南北通行指示灯亮。当定时器 50 s 时间到后，t1 定时器的常闭触点断开，把 t1 定时器复位，定时器开始重新计时，红绿灯又重新开始新一轮的循环。

十字路口
交通灯控制

图 3-4 交通灯的 I/O 分配表

单击工具栏的 ■ 按钮开始仿真。在仿真启动状态下，会出现 PLC 运行状态仿真窗口。单击窗口上的 ■ 图标，启用仿真的项目视图，单击左上角的 ■ 按钮，创建仿真的新项目，在项目树下"SIM 表格"的"SIM 表格_1"中输入 PLC 程序相关的变量，如图 3-5 所示。把"SD 开关"的变量打"√"，观察输出 Q 的运行状态。程序仿真、联机调试结果与控制要求一致。

图 3-5 仿真变量表

思考题 1：若把任务的启动开关 SD 改为启动按钮 SB1、停止按钮 SB2，程序怎么改？

思考题 2：该任务若要求执行 1 个周期后自动停止，再次合上启动开关 SD 后才重新开始，程序怎么改？

任务二 四人抢答器设计

任务描述

有四个抢答台，抢答按钮分别为1号按钮、2号按钮、3号按钮、4号按钮，参赛人通过抢先按下抢答按钮回答问题。当主持人合上启动开关 SD 后，抢答开始，并限定时间，最先按下按钮的参赛选手由七段数码管显示该台台号，其他抢答按钮无效，如果在限定的时间内各参赛人在 20 s 均不能回答，此后再按下抢答按钮无效。

如果在主持人未按下启动开关 SD 之前，有人按下抢答按钮，则属违规，违规指示灯 H 闪亮，抢答按钮无效。各台号数字显示的消除，违规指示灯（灯 H）的关断，都要通过主持人去手动复位。这里的手动复位操作是按下复位按钮（FW），同时将启动开关 SD 断开。四人抢答器实训面板如图 3-6 所示。

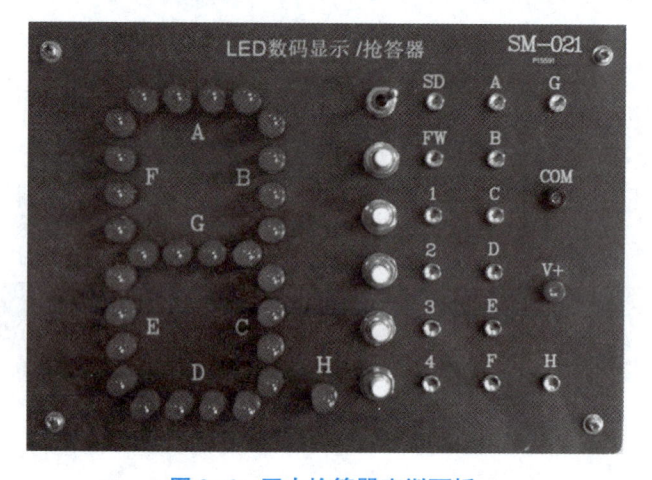

图 3-6 四人抢答器实训面板

学习目标

（1）掌握 S7-1200 传送指令的应用；
（2）掌握数码管显示数字的原理；
（3）能综合应用各种常用指令设计 PLC 程序；
（4）能解决编程过程中出现的问题，完成程序的调试；
（5）培养规则意识、竞争意识以及团队协作能力。

问题引导

思考以下问题，回答内容写在任务工单上。

问题 1：S7-1200 PLC 有哪些传送指令？说明其中 2 种传送指令的功能。

问题2：共阴极数码管与共阳极数码管在接线方面有什么区别？

问题3：程序设计中，怎么实现先按下按钮的控制对象有效，而使其他按下按钮的控制对象无效？

相关知识

知识点一　传送指令

"移动值"MOVE指令也称为传送指令，将IN输入操作数中的内容传送给OUT1输出的操作数中。如果满足下列条件之一：使能输入EN的信号状态为"0"；IN参数的数据类型与OUT1参数的指定数据类型不对应，则使能输出ENO将返回信号状态"0"。传送指令的参数说明如表3-3所示。

表3-3　传送指令的参数说明

参数	声明	数据类型	存储区	说明
EN	Input	Bool	I、Q、M、D、L	使能输入
ENO	Output	Bool	I、Q、M、D、L	使能输出
IN	Input	位字符串、整数、浮点数、定时器、日期时间、CHAR、WCHAR、STRUCT、ARRAY、IEC数据类型、PLC数据类型（UDT）	I、Q、M、D、L或常数	源值
OUT1	Output	位字符串、整数、浮点数、定时器、日期时间、CHAR、WCHAR、STRUCT、ARRAY、IEC数据类型、PLC数据类型（UDT）	I、Q、M、D、L	传送源值中的操作数

除了MOV指令外，还有不少移动指令，各种较常见的移动指令的功能如表3-4所示。

表3-4　各种较常见的移动指令的功能

指令	功能
MOVE	将存储在指定地址的数据元素复制到新地址
MOVE_BLK	将数据元素块复制到新地址的可中断移动，参数COUNT指定要复制的数据元素个数
UMOVE_BLK	将数据元素块复制到新地址的不中断移动，参数COUNT指定要复制的数据元素个数

续表

指令	功能
FILL_BLK EN — ENO IN — OUT COUNT	可中断填充指令，使用指定数据元素的副本填充地址范围，参数COUNT 指定要填充的数据元素个数
UFILL_BLK EN — ENO IN — OUT COUNT	不可中断填充指令，使用指定数据元素的副本填充地址范围，参数COUNT 指定要填充的数据元素个数
SWAP ??? EN — ENO IN — OUT	SWAP 指令用于调换二字节和四字节数据元素的字节顺序，但不改变每个字节中的位顺序，需要指令数据类型

讨论：传送指令可以传送哪些数据类型？智能制造系统中需要传送大量的数据与信息。互联网大数据时代，让信息传递越来越便捷。坚持传递正能量，保持阳光的心态，积极面对一切困难。

知识点二　七段 LED 数码管

七段 LED 数码管根据 LED 的接法分为共阴极和共阳极两类，不同类型的数码管，它们的发光原理一样，但由于它们的电源极性不同，硬件电路有差异，编程也不同。将多只 LED 的阴极连在一起即为共阴极，而将多只 LED 的阳极连在一起即为共阳极。以共阴极为例，如把阴极接地，在相应段的阳极接上正电源，该段即会发光。当然，LED 的电流通常较小，一般均需在回路中接上限流电阻，如图 3-7 所示。假如将"b"和"c"段接上正电源，其他端接地，那么"b"和"c"段发光，此时，数码管显示将显示数字"1"，其他字符的显示原理类同，请自行分析。数码管显示数字与输出 Q 的对应关系如表 3-5 所示。

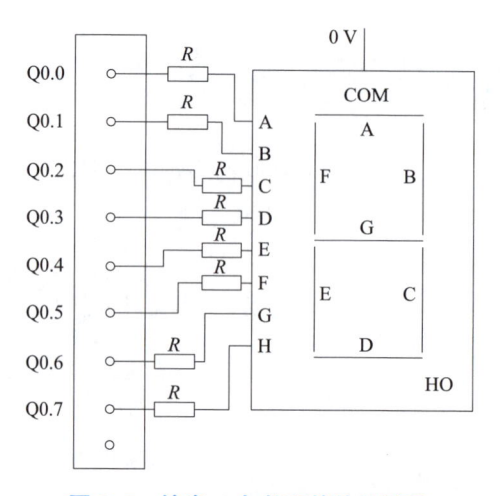

图 3-7　输出 Q 与数码管的接线图

表 3-5　数码管显示数字与输出 Q 的对应关系

数码管显示数字	输出 QB0 的二进制表示	输出 QB0 的十六进制	输出 QB0 的十进制
1	00000110	16#06	6
2	01011011	16#5B	91
3	01001111	16#4F	79
4	01100110	16#66	102

案例分析

案例内容请扫描二维码查看。

讨论：案例程序中的 SB0、SB1、SB2 按钮，若哪个按钮先按下，指示灯显示对应的功能，其他按钮再按下无效，按下 SB3 按钮，复位指示灯。程序应怎么改？

任务 3-2 案例

任务实施

1. 任务分析

分析任务，把被控对象、PLC I/O 设备、控制过程分析填写在任务工单上。

提示：

1 号抢答成功的条件是：1 号抢答按钮先按下，断开了其他按钮抢答的通道，使其他号码按下无效。2 号、3 号、4 号按钮抢答成功的情况类似。若 1 号数码管抢答成功，把十进制数 6 或十六进制数 16#06 传送到输出 QB0，使数码管显示 "1"，其他情况类似。

2. 列出 I/O 分配表

根据任务分析，确定 PLC 的输入量、输出量，列出 I/O 分配表。

3. 绘制接线图

根据列出的 I/O 分配表，绘制 PLC 的硬件接线图，并完成任务的接线。

4. 设计 PLC 程序

根据任务的控制要求及分析，设计 PLC 程序。

提示：

通过分析控制系统的工作过程，参考案例程序，综合应用位逻辑指令、定时器指令、传送指令设计 PLC 程序。

5. 仿真与调试

程序编制完成并编译成功后，可以先进行 PLC 程序的仿真，仿真结果符合控制要求后，再进行项目的下载。下载成功后，开启程序监视，合上 SD 开关，按下抢答按钮，观察程序与实验板上数码管的显示状态；未合上 SD 开关，按下抢答按钮，观察程序与实验板上违规指示灯的亮灭状态；合上 SD 开关，未按下抢答按钮并超时，再按下抢答按钮后，观察程序与实验板上数码管与违规指示灯的状态；手动复位后，观察程序变量与数码管的状态。

讨论：每个小组设计一个抢答规则并提出一个和 PLC 有关的问题，让其他小组同学抢答。抢答成功 1 次得 2 分激励分。通过介绍抢答器规则，培养学生的规则意识，遵守校规，遵守国家法律法规，遵守社会公德，遵守职业道德和职业规范。通过回答问题，培养学生积极思考、分析与解决问题的能力。

拓展任务

任务名称：基于触摸屏的四人抢答器设计

任务要求：

（1）按钮和数码管显示功能都设置在触摸屏上，不用外部接线。

（2）原任务的 SD 开关改为启动按钮、停止按钮；按下启动按钮后，触摸屏指示灯亮，按下停止按钮，触摸屏指示灯灭，系统停止运行，所有指示灯灭。

（3）有人违规抢答时，除违规指示灯 H 闪亮外，还显示抢答的台号；主持人按下复位按钮 FW，抢答系统复位，数码管与违规指示灯灭，且下一轮抢答开始。

（4）计数每个台号违规的次数，若有台号违规次数首先出现 3 次时，数码管闪烁显示该台号数，按停止按钮才能复位所有计数器。

（5）任务的其他功能与原任务相同。

评价与总结

1. 评价

任务实施完成后，根据任务成果填写任务评价表，完成评价。把任务实施相关的内容及评价结果记录在任务工单。

2. 总结

四人抢答器的 PLC 变量表如图 3-8 所示。

	名称	数据类型	地址	保持	可从…	从 H…	在 H…
1	SD	Bool	%I0.0		✓	✓	✓
2	启动信号	Bool	%M1.0		✓	✓	✓
3	超时	Bool	%M2.0		✓	✓	✓
4	FW	Bool	%I0.1		✓	✓	✓
5	1号	Bool	%I0.2		✓	✓	✓
6	2号	Bool	%I0.3		✓	✓	✓
7	3号	Bool	%I0.4		✓	✓	✓
8	4号	Bool	%I0.5		✓	✓	✓
9	提前抢答	Bool	%M1.3		✓	✓	✓
10	1号抢答	Bool	%M0.1		✓	✓	✓
11	2号抢答	Bool	%M0.2		✓	✓	✓
12	3号抢答	Bool	%M0.3		✓	✓	✓
13	4号抢答	Bool	%M0.4		✓	✓	✓
14	A	Bool	%Q0.0		✓	✓	✓
15	B	Bool	%Q0.1		✓	✓	✓
16	C	Bool	%Q0.2		✓	✓	✓
17	D	Bool	%Q0.3		✓	✓	✓
18	E	Bool	%Q0.4		✓	✓	✓
19	F	Bool	%Q0.5		✓	✓	✓
20	G	Bool	%Q0.6		✓	✓	✓
21	H	Bool	%Q0.7		✓	✓	✓
22	数码管	Byte	%QB0		✓	✓	✓

图 3-8 四人抢答器的 PLC 变量表

参考程序请扫二维码查看。合上 SD 的开始开关，M1.0 线圈接通，其常开触点闭合。若 20 s 内没人按下抢答器，那定时器计时到并接通 M2.0 线圈，M2.0 常闭触点断开，使所有的抢答标志位 M0.1、M0.2、M0.3、M0.4 都不会置位，按下抢答按钮无效。若 20 s 内有人按下抢答器，比如 2 号选手按下 2 号按钮，M0.2 置位，M0.2 常闭触点串到其他的抢答器回路中，使其他的回路断开，因此其他按钮再按下就无效。M0.2 常开触点接通，用传送指令把 91 传送到 QB0 中，数码管显示"2"这个数字，表示 2 号选手抢答成功。主持人按下复位按钮，数码管灭。若在开始开关没合上之前有人按下抢答按钮，提前抢答变量 M1.3 置位，M1.3 常开触点接通，Q0.7 变量对应的 H 灯闪烁，M1.3 常闭触点断开所有抢答回路，其他按下按钮就无效。主持人按下复位按钮并断开 SD 开关后，抢答系统复位，再次抢答要重新合上 SD 开关，下一轮抢答才开始。

四人抢答器 PLC 设计 参考程序

四人抢答器 PLC 设计

单击工具栏的 ▣ 按钮开始仿真。在仿真表格中输入 PLC 程序相关的变量。在程序编辑界面，单击 ▣ 按钮，启用监视。在仿真变量表界面中，把"SD"的变量打"√"，按下 1 号按钮，四人抢答器控制的仿真变量表如图 3-9 所示，Q0.1 和 Q0.2 两位亮，表示数码管显示"1"，这时按下其他按钮无效。按要求完成 PLC 的外部接线并下载程序到 PLC，实训面板上数码管的显示结果和仿真结果一致。

图 3-9 四人抢答器控制的仿真变量表

思考题 1：在程序设计中，怎么实现同一个传送对象在一个扫描周期内只传送一次？

思考题 2：若用共阳极数码管来设计四人抢答器，程序应怎么改？

任务三　喷泉灯的 PLC 控制

任务描述

合上启动开关 SD，喷泉灯每隔 1 s 依次显示 1→2→3→4→5→6→7→8→1→2…如此循环下去，形成有规律的显示效果，断开开关 SD，喷泉灯灭。

喷泉灯的实验面板如图 3-10 所示。

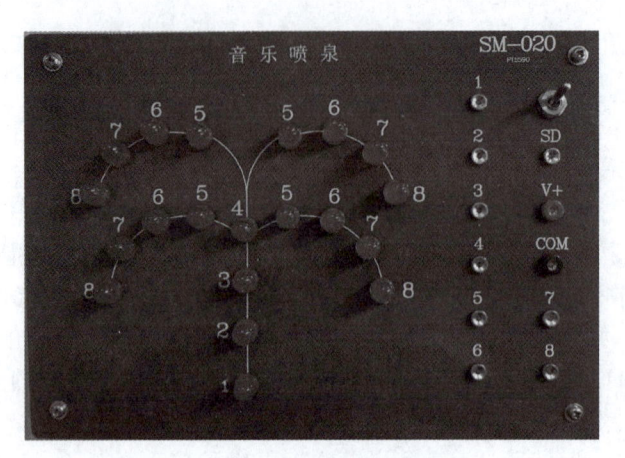

图 3-10　喷泉灯的实验面板

学习目标

（1）掌握 S7-1200 移位与循环移位指令的应用；
（2）能综合应用各种常用指令设计 PLC 程序；
（3）能解决编程过程中出现的问题，完成程序的调试；
（4）增强效率意识，培养勤学好问、努力进取的求知精神。

问题引导

思考以下问题，回答内容写在任务工单上。

问题 1：移位指令和循环移位指令有哪几种？简要说明它们的功能。

问题 2：移位指令 EN、IN、N、OUT 参数分别是什么含义？

问题 3：实现数据左移或右移，移出的位怎么处理？

相关知识

1. 移位指令

移位指令

移位指令和循环移位指令的符号及说明如表 3-6 所示。输入参数 EN 是使能输入端；输入参数 IN 是要移位的位；输入参数 N 是将值移动的位数；输出参数 OUT 是移动后的数值；输出参数 ENO 是使能输出，如果成功执行了指令，该使能输出 ENO 的信号状态为"1"。

移位指令 SHL 和 SHR 将输入参数 IN 指定的存储单元的整个内容逐位左移或右移若干位，移位的位数用输入参数 N 来定义，移位的结果保存在参数 OUT 指定的地址。无符号数移位和有符号数左移后空出来的位用 0 填充。有符号数右移空出来的位用符号位（原来的最高位）填充，正数的符号位为 0，负数的符号位为 1。

表 3-6 移位指令和循环移位指令的符号及说明

指令	功能
SHR ??? EN — ENO IN — OUT N	将参数 IN 的为序列右移 N 位，结果送给参数 OUT
SHL ??? EN — ENO IN — OUT N	将参数 IN 的为序列左移 N 位，结果送给参数 OUT
ROR ??? EN — ENO IN — OUT N	将参数 IN 的位序列循环右移 N 位，结果送给参数 OUT
ROL ??? EN — ENO IN — OUT N	将参数 IN 的位序列循环左移 N 位，结果送给参数 OUT

2. 循环移位指令

循环移位指令 ROL 和 ROR 将输入参数 IN 指定的存储单元的整个内容逐位循环左移或循环右移若干位后，即移出来的位又送回存储单元另一端空出来的位，原始的位不会丢失。N 为移位的位数，移位的结果保存在输出参数 OUT 指定的地址。N 为 0 时不会移位，但是 IN 指定的输入值复制给 OUT 指定的地址。移位位数 N 可以大于被移位存储单元的位数，执行指令后，ENO 总是为"1"状态。

讨论：移位指令的使能输入端 EN 一般要用脉冲信号，为什么？

任务实施

1. 任务分析

分析任务，把被控对象、PLC I/O 设备、控制过程分析填写在任务工单上。

提示：

本任务要控制的变量有八个灯，刚好构成一个字节。任务中喷泉灯移位显示的条件是：1 s 的时钟脉冲，可用定时器指令设计一个 1 s 的时钟脉冲，也可用系统自带频率为 1 Hz 的时钟存储器作为移位指令的移位脉冲。

2. 列出 I/O 分配表

根据任务分析，确定 PLC 的输入量、输出量，列出 I/O 分配表。

3. 绘制接线图

根据列出的 I/O 分配表，绘制 PLC 的硬件接线图，并完成任务的接线。

4. 设计 PLC 程序

根据任务的控制要求及分析，设计 PLC 程序。

提示：

通过分析控制系统的工作过程，综合应用位逻辑指令、定时器指令、传送指令、移位指令设计 PLC 程序。本任务是八位显示的循环，可以用循环移位指令实现。

5. 仿真与调试

程序编制完成并编译成功后，可以先进行 PLC 程序的仿真，仿真结果符合控制要求后，再进行项目的下载。下载成功后，开启程序监视，合上 SD 开关，观察程序的变量与实验板上指示灯的显示状态。

拓展任务

任务名称： 喷泉灯的改进控制

任务要求： 合上启动开关 SD 后，按以下规律显示 1→2→3→4→5→6→7→8→1、2→3、4→5、6→7、8→1、2、3→2、3、4→3、4、5→4、5、6→5、6、7→6、7、8→1→2…如此循环下去，移动频率为 1 Hz。

提示： 该任务每个周期移位的数量是 18 位，不是 8 位字节或者 16 位字的位数，要注意移位一个周期后要重新赋初值。

讨论： 喷泉灯的 PLC 控制任务用前面学过的基本指令编程，怎么实现？用移位指令编程能提高编程效率，使程序变得更简洁。做任何事情都要追求高效率，提高时间的利用率。高效的学习和工作是综合能力的体现，要增强效率意识，杜绝拖延与懒散。

评价与总结

喷泉灯的 PLC 控制参考程序

喷泉灯的 PLC 控制

1. 评价

任务实施完成后，根据任务成果填写任务评价表，完成评价。把任务实施相关的内容及评价结果记录在任务工单。

2. 总结

喷泉灯的 I/O 分配表如图 3-11 所示，参考程序可扫描二维码查看。程序段 1：SD 开关合上后，生成周期为 1 s 的脉冲 M2.1。程序段 1：SD 开关合上后，生成周期为 1 s 的脉冲 M2.1。程序段 2：当 SD 开关合上时，把初始值 1 传送到输出变量 QB0。程序段 3：每来一个 1 s 的脉冲，QB0 向左移位一位，形成喷泉灯的循环显示效果。程序段 4：断开 SD 开关，输出变量 QB0 清 0，喷泉灯灭。

	名称	数据类型	地址	保持	可从 …	从 H…	在 H…
1	SD开关	Bool	%I0.0		☑	☑	☑
2	输出移位目标	Byte	%QB0		☑	☑	☑
3	灯1	Bool	%Q0.0		☑	☑	☑
4	灯2	Bool	%Q0.1		☑	☑	☑
5	灯3	Bool	%Q0.2		☑	☑	☑
6	灯4	Bool	%Q0.3		☑	☑	☑
7	灯5灯9	Bool	%Q0.4		☑	☑	☑
8	灯6灯10	Bool	%Q0.5		☑	☑	☑
9	灯7灯11	Bool	%Q0.6		☑	☑	☑
10	灯8灯12	Bool	%Q0.7		☑	☑	☑
11	脉冲	Bool	%M2.1		☑	☑	☑

图 3-11 喷泉灯的 I/O 分配表

思考题：若要求循环三次自动停止，直到下一次合上启动开关再重新开始，程序怎么改？

任务四　设备维护提醒控制

任务描述

按下启动按钮 SB1，设备运行电动机开始工作，开始计时，统计设备的运行时间，天、小时、分、秒。电动机累计工作 5 天时，维护提示灯 HL 闪烁（频率为 1 Hz），报警电铃响 5 s，但电动机正常工作，设备正常计时。报警提示后，工作人员需按下停止按钮 SB2，电动机停止，对电动机进行维护保养。维护保养以后，按下复位按钮，维护指示灯熄灭，维修计时清零。按下启动按钮 SB1，重新开始维修计时，电动机工作时间继续累加。在触摸屏上设置启动按钮、停止按钮、复位按钮、电动机、电铃、提示灯，显示电动机工作的天数、小时、分、秒。

学习目标

（1）掌握 S7-1200 各种运算指令的应用；
（2）能综合应用各种常用指令设计 PLC 程序；
（3）能分析与解决问题，完成程序的调试；
（4）强化安全生产意识，培养善于思考、勇于创新的思维。

问题引导

思考以下问题，回答内容写在任务工单上。
问题 1：S7-1200 比较常用的数学运算指令有哪些？

问题 2：运算指令中若输入参数与输出参数的数据类型不同应该怎么处理？

问题 3：CALCULATE 计算指令相比其他运算指令，有什么优点？

相关知识

1. 转换指令

CONV 指令是数据转换指令，它将数据从一种数据类型转换为另一种数据类型，需要在 CONV 下面"to"两边设置转换前后的数据的数据类型。使用时单击一下指令的"问号"位置，可以从下拉列表中选择输入数据类型和输出数据类型。图 3-12 所示的程序把 MW0 的整数转换成浮点型存在 MD8 中。

转换与运算指令

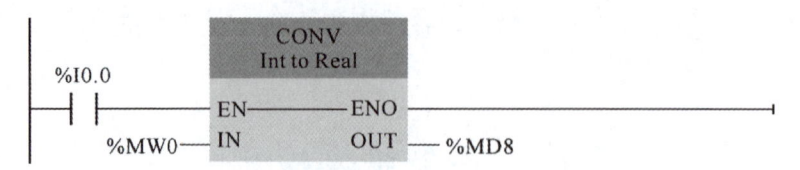

图 3-12 CONV 指令

ROUND（取整）指令用于将浮点数转换为整数。浮点数的小数点部分舍入为最接近的整数值。如果浮点数刚好是两个连续整数的一部分，则实数舍入为偶数。TRUNC（截取）指令用于将浮点数转换为整数，浮点数的小数部分被截成零。

CELL（上取整）指令用于将浮点数转换为大于或等于该实数的最小整数。FLOOR（下取整）指令用于将浮点数转换为小于或等于该实数的最大整数。

SCALE_X（缩放或称标定）指令是将浮点数输入值 VALUE（0.0<=VALUE<=1.0）被线性转换（映射）为参数 MIN（下限）和 MAX（上限）定义的数值范围之间的整数。使用 NORM_X "标准化" 指令，通过将输入 VALUE 中变量的值映射到线性标尺对其进行标准化。转换结果保存在 OUT 指定的地址。

2. 运算指令

数学函数指令中的 ADD、SUB、MUL 和 DIV 分别是加、减、乘、除指令，S7-1200 PLC 还有许多丰富的数学运算指令，如表 3-7 所示。

表 3-7 常用运算指令符号及说明

指令	描述	指令	描述
ADD	IN1+IN2=OUT	SUB	IN1−IN2=OUT
MUL	IN1×IN2=OUT	DIV	IN1÷IN2=OUT
MOD	求整数除法的余数	NEG	将输入值的符号取反
INC	将参数 IN/OUT 的值加 1	DEC	将参数 IN/OUT 的值减 1

续表

指令	描述	指令	描述
ABS ??? EN — ENO IN — OUT	求有符号数的绝对值	LIMIT ??? EN — ENO MN — OUT IN MX	将输入 IN 的值限制在指定的范围内
MIN ??? EN — ENO IN1 — OUT IN2✱	求两个及以上输入中的最小数	MAX ??? EN — ENO IN1 — OUT IN2✱	求两个及以上输入中最大的数
CALCULATE ??? EN — ENO OUT=<???> IN1 — OUT IN2✱	求自定义的表达式的值	FRAC ??? EN — ENO IN — OUT	求输入 IN 的小数值

除了表 3-7 的数学运算指令外，还有 SOR 计算平方指令、SORT 计算平方根指令、LN 计算自然对数指令、EXP 计算指数值指令、SIN 计算正弦值指令、COS 计算余弦值指令、TAN 计算正切值指令，ASIN 计算反正弦值指令、ACOS 计算反余弦值指令、ATAN 计算反正切值指令、EXPT 取幂指令等。

运算指令中，CALCULATE 指令是一个比较实用的计算指令，它根据所选数据类型计算数学运算或复杂逻辑运算。图 3-13 所示为 CALCULATE 计算指令的简单例子。单击指令框中 CALCULATE 下面的 "???"，用出现的下拉式列表选择该指令的数据类型为 Real。单击指令框右上角的 ▣ 图标，或双击指令框中间的数学表达式方框，打开编辑"CALCULATE"指令对话框，输入待计算的表达式，表达式可以包含输入参数的名称（INn）和运算符，不能指定方框外的地址和常数。在初始状态下，指令框值有两个输入 IN1 和 IN2。单击方框左下角的 ✱ 符号，可以增加输入参数的个数。在本例子中输入的运算表达式是（IN1+IN2）*IN3/IN4，当 I0.0 接通时，（MD0+MD4）*MD8/MD12 的结果送到 MD16 中。

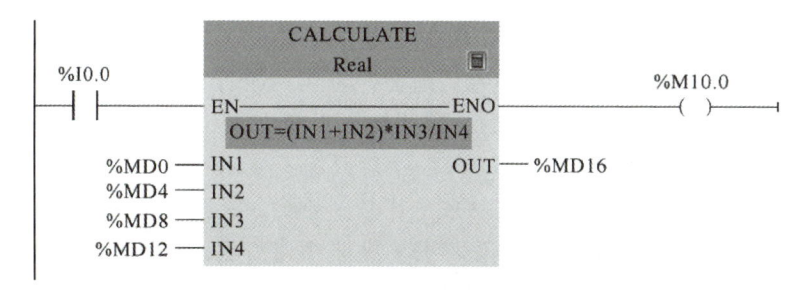

```
           CALCULATE
             Real
%I0.0                              %M10.0
─┤├──── EN ─────── ENO ────────( )─
        OUT=(IN1+IN2)*IN3/IN4
%MD0 ─── IN1
%MD4 ─── IN2          OUT ─── %MD16
%MD8 ─── IN3
%MD12── IN4
```

图 3-13　CALCULATE 计算指令的简单例子

案例分析

案例内容请扫描二维码查看。

讨论：该案例用 CALCULATE 计算指令实现，程序怎么编？

任务3-4案例

任务实施

1. 任务分析

分析任务，把被控对象、PLC I/O 设备、控制过程分析填写在任务工单上。

提示：控制过程分析要明确 PLC 需要控制的动作，如设备电动机工作、电铃工作、维护指示灯 HL 闪烁、维护计时等，以及这些动作运行的条件。

2. 列出 PLC 变量表

根据任务分析，确定 PLC 的输入量、输出量，列出 I/O 变量以及与触摸屏关联的输入/输出变量分配表。

3. 绘制接线图

根据列出的 I/O 分配表，绘制 PLC 的硬件接线图，并完成任务的接线。

4. 设计 PLC 程序

根据任务的控制要求及分析，设计 PLC 程序。

提示：

理清天、小时、分、秒之间的数量关系，从开启电动机后的总秒数换算成天、小时、分、秒。综合应用基本位指令、定时器指令和运算指令设计 PLC 程序。触摸屏上设置按钮，要用位存储器 M 变量，触摸屏显示数据，可以用右侧工具箱中"元素"的"I/O 域"。

5. 仿真与调试

该任务实际维护时间过长，不易看到调试结果。这里在仿真与下载前，可以把维护时间改到 1 分钟 10 秒，观察仿真结果，符合控制要求后，再进行项目的下载。下载成功后，开启程序监视，按下启动按钮、停止按钮，观察程序元件与触摸屏显示的状态。

拓展任务

任务名称：设备维护提醒倒计时控制

任务要求：

在原有任务的基础上增加倒计时功能，离维护时间到还有 9 s 时，显示数码管进入倒计时，时间到后数码管显示 0，延时 5 s 后，数码管灭；按下复位按钮时，系统停止，所有输出与显示复位，其他功能不变。

讨论：PLC 及周边电路与设备也可以采用计时、计数方式，使用时间或次数到时，系统提醒人员进行维护和保养。PLC 维护和保养的具体事项有哪些？PLC 的硬件需要维护，PLC 的软件要保护，篡改 PLC 的软件会造成严重后果。通过启用专有技术保护对 PLC 程序加密。CPU 属性中的"防护与安全"中可设置 PLC 的访问权限。安全无小事，具备安全知识、强化安全生产意识是必备的职业素养。

评价与总结

1. 评价

任务实施完成后，根据任务成果填写任务评价表，完成评价。把任务实施相关的内容及评价结果记录在任务工单。

2. 总结

设备维护提醒控制的 PLC 变量表如图 3-14 所示，触摸屏的参考界面如图 3-15 所示，参考程序可扫描二维码查看。请自行分析参考程序的工作原理，回答思考题。

		名称	数据类型	地址	保持	可从…	从 H…	在 H…
1	▣	启动按钮	Bool	%M0.0	□	☑	☑	☑
2	▣	停止按钮	Bool	%M0.1	□	☑	☑	☑
3	▣	电铃	Bool	%Q0.1	□	☑	☑	☑
4	▣	电机	Bool	%Q0.0	□	☑	☑	☑
5	▣	提示灯	Bool	%Q0.2	□	☑	☑	☑
6	▣	运行总秒数	DInt	%MD10	□	☑	☑	☑
7	▣	一天总秒数	DInt	%MD20	□	☑	☑	☑
8	▣	运行天数后剩余秒数	DInt	%MD40	□	☑	☑	☑
9	▣	运行总小时数	DInt	%MD50	□	☑	☑	☑
10	▣	运行小时后剩余秒数	DInt	%MD60	□	☑	☑	☑
11	▣	运行总分数	DInt	%MD70	□	☑	☑	☑
12	▣	运行分数后剩余秒数	DInt	%MD80	□	☑	☑	☑
13	▣	维护时间	Time	%MD200	□	☑	☑	☑
14	▣	运行总天数	DInt	%MD30	□	☑	☑	☑
15	▣	复位按钮	Bool	%M0.2	□	☑	☑	☑
16	▣	提示标志位	Bool	%M0.3	□	☑	☑	☑

图 3-14 设备维护提醒控制的 PLC 变量表

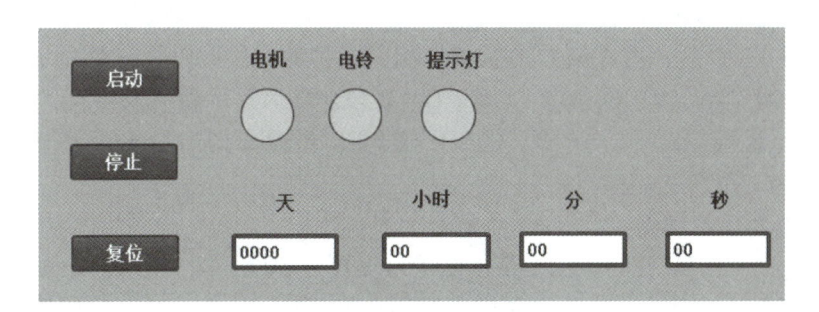

图 3-15 触摸屏参考界面

思考题 1：电动机运行时间怎么实现断电保持，断电重启后继续进行电动机工作计时？

思考题 2：电动机运行总时间到达 100 天时，自动清零电动机工作时间，程序怎么改？

拓展知识

在 S7-1200 PLC 中，基本指令中的功能指令还有许多指令，可扫描二维码查看或参考 PLC 的技术文档学习。

项目三 拓展知识

练习

1. 指示灯循环点亮控制

以 10 s 为一个周期，依次循环点亮 3 盏灯（Q0.0、Q0.1、Q0.2）。按下启动按钮 I0.0，信号灯点亮情况：Q0.0 点亮 3 s→Q0.1 点亮 4 s→Q0.2 点亮 3 s→Q0.0 再次点亮，依次不断循环；按下停止按钮 I0.1，信号灯熄灭。

2. 红绿灯亮灭循环控制

用 PLC 控制 3 种颜色灯分别为：HL1 绿灯、HL2 黄灯、HL3 红灯，工作过程如下：

（1）HL1 灯亮 1 s；

（2）HL1 灯暗，HL2 灯亮 1 s；

（3）HL2 灯暗，HL3 灯亮 1 s；

（4）3 个灯全暗 1 s；

（5）3 个灯全亮 1 s；

（6）3 个灯全暗 1 s；

（7）3 个灯全亮 1 s；

（8）3 个灯全暗 1 s。

然后（1）~（8）反复循环，用一个开关控制。开关闭合时灯工作，断开时停止工作。

3. LED 数码管显示控制

按下启动开关 SD 后，由八组 LED 发光二极管模拟的八段数码管开始显示：先是一段一段显示，显示次序是 A、B、C、D、E、F、G、H 段。随后显示数字及字符，显示次序是 0、1、2、3、4、5、6、7、8、9、A、B、C、D、E、F，再返回初始显示，并循环不止。断开启动开关 SD，数码管灭。

4. 停车场数码显示控制

停车场数码显示 PLC 控制系统。某停车场最多可停 50 辆车，用二位七段数码管显示停车数量。停车场使用接近开关作为检测进出车辆的传感器，每进一辆车数码管显示已停车数量增 1，每出一辆车数码管显示已停车数量减 1。场内停车数量小于 45 辆时，入口处绿灯亮，允许停车入场；等于和大于 45 辆时，绿灯闪烁；等于 50 辆时，红灯亮，禁止车辆入场。

5. 设备预警显示控制

某设备有 2 台电动机，用启动按钮 SB1 启动两台电动机，停止按钮 SB2 停止两台电动机，当其中任意 1 台电动机过载时，电动机都停止，电铃响，警示灯 HL 闪烁（频率为 1 Hz），显示数码管进入 9 s 倒计时，时间到后，电铃和警示灯都停止工作。

项目四 通风机系统的 PLC 控制

项目导入

通风机是依靠输入的机械能，提高气体压力并排送气体的机械。现代通风机广泛用于工厂、矿井、隧道、冷却塔、车辆、船舶和建筑物的通风、排尘和冷却，锅炉和工业炉窑的通风和引风，空气调节设备和家用电器设备中的冷却和通风等。

任务一 基于 FC 的通风机控制

任务描述

子任务 1：基于 FC 的通风机启停控制

某车间内有两台通风机，由两台三相异步电动机带动。按下 SB1 启动按钮，电动机 1 启动，电动机 1 指示灯亮，按下 SB2 停止按钮，电动机 1 停止，电机 1 指示灯灭。按下 SB3 启动按钮，电动机 2 启动，电动机 2 指示灯亮，按下 SB4 停止按钮，电动机 2 停止，电机 2 指示灯灭。分别用有参 FC 函数和无参 FC 函数两种方式来实现 PLC 编程。

子任务 2：基于 FC 的通风机 Y-△ 降压启动控制

某车间有两台通风机，由两台三相异步电动机带动，两台电动机都要实现 Y-△ 降压启动。当按下启动按钮时，两台电动机同时开始星形启动，1 号通风机的电动机由星形转换到三角形的时间为 5 s，2 号通风机的电动机由星形转换到三角形的时间为 10 s。按下停止按钮时，两台电动机立即停止。

学习目标

（1）了解 S7-1200 程序块、数据块的种类；

（2）掌握 FC 函数的用法；

（3）了解 FC 函数局部参数的含义；

（4）能运用 FC 函数完成 PLC 的程序设计、仿真与调试；

（5）培养积极主动的学习习惯和团结协作的职业素养。

问题引导

问题1：S7-1200 PLC 用户程序块有哪几种？什么是 FC 函数？

问题2：PLC 有哪几种编程方法？这些编程方法各有什么特点？

问题3：FC 函数有哪些特点？FC 参数由哪些参数组成？

相关知识

知识点一　程序的块

程序的块

S7-1200 与 S7-300/400 的程序结构基本相同，编程时采用了块的概念。采用块的概念便于大规模程序的设计和理解，可以设计标准化的块程序进行重复调用，程序结构清晰明了、修改方便、调试简单。

PLC 用户程序中的块包括组织块、函数块、函数和数据块。S7-1200 用户程序块简要说明如表 4-1 所示，其中，OB、FB、FC 都包含程序，统称为代码（Code）块。被调用的代码块又可以调用别的代码块，这种调用称为嵌套调用。CPU 模块的手册给出了允许嵌套调用的层数，即嵌套深度。代码块的个数没有限制，但是受到存储器容量的限制。在块调用中，调用者可以是各种代码块，被调用的块是 OB 之外的代码块。

表 4-1　S7-1200 PLC 用户程序块简要说明

块	简要描述
组织块（OB）	操作系统与用户程序的接口，决定用户程序的结构
函数块（FB）	用户编写的包含经常使用的功能的子程序，有专用的背景数据块
函数（FC）	用户编写的包含经常使用的功能的子程序，没有专用的背景数据块
背景数据块（DB）	用于保存 FB 的输入变量、输出变量和静态变量，其数据在编译时自动生成
全局数据块（DB）	存储用户数据的数据区域，供所有的代码块共享

知识点二　函数 FC

函数 FC

PLC 有三种编程方法：线性化编程、模块化编程和结构化编程。线性化编程是将整个用户程序放在主程序 OB1 中，在 CPU 循环扫描时执行 OB1 中的全部指令。其特点是结构简单，但效率低。模块化编程是将程序根据功能分为不同的逻辑块，且每一逻辑块完成的功能不同。在 OB1 中可以根据条件调用不同的函数 FC 或函数块 FB。其特点是易于分工合作、调试方便。结构化编程是将过程要求类似或相关的任务归类，在函数 FC 或函数块 FB 中编程，形成通用解决方案。通过不同的参数调用相同的函数 FC 或通过不同的背景数据块调用相同的函数块 FB。

结构化编程具有以下优点：

（1）程序只需生成一次，显著地减少了编程时间。

（2）该块只在用户存储器中保存一次，降低了存储器的用量。

（3）该块可以被程序任意次调用，每次使用不同的地址。该块采用形式参数编程，当用户程序调用该块时，要用实际参数赋值给形式参数。该块采用形式参数（INPUT、OUTPUT 或 IN/OUT 参数）编程，当用户程序调用该块时，要用实际参数给这些形式参数赋值。

函数（FC，Function）是用户编写的一种可以快速执行的子程序块，它包含完成特定任务的代码和参数。函数 FC 用于执行下列任务：完成标准的和可重复使用的操作，例如算术运算；完成技术功能，例如使用位逻辑运算的控制。

它是一种不带"记忆"的逻辑块，所谓不带"记忆"表示没有背景数据块。FC 有两个作用：一是作为子程序用，二是作为函数用。老版本的 STEP 7 V5.5 将 Function 和 Function block 翻译为功能和功能块，新版的 STEP 7 已更改为函数和函数块。

函数（FC）的特点有：无存储空间的程序块；用于编制频繁出现的复杂功能；功能执行完毕之后，临时变量中的数据将丢失；必须使用全局操作数保存数据；在程序中的不同位置可以多次调用同一个 FC；FC 没有分配给它的数据块，FC 使用临时堆栈临时保存数据，FC 退出后，临时堆栈中的变量将丢失。

所谓带参函数（FC），是指编辑函数（FC）时，在局部变量声明表内定义了形式参数，在函数（FC）中使用了符号地址完成控制程序的编程，以便在其他块中能重复调用有参函数（FC）。

FC 函数、FB 函数块的局部变量的名称、类型及说明如表 4-2 所示。静态变量 Static 只在函数块 FB 中才有。输入参数 Input 用于接收调用它的主调块提供的输入数据；输出参数 Output 用于将块的程序执行结果返回给主调块；输入/输出参数 InOut 的初值由主调块提供，块执行完后用同一个参数将它的值返回给主调块；临时数据 Temp 是暂时保存在局部数据堆栈中的数据，每次调用块之后，临时数据可能被同一优先级中后面调用的块的临时数据覆盖，调用 FC 和 FB 时，首先应初始化它的临时数据（写入数值），然后再使用；常量 Constant 是块中使用并带有符号名的常量。返回值 Return 是函数 FC 的返回值，主要用于函数与调用该函数的其他程序交换数据。

表 4-2　局部变量类型说明

变量名	类型	说明
输入参数	Input	由调用逻辑块的块提供数据，输入给逻辑块的指令
输出参数	Output	向调用逻辑块的块返回参数，即从逻辑块输出结果数据
I/O 参数	Inout	参数的值由调用块的块提供，由逻辑块处理修改，然后返回
临时变量	Temp	临时变量存储在 L 堆栈中，块执行结束变量的值因被其他内容覆盖而丢掉
静态变量	Static	静态变量存储在背景数据块中，块调用结束后，其内容被保留（FB 有，FC 无）
常量	Constant	带有符号名的常量
返回值	Return	函数的返回值，与调用该函数的其他程序交换数据（FC 有，FB 无）

知识点三　数据块

CPU 提供了以下几个选项，用于执行用户程序期间存储数据：

全局存储器：CPU 提供了各种专用存储区，其中包括输入（I）、输出（Q）和位存储器（M）。所有代码块可以无限制地访问该储存器。

临时存储器：只要调用代码块，CPU 的操作系统就会分配要在执行块期间使用的临时或本地存储器（L）。代码块执行完成后，CPU 将重新分配本地存储器，以用于执行其他代码块。

数据块（DB）：在用户程序中存储代码块的数据。相关代码块执行完成后，DB 中存储的数据不会被删除。数据块（DB）分为全局数据块（全局 DB）和背景数据块（背景 DB）两种类型的数据块。

全局 DB 存储程序中代码块的数据，任何代码块 OB、FB 或 FC 都可访问全局 DB 中的数据。

背景 DB 存储特定 FB 的数据。背景 DB 中数据的结构反映了 FB 的参数（Input、Output 和 InOut）和 Static 静态数据，FB 的临时存储器不存储在背景 DB 中。尽管背景 DB 反映特定 FB 的数据，然而任何代码块都可访问背景 DB 中的数据。

每个存储单元都有唯一的地址，用户程序利用这些地址访问存储单元中的信息。存储单元的寻址方式又可分为绝对寻址和符号寻址。数据块 DB 也有这两种寻址方式。数据块可以按位（如 DB1.DBX3.5）、字节（DBB）、字（DBW）和双字（DBD）等绝对地址来访问。在访问数据块中的数据时，应指明数据块的名称，也可以用绝对地址，如 DB1.DBW20 或符号地址，如"电动机 DB"。在 DB 属性中取消勾选"优化的块访问"选项，可以引用绝对地址访问数据块，数据块中会显示"偏移量"列中的偏移量。如果勾选"优化的块访问"选项，只能使用符号地址访问数据块，不能使用绝对地址，这种访问方式可以提高存储器的利用率。

全局 DB 除用来存储定时器数据外，还可以存储字符串、数组和结构类型的数据，也可以在代码块的接口区创建这些类型的数据。

案例分析

案例内容请扫描二维码查看。

任务 4-1 案例

任务实施

1. 任务分析

分析任务，把被控对象、PLC I/O 设备、控制过程分析填写在任务工单上。

提示：子任务 1 在项目一的传送带启停控制中，用到了启保停的基本单元程序，这里的通风机启停控制就是在此基本程序上加上指示灯的控制，而指示灯的工作状态与通风机的运行状态保持一致。子任务 2 的 FC 程序块设计思路可参考项目二的拓展任务——电动机 Y-△ 降压启动的 PLC 控制。任务中两台电动机的控制功能一样，只是从星形切换到三角形的时间不同。

2. 列出 I/O 分配表

根据任务分析，确定 PLC 的输入量、输出量，列出 I/O 分配表。

3. 绘制接线图

根据列出的 I/O 分配表，绘制 PLC 的硬件接线图，并完成任务的接线。

4. 设计 PLC 程序

根据任务的控制要求及分析，设计 PLC 的 OB1 主程序和 FC 程序。

提示：

子任务 1：参照案例的操作方法添加函数 FC，生成函数 FC 的局部变量，FC 编程完成后，OB1 主程序调用它两次，在 PLC 变量表中定义全局变量，把全局变量作为实际参数输入被调 FC 函数的输入、输出接口。

子任务 2：要调用同一个 FC 函数实现两台电动机的星-三角控制，就要注意对不同时间的处理。在程序块中添加 IEC 定时器时，系统会为其分配背景数据块，定时器指令的数据保存在背景数据块中。这里可以添加一个全局数据块作定时器的背景数据块，添加方法与添加 FC 函数类似。在项目树的“程序块”添加新块，出现添加新块的界面，单击打开方框中的“DB 数据块”按钮，在名称栏输入：T_1，类型为“全局 DB”。添加全局 DB 数据块后，在数据列表里添加“IEC_TIMER”类型的数据。在数据块中添加两组定时器类型的数据，一个名称为“T11”，PT 预设置时间设为 5 s，一个名称“T22”，PT 预设置时间设为 10 s，如图 4-1 所示。

T_1

	名称	数据类型	起始值	保持	可从 HMI/...	从 H...	在 HMI ...	设定值
1	▼ Static			☐	☐	☐	☐	☐
2	▼ T11	IEC_TIMER		☐	☑	☑	☑	☐
3	PT	Time	T#5S	☐	☑	☑	☑	☐
4	ET	Time	T#0ms	☐	☑	☐	☑	☐
5	IN	Bool	false	☐	☑	☑	☑	☐
6	Q	Bool	false	☐	☑	☐	☑	☐
7	▼ T22	IEC_TIMER		☐	☑	☑	☑	☐
8	PT	Time	T#10s	☐	☑	☑	☑	☐
9	ET	Time	T#0ms	☐	☑	☐	☑	☐
10	IN	Bool	false	☐	☑	☑	☑	☐
11	Q	Bool	false	☐	☑	☐	☑	☐

图 4-1　两组“IEC_TIMER”类型的数据

在设置 FC1 函数的局部变量时，这里 IEC_TIMER 类型的定时器变量要采用 InOut 类型。函数 FC1 的局部变量表如图 4-2 所示。

电机1

	名称	数据类型
1	▼ Input	
2	启动	Bool
3	停止	Bool
4	▼ Output	
5	星形	Bool
6	三角形	Bool
7	▼ InOut	
8	▶ TIMEDB	IEC_TIMER
9	电源	Bool
10	▼ Temp	
11	TEMP	Bool
12	▼ Constant	

图 4-2　函数 FC1 的局部变量表

讨论：通风机控制的 FC 函数程序需要设置哪些局部变量？这些变量分别是什么参数类型？

5. 仿真与调试

程序编制完成后，进行程序编译，编译成功后，可以先进行 PLC 程序的仿真，仿真结果符合控制要求后，再进行项目的下载。下载成功后，开启程序监视，按下电动机 1 启动按钮、电动机 1 停止按钮，按下电动机 2 启动按钮、电动机 2 停止按钮，观察程序 OB1 主程序、FC 函数软元件的通断状态、PLC 输出的状态。

讨论：有参数函数和无参数函数有什么区别？子任务 2 中，如果把时间作为 FC 函数的一个输入参数，怎么实现？请每个小组成员积极思考、团结协作、共同进步。

评价与总结

1. 评价

任务实施完成后，根据任务成果填写任务评价表，完成评价。把任务实施相关的内容及评价结果记录在任务工单。

基于 FC 的通风机启停控制（有参型）参考程序

2. 总结

该任务的实施过程总结如下：

（1）创建新项目，添加新设备；

（2）添加新块，生成 FC 函数的局部变量，如图 4-3 所示；

（3）编制 FC1 程序；

（4）确定 PLC 的 I/O 分配，输入 PLC 变量表，如图 4-4 所示；

（5）在 OB1 主程序编辑区拖入 FC1 函数，把 PLC 变量导入函数接口处，完成 OB1 主程序编辑。FB1 和 OB1 参考程序请扫描二维码查看。

		名称	数据类型	默认值	注释
1	▼	Input			
2	■	启动	Bool		
3	■	停止	Bool		
4	▼	Output			
5	■	电机	Bool		
6	▼	InOut			
7	■	指示	Bool		
8	▼	Temp			

图 4-3　FC 函数局部变量

		名称	数据类型	地址	保持	可从…	从 H…	在 H…	注释
1		电机1启动	Bool	%I0.0		✓	✓	✓	
2		电机1停止	Bool	%I0.1		✓	✓	✓	
3		电机1	Bool	%Q0.0		✓	✓	✓	
4		电机1指示	Bool	%Q0.1		✓	✓	✓	
5		电机2启动	Bool	%I0.2		✓	✓	✓	
6		电机2停止	Bool	%I0.3		✓	✓	✓	
7		电机2	Bool	%Q0.2		✓	✓	✓	
8		电机2指示	Bool	%Q0.3		✓	✓	✓	

图 4-4　PLC 变量表

参考程序的工作原理：当按下电动机 1 启动按钮后，I0.0 线圈接通，实际参数赋值给 FC1 函数的形式参数"#启动"，FC1 函数执行完程序后，"#电机 1"、"#电机 1 指示"输出变量接通，形式参数的值传递给实际参数"电机 1"Q0.0、"电机 1 指示"Q0.1，使电动机 1 启动及电动机 1 指示灯亮。按下电动机 1 停止按钮后，I0.1 常闭触点断开，赋值给 FC1 函数的"#停止"，FC1 函数执行完程序后，"#电机 1"、"#电机 1 指示"输出变量断开，数值传递给"电机 1"Q0.0、"电机 1 指示"Q0.1，使电动机 1 停止及电动机 1 指示灯灭。电动机 2 的工作原理与电动机 1 的类似，不再详述。

采用无形式参数 FC 的参考程序请扫描二维码查看。请自行分析该程序的工作原理。

子任务 2 的参考程序请扫描二维码查看。请自行分析该程序的工作原理。

思考题 1：FC 的形式参数和实际参数各是什么含义？

思考题 2：符号地址访问数据块和绝对地址访问数据块有什么区别？

基于 FC 的通风机启停控制（无参型）参考程序

基于 FC 的通风机启停控制

基于 FC 的通风机降压启动控制参考程序

任务二　基于 FB 的通风机降压启动控制

任务描述

某车间内有三台通风机，由三台三相异步电动机带动，分别是 M1、M2、M3。每台电动机要求 Y-△降压启动；启动时按下启动按钮，按 M1 启动，10 s 后 M2 启动，10 s 后 M3 启动；停止时按下停止按钮，逆序停止，即 M3 先停止，10 s 后 M2 停止，再过 10 s 后 M1 停止；任何一台电动机，控制电源的接触器和星形接触器接通，即电动机星形启动 6 s 后，星形接触器断电，1 s 后三角形接触器接通，电动机三角形正常运行。

学习目标

（1）掌握 FB 函数的用法；
（2）掌握多重背景数据块的含义及应用；
（3）能运用 FB 函数块完成 PLC 的程序设计、仿真与调试；
（4）培养积极探索、勇于实践的工作态度，加强简洁、高效的工作意识。

问题引导

问题 1：什么是 FB 函数块？它与 FC 函数有什么区别？

问题 2：什么是多重背景数据块？怎么在 FB 函数块实现？

问题 3：FB 函数块定义的参数与调用生成的背景数据块有什么异同？

相关知识

1. 函数块 FB

函数块（FB，Function Block）是用户所编写的有固定存储区的子程序块。FB 为带"记忆"的逻辑块，它有一个数据结构与函数块参数表完全相同的数据块（DB）即背景数据块（Instance Data Block），函数块的所有形参和静态数据都存储在一个单独的、被指定给该函数块的背景数据块中，用来存储接口数据区（TEMP 类型除外）和运算的中间数据。当函数块被执行时，背景数据块被调用，函数块结束，调用随之结束。存放在背景数据块中的数据在 FB 块结束以后，仍能继续保持，具有"记忆"功能。FB 背景数据块中的变量可以供其他代码块使用，调用同一个函数块时使用不同的背景数据块，可以控制不同的设备。

函数块的背景数据块中的变量就是它对应的 FB1 接口区中的 Input、Output、InOut 参数和 Static 变量。一个函数块可以有多个背景数据块，使函数块可以被不同的对象使用。背景数据块在函数块执行完后不会丢失，以供下次执行使用，其他代码块也可以访问背景数据块中的变量，不能直接删除和修改背景数据块中的变量，只能在它对应的函数块接口中删除和修改这些变量。

生成函数块 FB 的输入、输出参数和静态变量时，它们被自动指定一个默认值，可以修改这些默认值。局部变量的默认值被传送给 FB 的背景数据块，作为同一个变量的启动值，可以在背景数据块中修改变量的启动值，调用 FB 时没有指定实参的形参使用背景数据块中的启动值。

FB 与 FC 相比，有以下不同：

（1）FB 每次调用都必须分配一个背景数据块，属于带存储数据功能的块。FC 没有背景数据块，没有存储数据功能。

（2）只能在函数 FC 内部访问它的局部变量，其他代码块或 HMI（人机界面）可以访问函数块 FB 的背景数据块中的变量。

（3）函数 FC 没有静态变量（Static），函数块 FB 有保存在背景数据块中的静态变量。当编写 FC 程序时，必须寻找空的标志区（M 区）或全局数据块来存储需保持的数据，并且要自己编写程序来保存它们，而 FB 的静态变量可由 STEP 7 的软件来自动保存。

（4）函数块 FB 的局部变量（不包括 Temp）有默认值（初始值），函数 FC 的局部变量没有默认值。在调用函数块 FB 时可以不设置某些有默认值的输入、输出参数的实参，这种情况下将使用这些参数在背景数据块中的启动值，或使用上一次执行后的参数值，这样可以使调用函数块更简单。调用函数 FC 时应给所有的形参指定实参。

（5）函数块 FB 的输出参数值不仅与来自外部的输入参数有关，还与用静态数据保存的内部状态数据有关。函数 FC 因为没有静态数据，相同的输入参数产生相同的执行结果。

2. 多重背景数据块

任务中需要多次调用 FB 函数块来控制被控对象，每次调用时，都要为定时器指定一个背景数据块，如果调用次数很多，则会出现大量的数据块"碎片"，为了解决这个问题，可以在程序中使用多重背景数据块减少背景数据块的数量，更合理地利用存储空间。

将 FB 函数块的定时器或计数器背景数据块的类型改为静态 Static 类型，就是在函数块的接口区定义数据类型为 IEC_TIMER 或 IEC_COUNTER 的静态变量，用这些静态变量来提供定时器或计数器的背景数据。这种函数块的背景数据块称为多重背景数据块。

讨论： 上个任务的通风机 Y-△降压启动控制用基于多重背景的 FB 函数编程，怎么实现？大型 PLC 控制系统中有许多数据需要处理，多重背景数据块的应用使数据的分类、存储变得更简洁、高效。我们在日常生活和工作中也需要分类、整理、归纳，比如垃圾分类、文件整理、知识归纳等，养成这些好习惯能让生活和工作变得更加简洁、高效。

案例分析

案例内容请扫描二维码查看。

讨论： 该案例程序中，若是把 IEC_TIMER 类型的定时器变量设置成 InOut 类型，程序应怎么改？

任务 4-2 案例

任务实施

1. 任务分析

分析任务，把被控对象、PLC I/O 设备、控制过程分析填写在任务工单上。

提示： 该任务的控制对象、PLC I/O 设备可以参考前一个任务：基于 FC 的通风机 Y-△降压启动控制。每台电动机均需要电源接触器、星形接触器、三角形接触器来控制电动机的 Y-△降压启动。

2. 列出 I/O 分配表

根据任务分析，确定 PLC 的输入量、输出量，列出 I/O 分配表。

3. 绘制接线图

根据列出的 I/O 分配表，绘制 PLC 的硬件接线图，并完成任务的接线。

4. 设计 PLC 程序

根据任务的控制要求及分析，设计 PLC 程序。

提示：

由于三台电动机按照不同的时间序列，都要实现星-三角降压启动，可以采用结构化程序设计的思路，设计一个函数块 FB 来实现星-三角降压启动控制。参照案例的操作方法添加函数块 FB，生成函数 FB 的局部变量，FB 编程完成后，OB1 主程序调用它三次，在 PLC 变量表中定义全局变量，把全局变量作为实际参数送入到被调 FB 函数块的输入、输出接口。

5. 仿真与调试

程序编制完成后，进行程序编译，编译成功后，可以先进行 PLC 程序的仿真，仿真结果符合控制要求后，再进行项目的下载。下载成功后，开启程序监视，按下启动按钮、停止按钮，观察程序 OB1 主程序、FB 函数块等软元件的通断状态、PLC 输出的状态。

拓展任务

任务名称：两台电动机启停及制动控制

任务要求：

按下启动按钮1，1号设备的电动机运行。按下停止按钮1，1号设备的电动机停止，制动器1立即工作，延时10 s后停止。按下启动按钮2，2号设备的电动机运行。按下停止按钮2，2号设备的电动机停止，制动器2立即工作，延时8 s后停止。

提示：使用用户生成的函数块作背景数据。按前面任务的方法，编制一个名称为"电动机及制动控制"的FB1函数块程序；再编制一个名称为"两台电动机控制"的FB2函数块程序，在FB2的接口区生成两个数据类型为"电动机及制动控制"的静态变量"1号电动机"和"2号电动机"，每个静态变量内部的输入参数、输出参数等局部变量是自动生成的，与FB1"电动机及制动控制"相同。函数块FB2调用函数块FB1，用FB2的静态变量"1号电动机"提供名为"电动机及制动控制"的FB1的背景数据。用同样的方法在FB2函数块中再次调用FB1，用FB2的静态变量"2号电动机"提供FB1的背景数据。在OB1调用FB2函数块。

评价与总结

1. 评价

任务实施完成后，根据任务成果填写任务评价表，完成评价。把任务实施相关的内容及评价结果记录在任务工单。

2. 总结

该任务的实施过程总结如下：

（1）创建新项目，添加新设备；

（2）添加新块，生成FB函数块的局部变量，如图4-5所示；

（3）编制FB1程序；

（4）确定PLC的I/O分配，输入PLC变量表，如图4-6所示；

（5）在OB1主程序编辑区拖入FB1函数块，把PLC变量导入函数块接口处，完成OB1主程序编制。

	名称	数据类型	默认值	保持
1	▼ Input			
2	启动	Bool	false	非保持
3	停止	Bool	false	非保持
4	▼ Output			
5	星形接触器	Bool	false	非保持
6	三角形接触器	Bool	false	非保持
7	▼ InOut			
8	电源接触器	Bool	false	非保持
9	▼ Static			
10	▶ 时间1	IEC_TIMER		非保持
11	▶ 时间2	IEC_TIMER		非保持
12	▼ Temp			
13	临时1	Bool		
14	临时2	Bool		

图4-5 FB1的局部变量

项目四 通风机系统的 PLC 控制

		名称	数据类型	地址	保持	可从 H…	从 H…	在 H…	注释
1		启动按钮	Bool	%I0.0		✓	✓	✓	
2		停止按钮	Bool	%I0.1		✓	✓	✓	
3		电源线圈1	Bool	%Q0.0		✓	✓	✓	
4		星形线圈1	Bool	%Q0.1		✓	✓	✓	
5		三角形线圈1	Bool	%Q0.2		✓	✓	✓	
6		电源线圈2	Bool	%Q0.3		✓	✓	✓	
7		星形线圈2	Bool	%Q0.4		✓	✓	✓	
8		三角形线圈2	Bool	%Q0.5		✓	✓	✓	
9		电源线圈3	Bool	%Q0.6		✓	✓	✓	
10		星形线圈3	Bool	%Q0.7		✓	✓	✓	
11		三角形线圈3	Bool	%Q1.0		✓	✓	✓	

图 4-6　PLC 变量表

该任务的 FB1 和 OB1 参考程序请扫描二维码查看。函数块 FB1 程序工作原理，程序段 1：按下启动按钮，启动的常开触点接通后，电源接触器线圈接通；程序段 2~4：用两个接通延时定时器，控制星形接触器线圈和三角形接触器线圈，电源接触器接通后，星形接触器也接通，电动机实现星形运行，延时 6 s 后星形接触器断开，再过 1 s，三角形接触器接通，电动机实现三星形运行；程序段 5：按下停止按钮，停止的常开触点接通，使电源接触器线圈断开，从而电源接触器的常开触点断开，星形接触器和三角形接触器也断开，电动机停止。

基于 FB 的通风机降压启动控制参考程序

主程序 OB1 参考程序的工作原理：设置 MB10 为系统存储器，M10.0 为首次扫描接通存储器位。程序段 1：程序首次扫描，把 M0.0 开始的连续 24 位复位，Q0.0 开始的连续 9 位复位。程序段 2~程序段 3：建立运行标志位和停止标志位。当启动按钮按下时，启动标志位 M0.0 置位，停止标志位 M0.1 复位；当按下停止按钮时，启动标志位 M0.0 复位，停止标志位 M0.1 置位。程序段 4：启动标志位 M0.0 接通 10 s 后，M1.0 接通，再过 10 s，M1.1 接通，产生两个时差分别为 10 s、20 s 的启动延时信号。程序段 5：启动标志位 M0.1 接通 10 s 后，M2.0 接通，再过 10 s，M2.1 接通，产生两个时差分别为 10 s、20 s 的停止信号。程序段 6~8：通过 3 次调用 FB1 函数块，实现电动机的顺序启动、逆序停止。按下启动按钮，启动标志位 M0.0 接通后，控制 M1 电动机星形启动的 Q0.0、Q0.1 接通，6 s 后，Q0.1 断开，再过 1 s，Q0.2 接通，M1 电动机三角形运行。过 10 s，启动延时位 M1.0 接通，实现 M2 电动机星-三角降压启动。再过 10 s，启动延时位 M1.1 接通，实现 M3 电动机星-三角降压启动。按下停止按钮，停止标志位 M0.1 接通后，电动机 M3 停止，10 s 后，停止延时位 M2.0 接通，电动机 M2 停止，再过 10 s，停止延时位 M2.1 接通，电动机 M1 停止。

基于 FB 的通风机降压启动控制

思考题 1：应用多重背景数据块有什么优点？

思考题 2：该任务若要求三台电动机星形启动的时间各不相同，怎么设计程序？

任务三 通风机的断续运行控制

任务描述

某车间内有一台通风机,由三相异步电动机带动。为了节约电能,用 S7-1200 PLC 实现电动机断续运行的控制。按下启动按钮 SB1,电动机启动,工作 2 h,停止 1 h,再工作 2 h,停止 1 h,如此循环;当按下停止按钮 SB2 后或电动机过载,电动机立即停止运行。系统要求使用循环中断组织块实现上述工作和停止时间的延时功能。

学习目标

(1) 了解 S7-1200 组织块的种类、启动组织块的事件;
(2) 掌握程序循环组织块、启动组织块的含义与应用;
(3) 掌握循环中断组织块的含义与应用;
(4) 能运用相关组织块完成 PLC 的程序设计、仿真与调试;
(5) 培养勤学好问、善于思考的学习习惯,提高节能环保意识。

问题引导

问题 1:什么是组织块?组织块有哪几种?

问题 2:启动程序循环组织块、循环中断组织块的事件是什么?

问题 3:怎么实现循环中断组织块的循环时间功能?

相关知识

知识点一 组织块与启动事件

1. 组织块的分类

组织块与启动事件

组织块(Organization Block,OB)是操作系统与用户程序的接口,由操作系统调用,用于控制扫描循环和中断程序的执行、PLC 的启动和错误处理等。组织块的程序是用户编写的,每个组织块必须有一个唯一的 OB 编号,123 之前的某些编号是保留的,其他 OB 的编号应大于等于 123。CPU 中特定的事件触发组织块的执行,OB 不能相互调用,也不能被 FC 和 FB 调用。只有启动事件(例如诊断中断或周期性中断事件)可以启动 OB 的执行。各种组织块由不同的事件启动,且具有不同的优先级,而循环执行的主程序则在组织块 OB1 中。

1）启动组织块

当 CPU 的工作模式从 STOP 切换到 RUN 时，执行一次启动（Startup）组织块，来初始化程序循环 OB 中的某些变量。执行完启动 OB 后，开始执行程序循环 OB。可以有多个启动 OB，默认的为 OB100，其他启动 OB 的编号应大于等于 123。

2）程序循环组织块

OB1 是用户程序中的主程序，CPU 循环执行操作系统程序，在每一次循环中，操作系统程序调用一次 OB1。因此 OB1 中的程序也是循环执行的。允许有多个程序循环 OB，默认的是 OB1，其他程序循环 OB 的编号应大于等于 123。

3）中断组织块

中断处理用来实现对特殊内部事件或外部事件的快速响应。如果没有中断事件出现，CPU 循环执行组织块 OB1 和它调用的块。如果出现中断事件，例如诊断中断和时间延迟中断等，因为 OB1 的中断优先级最低，操作系统在执行完当前程序的当前指令（即断点处）后，立即响应中断。CPU 暂停正在执行的程序块，自动调用一个分配给该事件的组织块（即中断程序）来处理中断事件。执行完中断组织块后，返回被中断的程序的断点处继续执行原来的程序。这意味着部分用户程序不必在每次循环中处理，而是在需要时才被及时地处理。处理中断事件的程序放在该事件驱动的 OB 中。组织块的种类及说明如表 4-3 所示。

表 4-3　组织块的种类及说明

组织块种类	说明
启动组织块	当 CPU 的工作模式从 STOP 切换到 RUN 时，执行一次启动（Startup）组织块，可不使用
程序循环组织块	循环执行的程序，允许有多个循环组织块，可以调用其他块
延时中断组织块	在指定的时间过后，执行中断程序
循环中断组织块	在特定的时间段，执行中断程序
硬件中断组织块	根据硬件事件触发，执行中断程序
诊断错误组织块	诊断模块被启用并检测到错误时，执行中断程序
时间错误中断组织块	超过最大循环时间时，执行中断程序

2. 启动组织块的事件

组织块 OB 是由事件驱动的。当出现启动组织块的事件时，由操作系统调用对应的组织块。如果当前不能调用 OB，则按事件的优先级将其保存到队列，如果没有为该事件分配 OB，则会触发默认的系统响应。S7-1200 启动 OB 事件的属性如表 4-4 所示。

表 4-4　S7-1200 启动 OB 事件的属性

事件类型	OB 编号	OB 个数	启动事件	优先级
程序循环	1 或 ≥123	≥1	启动或结束前一个程序循环 OB	1
启动	100 或 ≥123	≥0	从 STOP 切换到 RUN 模式	1
时间中断	10~17 或 ≥123	最多 2 个	已达到启动时间	2

续表

事件类型	OB 编号	OB 个数	启动事件	优先级
延时中断	20~23 或 ≥123	最多 4 个	延时时间结束	3
循环中断	30~38 或 ≥123	最多 4 个	等长总线循环时间结束	8
硬件中断	40~47 或 ≥123	≤50	上升沿（≤16 个）、下降沿（≤16 个）	18
			HSC 计数值=设定值，计数方向变化，外部复位，最多各 6 次	18
状态中断	55	0 或 1	CPU 接收到状态中断，例如从站中的模块更改了操作模式	4
更新中断	56	0 或 1	CPU 接收到更新中断，例如更改了从站或设备的插槽参数	4
制造商中断	57	0 或 1	CPU 接收到制造商或配置文件特定的中断	4
诊断错误中断	82	0 或 1	模块检测到错误	5
拔出/插入中断	83	0 或 1	拔出/插入分布式 I/O 模块	6
机架错误	86	0 或 1	分布式 I/O 的 I/O 系统错误	6
时间错误	80	0 或 1	程序执行时间超过最大循环时间，或发生时间错误事件	22

如果插入/拔出中央模块，或超出最大循环时间两倍，CPU 将切换到 STOP 模式。系统忽略过程映像更新期间出现的 I/O 错误。块中有编程错误或 I/O 访问错误时，保持 RUN 模式不变。启动事件与程序循环事件不会同时发生，在启动期间，只有诊断错误事件能中断启动事件，其他事件将进入中断队列，在启动事件结束后再处理。

3. 事件执行的优先级与中断队列

优先级、优先级组合队列用来决定时间服务程序的处理顺序。每个 CPU 事件都有它的优先级，不同优先级的事件分为 3 个优先级组。优先级的编号越大，优先级越高。事件一般按优先级的高低来处理，先处理高优先级的事件。优先级相同的事件按"先来先服务"的原则来处理。高优先级组的事件可以中断低优先级组的事件的 OB 的执行。一个 OB 正在执行时，如果出现了另一个具有相同或较低优先级组的事件，后者不会中断正在处理的 OB，将根据它的优先级添加到对应的中断队列排队等待。当前的 OB 处理完后，再处理排队的事件。不同的事件均有它自己的中断队列和不同的队列深度。对于特定的事件类型，如果队列中的事件个数达到上限，下一个事件将使队列溢出，新的中断事件被丢弃，同时产生时间错误中断事件。

S7-1200 可以用 CPU 的"启动"属性中的复选框"OB 应该可中断"设置组织块是否可以被中断。对于 V4.0 以上版本的 S7-1200 CPU，优先级大于等于 2 的组织块将中断循环程序的执行。如果设置为中断模式，优先级为 2~25 的组织块可被优先级高于当前运行的组织块的任何事件中断，时间错误事件类型会中断所有其他事件类型的组织块。如果未设置可中断模式，优先级为 2~25 的组织块不能被任何事件中断。

知识点二　程序循环组织块

程序循环组织块 OB1 是用户程序中的主程序，CPU 循环执行操作系统程序，在每一次循环中，操作系统程序调用一次 OB1。程序循环组织块的优先等级为 1，为最低优先等级，任何其他类别的事件都可以中断循环程序的执行。CPU 在 RUN 模式时循环执行 OB1，可以在 OB1 中调用 FC 和 FB。如果用户程序生成了其他程序循环的组织块，CPU 按 OB 编号的顺序执行它们，首先执行主程序 OB1，然后执行编号大于等于 123 的程序循环 OB。一般情况只需要一个程序循环组织块。

S7-1200 操作系统的执行过程如图 4-7 所示。

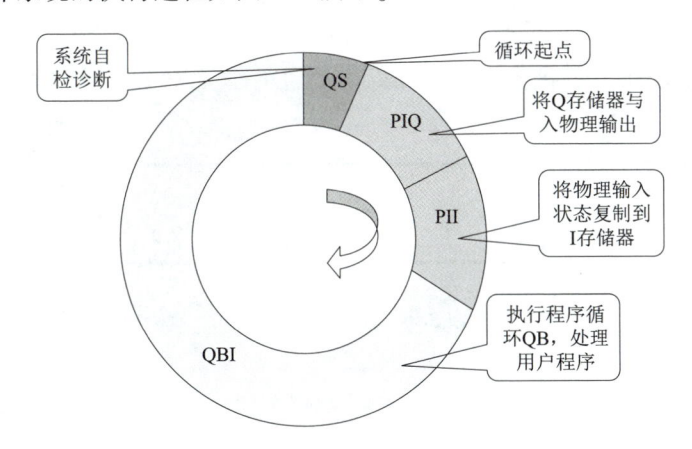

图 4-7　S7-1200 操作系统的执行过程

具体运行过程如下：
（1）操作系统启动扫描循环监视时间；
（2）操作系统将输出过程映像区的值写到输出模块；
（3）操作系统读取输入模块的输入状态，并更新输入过程映像区；
（4）操作系统处理用户程序并执行程序中包含的运算；
（5）当循环结束时，操作系统执行所有未决的任务，例如加载和删除块或调用其他循环 OB；
（6）最后，CPU 返回循环起点，并重新启动扫描循环监视时间。

打开博途软件，生成一个名为"组织块例子"的新项目，双击项目树中的"添加新设备"，添加一个新设备，CPU 的型号为 CPU 1215C。打开项目视图中的文件夹"\PLC_1\程序块"，双击其中的"添加新块"，单击方框中的"OB 组织块"按钮，如图 4-8 所示，选择列表中的"Program cycle"，生成一个程序循环组织块，OB 默认的编号为 123（可手动设置 OB 的编号，最大编号为 32767）。块的名称为默认的 Main_1（可修改块的名称）。单击右下角的"确认"按钮，OB 块被自动生成，可以在项目树的文件夹"\PLC_1\程序块"中看到新生成的 OB123。

分别在 OB1 和 OB123 输入程序，如图 4-9 和图 4-10 所示，将它们下载到 CPU，将

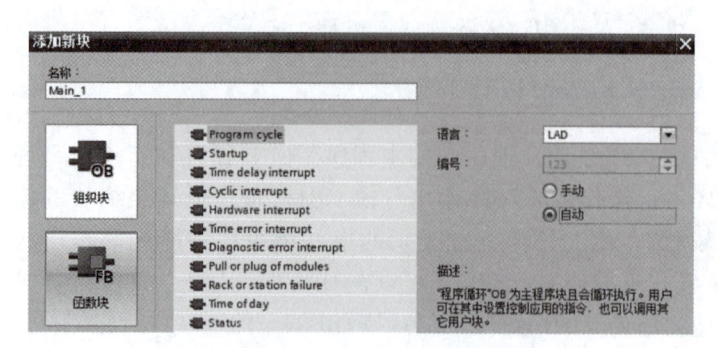

图 4-8　生成程序循环组织块

CPU 切换到 RUN 模式后，可以用 1 号按钮 I0.0 和 2 号按钮 I0.1 分别控制 Q0.1、Q0.2、Q0.3，OB1 和 OB123 均被循环执行。

图 4-9　OB1 中的程序

图 4-10　OB123 中的程序

知识点三　启动组织块

启动组织块（Startup）用于初始化，CPU 从 STOP 切换到 RUN 时，执行一次启动 OB。执行完后，开始执行程序循环 OB1。允许生成多个启动 OB，默认的是 OB100，其他的启动 OB 的编号应大于等于 123，一般只需要一个启动组织块。启动组织块不会中断程序循环 OB，因为 CPU 在进入 RUN 模式之前将先执行启动 OB。

S7-1200 PLC 支持 3 种启动模式：不重新启动模式、暖启动-RUN 模式、暖启动-断电前的操作模式，如图 4-11 所示。不管选择哪种启动模式，已编写的所有启动 OB 都会执行，并且 CPU 是按 OB 的编号顺序执行它们，首先执行启动组织块 OB100，然后执行编号大于等于 123 的启动组织块 OB。

项目四　通风机系统的 PLC 控制

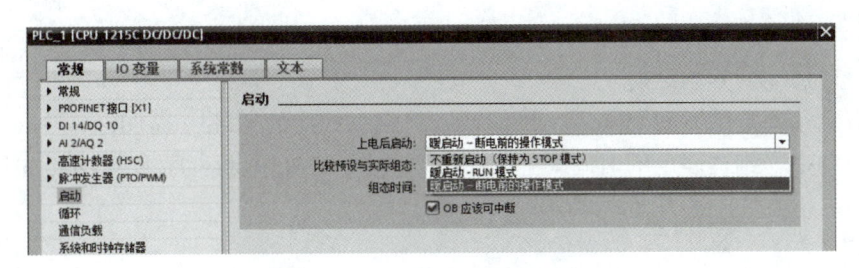

图 4-11　S7-1200 PLC 的启动模式

在"组织块例子"中，用上述类似的方法生成启动（Startup）组织块 OB100 和 OB124。分别在启动组织块 OB100 和 OB124 中生成初始化程序，如图 4-12 和图 4-13 所示。把程序下载到 CPU，并切换到 RUN 模式，执行 OB100 程序后 QB0 被初始化为 16#F0，再经过执行 OB124 程序后，QB0 被初始化为 16#FF。

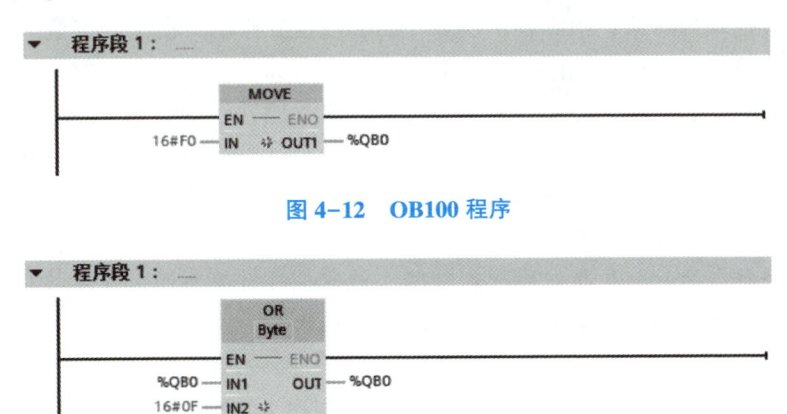

图 4-12　OB100 程序

图 4-13　OB124 程序

知识点四　循环中断组织块

循环中断（Cyclic interrupt）组织块被用于按设定的时间间隔循环执行中断程序，最多可以组态 4 个循环中断事件。循环中断组织块以设定的循环时间（1~60 000 ms）周期性地执行，与程序循环 OB 的执行无关。在 CPU 运行期间，可以使用"SET_CINT"指令重新设置循环中断的间隔扫描时间、相移时间；同时还可以使用"QRY_CINT"指令查询循环中断的状态。循环中断 OB 的编号必须为 30~38，或大于等于 123。如果循环中断 OB 的执行时间大于循环时间，将会启动时间错误 OB。循环中断 OB 的执行过程如图 4-14 所示。

循环中断
组织块

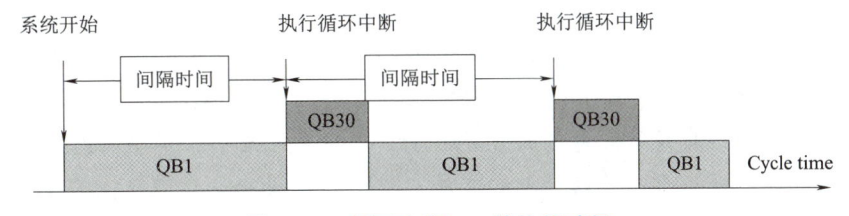

图 4-14　循环中断 OB 的执行过程

107

由图 4-14 可知，循环中断组织块的执行过程如下：
（1）PLC 启动后开始计时；
（2）当到达固定的时间间隔后，操作系统将启动相应的循环中断 OB；
（3）图例中，到达固定的时间间隔后，循环中断 OB30 中断程序循环 OB1 先执行。

案例分析

案例内容请扫描二维码查看。

任务 4-3 案例

任务实施

1. 任务分析

分析任务，把被控对象、PLC I/O 设备、控制过程分析填写在任务工单上。

提示：电动机工作 2 h，停止 1 h，3 个小时为一个周期。设置一个字节型存储器（比如 MW10）用于存放循环中断计数值，循环中断组织块程序执行时计数值加 1，计数值次数使运行时间达到一个周期时，循环中断计数值清 0。OB1 主程序中，当计数值次数使运行时间段在一个周期的前 2 h 内，电动机接通工作；当按下停止按钮或电动机过载时，电动机停止工作，并把循环中断计数值清 0。

讨论：一个周期的时间与组织块循环时间、计数值什么关系？若设置循环时间 60 s，该任务需要的周期、电动机运行时间分别要计数中断几次？

2. 列出 I/O 分配表

根据任务分析，确定 PLC 的输入量、输出量，列出 I/O 分配表。

3. 绘制接线图

根据列出的 I/O 分配表，绘制 PLC 的硬件接线图，并完成任务的接线。

4. 设计 PLC 程序

根据任务的控制要求及分析，设计启动组织块程序、循环中断组织块程序、PLC 主程序。

提示：

按照相关知识中添加启动组织块 OB100 的方法，生成一个启动组织块，在启动组织块中对循环中断计数值清 0，作为计数的初始值。由于循环中断组织块最大循环时间只有 60 s，若采用每 60 s 中断一次，3 h 总共需要计数中断 180 次。当循环中断计数值小于等于 120 次时，电动机处于 2 h 的工作时间段。参照案例的操作方法添加循环中断组织块，具体的程序设计思路请参考上述的任务分析。

5. 仿真与调试

该任务实际运行时间过长，不易看到调试结果。这里在仿真与下载前，可以改短循环时间或改小计数次数，观察仿真结果，符合控制要求后，再进行项目的下载。下载成功后，开启程序监视，按下启动按钮、停止按钮，观察程序元件与 PLC 输出的状态。

讨论：电器断续运行是节约电能的方式之一。在日常生活中，哪些电器可以采用断续运行的方式节约电能？还有哪些节约用电的方法？8 月 25 日是全国低碳日，为深入践行生态文明思想，全面贯彻绿色发展理念，要提高节能环保意识，助力实现低碳生产、生活。

评价与总结

1. 评价

任务实施完成后,根据任务成果,填写任务评价表,完成评价。把任务实施相关的内容及评价结果记录在任务工单。

2. 总结

该任务的外部接线参考图如图4-15所示。要注意的是,该任务外部接线图中热继电器接的是常开触点,而不是前面任务的常闭触点。

该任务的实施过程总结如下:

(1) 创建新项目,添加新设备。

(2) 编辑 PLC 变量表,如图 4-16 所示。

(3) 生成启动组织块,编制 OB100 启动程序。

生成启动组织块步骤:打开项目视图中的文件夹"\PLC_1\程序块"→双击"添加新块"→单击"组织块"按钮→选中"Startup"→生成启动组织块 OB100。

通风机的断续运行控制参考程序

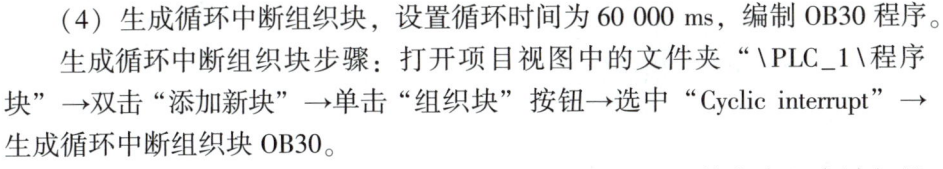

(4) 生成循环中断组织块,设置循环时间为 60 000 ms,编制 OB30 程序。

生成循环中断组织块步骤:打开项目视图中的文件夹"\PLC_1\程序块"→双击"添加新块"→单击"组织块"按钮→选中"Cyclic interrupt"→生成循环中断组织块 OB30。

(5) 编制 OB1 主程序。任务的 OB100、OB30、OB1 等参考程序请扫描二维码查看。

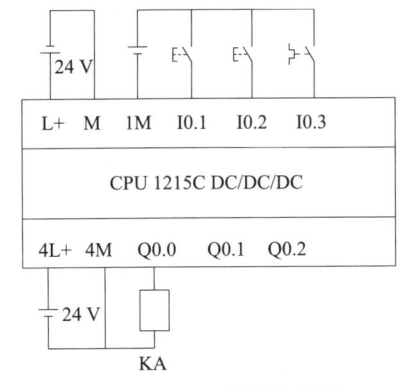

通风机的断续运行控制

图 4-15 PLC 外部接线图

图 4-16 通风机断续运行的 PLC 变量表

OB30 参考程序的工作原理,程序段 1:对 1 min 循环中断计数值清 0;程序段 2:当计数值到 180 时,即时间到达 3 h,对计数值清 0。

OB1 参考程序的工作原理,程序段 1:按下启动按钮 SB1,电动机运行状态 M2.0 置位;程序段 2:M2.0 常开触点接通并且循环中断计数值 MW10 小于等于 120 时,即时间在 2 h 内,Q0.0 通电,电动机运行;程序段 3:按下停止按钮或电动机过载时,循环中断计数值 MW10 清 0,复位电动机运行状态 M2.0,Q0.0 断电,电动机停止。

思考题1：循环中断组织块和程序循环组织块有什么区别？

思考题2：怎么用循环中断组织块实现较长时间的定时？

任务四　通风机的定时启停控制

任务描述

某车间内有一台通风机，由三相异步电动机带动。用S7-1200的PLC实现电动机定时启停的控制，按下启动按钮SB1，系统启动。系统启动后，每天8点电动机启动，工作4 h后自动停止运行，若按下停止按钮SB2或电动机过载，电动机立即停止运行。系统要求使用延时中断组织块实现延时，使用硬件中断组织块实现停机功能。

学习目标

（1）掌握延时中断、硬件中断组织块的含义与应用；
（2）掌握各种时钟功能指令的应用；
（3）能运用相关组织块完成PLC的程序设计、仿真与调试；
（4）培养自主学习与独立思考的学习习惯，提高处事应变能力。

问题引导

问题1：延时中断组织块指令SRT_DINT的含义是什么？

问题2：启用硬件中断的事件有哪些？一个硬件中断怎么指定给两个不同的事件？

问题3：什么是系统时间、本地时间？设置系统时间、读取系统时间的指令是什么？

相关知识

知识点一　延时中断组织块

延时中断
组织块

　　PLC的普通定时器的工作过程与扫描工作方式有关，其定时精度较差。如果需要高精度的延时，应使用延时中断（Time delay interrupt）。打开项目视图中的文件夹"\PLC_1\程序块"，用鼠标双击其中的"添加新块"，单击打开方框中的"组织块"按钮，选中列表中的"Time delay interrupt"，可以生成一个延时中断组织块。

在指令 SRT_DINT 的 EN 使能输入的上升沿，启动延时过程。用该指令的参数 DTIME（1~60 000 ms）来设置延时时间，如图 4-17 所示。在启动延时中断后，延时一定的时间再执行时间延时 OB。在时间延时中断 OB 中配合使用计数器，可以得到比 60 s 更长的延时时间。用参数 OB_RN 来指定延时时间到时调用的 OB 编号，S7-1200 未使用参数 SIGN，可以设置任意的值。REN_VAL 是指令执行的状态代码。

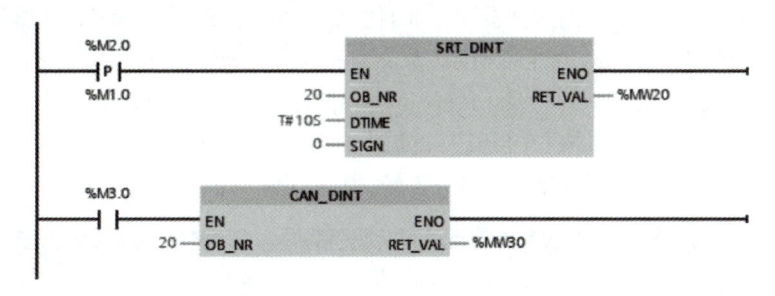

```
    %M2.0                 SRT_DINT
    —|P|——————————————EN         ENO|———————————
    %M1.0          20—|OB_NR  RET_VAL|—%MW20
                T#10S—|DTIME
                    0—|SIGN

    %M3.0                 CAN_DINT
    —| |——————————————EN         ENO|———————————
                   20—|OB_NR  RET_VAL|—%MW30
```

图 4-17 SRT_DINT 和 CAN_DINT 指令

延时中断用完后，若不再需要使用延时中断，则可使用 CAN_DINT 指令来取消已启动的延时中断 OB，还可以在超出所组态的延时时间之后取消调用待执行的延时中断 OB，在 OB_NR 参数中，可以指定将取消调用的组织块编号。

循环中断和延时中断组织块的个数之和最多允许 4 个，延时中断 OB 的编号应为 20~23 或大于等于 123。要使用延时中断 OB，需要调用指令 SRT_DINT 且将延时中断 OB 作为用户程序的一部分下载到 CPU。只有在 CPU 处于"RUN"模式时才会执行延时中断 OB。暖启动将清除延时中断 OB 的所有启动事件。

知识点二　硬件中断组织块

1. 硬件中断事件与硬件中断组织块

硬件中断（Hardware interrupt）组织块用来处理需要快速响应的过程事件。出现 CPU 内置的数字量输入的上升沿、下降沿或高速计数器事件时，立即中止当前正在执行的程序，改为执行对应的硬件中断 OB。

最多可以生成 50 个硬件 OB，在硬件组态时定义中断事件，硬件中断 OB 的编号为 40~47 或大于等于 123。S7-1200 支持下列中断事件：

（1）上升沿事件，CPU 内置的数字量输入和 4 点信号板上的数字量输入由 OFF 变为 ON 时，产生的上升沿事件。

（2）下降沿事件，上述数字量由 ON 变为 OFF 时，产生的下降沿事件。

（3）高速计数器 1~6 的实际计数值等于设置值（CV=PV）。

（4）高速计数器 1~6 的方向改变，计数值由增大变为减小或减小变为增大。

（5）高速计数器 1~6 的外部复位，某些 HSC 的数字量外部复位输入由 OFF 变为 ON 时，将计数值复位为 0。

如果在执行硬件中断 OB 期间，同一个中断事件再次发生，则新发生的中断事件丢失。如果一个中断事件发生，在执行该中断 OB 期间，又发生多个不同的中断事件，则新发生的中断事件进入排队，等第一个中断 OB 执行完毕后依次执行。

对硬件中断事件处理的方法有：给一个事件指定一个硬件中断 OB，这种方法最为简单方便，应优先采用；多个硬件中断 OB 分时处理一个硬件中断事件，需要用 DETACH 指令取消原有的 OB 与事件的连接，用 ATTACH 指令将一个新的硬件中断 OB 分配给中断事件。

2. 生成硬件中断组织块

打开博途编程软件，在 Portal 视图中选择"创建新项目"，输入项目名称"硬件中断例子"，选择保存路径后单击"创建"按钮，创建项目完成，然后进行项目的硬件组态。打开项目视图中的文件夹"\PLC_1\程序块"，双击其中的"添加新块"，单击打开的对话框中的"组织块"按钮，选中列表中的"Hardware interrupt"，生成一个硬件中断组织块，OB 的编号为 40，将块的名称改为"硬件中断 1"，如图 4-18 所示。单击窗口下方的"确定"按钮，OB 块被自动生成和打开，用同样的方法生成名为"硬件中断 2"的 OB41。

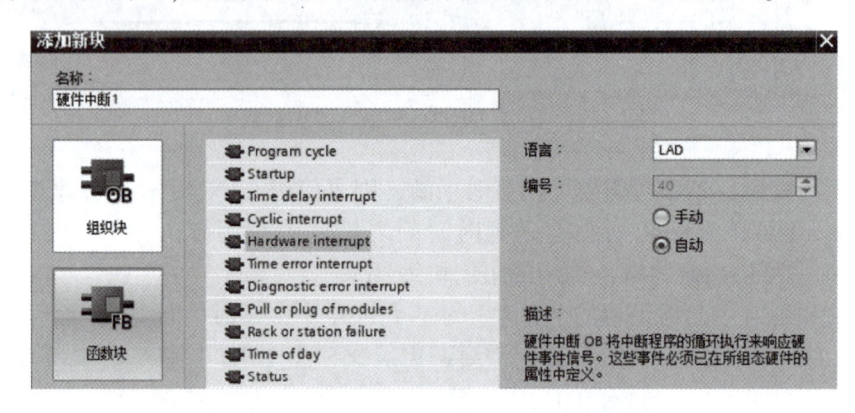

图 4-18　生成的硬件中断组织块 OB40

3. 组态硬件中断事件

用鼠标双击项目树的文件夹"PLC_1"中的"设备组态"，打开设备视图，首先选中 CPU，再选中巡视窗口的"属性>常规"选项卡左边的"数字量输入"的通道 0（即 I0.0，如图 4-19 所示），用复选框启用上升沿检测功能。单击选择框"硬件中断"右边的 ... 按钮，用下拉式列表将 OB40（硬件中断 1）指定给 I0.0 的上升沿中断事件，出现该中断事件时将调用 OB40。用同样的方法，用复选框启用通道 1 的下降沿中断，并将 OB41 指定给该中断事件。如果选中 OB 列表中的"—"，则表示没有 OB 连接到中断事件。选中巡视窗口的"属性>常规>系统和时钟存储器"，启用系统存储器字节 MB1，其中 M1.2 的功能为始终为 1（高电平）。

图 4-19　组态硬件中断组织块 OB40

讨论：组态硬件中断组织块中的数字量输入通道是什么含义？最多可以设置几个硬件中断？不同的中断事件可以指定给同一个硬件中断组织块吗？

4. 编写程序与仿真

在 OB40 和 OB41 中，分别用 M1.2 一直闭合的常开触点将 Q0.0 置位和复位，如图 4-20、图 4-21 所示。

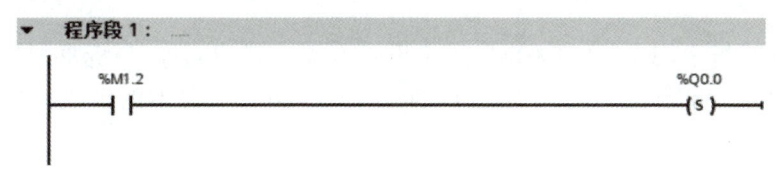

图 4-20　OB40 程序

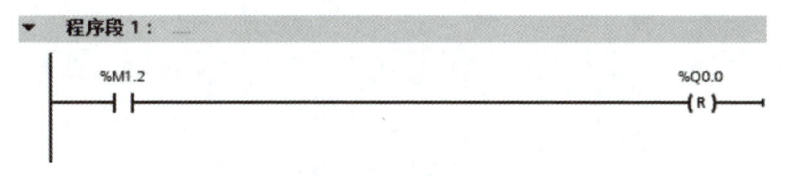

图 4-21　OB41 程序

打开仿真软件 S7-PLCSIM，下载所有的块，仿真 PLC 切换到 RUN 模式。打开 SIM 表格_1，生成 IB0 和 QB0 的 SIM 条目。单击 I0.0 对应的小方框，方框中出现时（I0.0 的上升沿），CPU 调用 QB40，将 Q0.0 置位为 1，其仿真结果如图 4-22 所示。两次单击 I0.1 对应的小方框，在方框中的"√"去掉时（I0.1 的下降沿），CPU 调用 OB41，将 Q0.0 复位为 0。

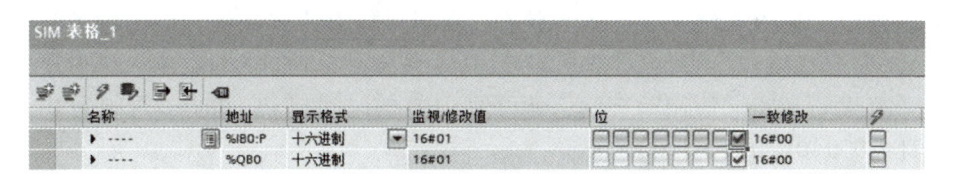

图 4-22　SIM 表格_1 的仿真结果

讨论：硬件中断是暂时停止当前的工作，转去处理急需响应的事件。事件处理完毕后再继续执行原来的工作。在 PLC 控制系统中，哪些工作是需要紧急处理的？做任何事情也像处理中断一样，要分清轻重缓急，做到主次分明，提高处事的应变能力。

知识点三　时钟功能指令

1. 时钟指令介绍

系统时间是格林尼治标准时间，本地时间是根据当地时区设置的本地标准时间。我国的本地时间（北京时间）比系统时间多 8 个小时，可以用 CPU 的巡视窗口设置时区。

"设置时间"指令 WR_SYS_T 用于设置 CPU 时间的日期和系统时间，将输入 IN 的 DTL 值写入 PLC 的实时时钟。

"读取时间"指令 RD_SYS_T 将读取的 PLC 时钟当前日期和系统时间保存在输出 OUT

中，数据类型为 DTL。输出参数 RET_VAL 是返回指令执行的状态信息，数据类型为 Int。

"写入本地时间"指令 WR_LOC_T 将参数 LOCTIME 输入的日期时间作为本地时间写入时钟。参数 DST 与夏令时有关，我国不使用夏令时。

"读取本地时间"指令 RD_LOC_T 的输出 OUT 提供数据类型为 DTL 的 PLC 中的当地时期和本地时间。为了读取到正确的时间，在组态 CPU 的属性时，应设置实时时间的时区为北京。

"设置时区"指令 SET_TIMEZONE 用于设置本地时区和夏令时/标准时间切换的参数。
"运行时间定时器"指令 RTM 用于对 CPU 的 32 位运行小时计数器的设置、启动、停止和读取操作。

2. 设置 CPU 系统时间

为了读取正确的 CPU 时间，在博途软件的项目树"PLC_1"处右键单击"属性"，选择常规属性下的"时间"，将本地时间改为"北京时间"，取消夏令时，如图 4-23 所示。

图 4-23 设置 CPU 的本地时间

这样设置后，将 CPU 转入"在线"状态，在项目树下的"在线访问\网卡\更新可访问的设备\PLC_1\在线和诊断"，打开图 4-24 所示系统设置时间的对话框，选中复选框"从 PG/PC 获取"后，单击"应用"按钮，便可使 CPU 的时间与 PC 同步，否则为 PLC 出厂默认日期 DTL#1970-01-01-00：00：00。

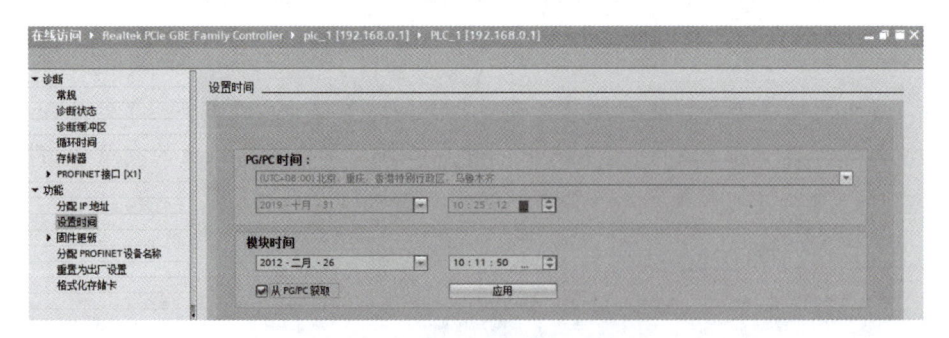

图 4-24 系统设置时间的对话框

系统设置时间也可以通过扩展指令中的日期和时间中的"WR_LOC_T（写入本地时间）和 WR_SYS_T（设置时间）"指令来设置 CPU 的本地时间和系统时间，用户可参考这两个指令的帮助功能来写入本地时间和系统时间。

这时就可以通过扩展指令中的日期和时间中的读取本地或系统时间指令来获得本地或系

统时间。两个指令分别为"RD_LOC_T"（读取本地时间，即带时差时间）和"RD_SYS_T"（读取系统时间，即 UTC 时间）。

案例分析

案例内容请扫描二维码查看。

任务 4-4 案例

任务实施

1. 任务分析

分析任务，把被控对象、PLC I/O 设备、控制过程分析填写在任务工单上。

提示：按下启动按钮使系统启动，实时读取系统时间，当系统时间大于等于 8 点时，启动电动机，并触发延时中断。延时时间到后调用 OB20 延时中断程序。要在延时中断组织块中计数延时中断的次数，并重新触发延时中断，延时时间×计数次数＝运行时间。运行时间到，停止电动机，并对延时中断计数值清 0。当按下停止按钮或电动机过载时，触发硬件中断程序，使电动机停止，取消延时中断功能。

2. 列出 I/O 分配表

根据任务分析，确定 PLC 的输入量、输出量，列出 I/O 分配表。

3. 绘制接线图

根据列出的 I/O 分配表，绘制 PLC 的硬件接线图，并完成任务的接线。

4. 设计 PLC 程序

根据任务的控制要求及分析，设计硬件中断程序 OB40、延时中断程序 OB20、主程序 OB1。

提示：

参照相关知识、案例的操作方法，生成一个硬件中断组织块 OB40，一个延时中断组织块 OB20。具体的程序设计思路请参考上述的任务分析。为了方便监视，可以在 OB1 主程序的接口区中的 Temp 参数里生成一个局部变量 D_T，数据类型为 DTL，用于存放读取时间指令 RD_SYS_T 的输出参数 OUT 的数据，也可以用一个全局数据块 DB，用于存放该参数的数据。

5. 仿真与调试

该任务实际运行时间过长，不易看到调试结果。这里在仿真与下载前，可以修改电动机启动时间并把运行时间改小，观察仿真结果，符合控制要求后，再进行项目的下载。下载成功后，开启程序监视，按下启动按钮、停止按钮，观察程序元件与电动机的状态。

评价与总结

1. 评价

任务实施完成后，根据任务成果填写任务评价表，完成评价。把任务实施相关的内容及评价结果记录在任务工单上。

2. 总结

该任务的实施过程总结如下：

(1) 创建新项目，添加新设备。

(2) 确定 I/O 分配，编辑 PLC 变量表，如图 4-25 所示。

	名称	数据类型	地址	保持	可从 ...	从 H...	在 H...
1	启动SB1	Bool	%I0.1		☑	☑	☑
2	停止SB2	Bool	%I0.2		☑	☑	☑
3	过载FR	Bool	%I0.3		☑	☑	☑
4	电机	Bool	%Q0.0		☑	☑	☑
5	计数	Int	%MW20		☑	☑	☑
6	启动标志位	Bool	%M2.0		☑	☑	☑

图 4-25　PLC 变量表

(3) 生成硬件组织块 OB40，组态硬件中断事件。

组态硬件中断步骤：双击"PLC_1"中的"设备组态"→选择设备视图的 CPU→打开"属性"选项卡，选中左边的"数字量输入"的通道 2 和 3，即 I0.2 和 I0.3→用复选框激活"启用上升沿检测"功能→单击选择框"硬件中断"右边 ... 按钮→在对话框 OB 列表中选择硬件中断［OB40］→单击"打钩"按钮确定。

将 OB40 同时指定给 I0.2 和 I0.3 的上升沿中断事件，出现该中断事件，即按下停止按钮 I0.2 或电动机过载（FR 常开触点接通）时，将会调用 OB40。

通风机的定时启停控制参考程序

(4) 编制 OB40 程序。

(5) 生成延时中断组织块 OB20，编制 OB20 程序。

生成延时中断步骤：打开文件夹"\PLC_1\程序块"→双击"添加新块"→单击"组织块"按钮→选中"Time delay interrupt"→生成延时中断组织块 OB20。

(6) 编制 OB1 主程序。任务的 OB40、OB20、OB1 等参考程序请扫描二维码查看。

参考程序 OB40 的工作原理：对系统启动标志位 M2.0 和电动机运行 Q0.0 进行复位，并取消延时中断功能，并对延时中断计数值清 0。

通风机的定时启停控制

参考程序 OB20 的工作原理：在延时中断组织块中计数循环次数，并重新触发延时中断，时间到达 240 min（即 4 h），停止电动机，并对延时中断计数值清 0。

参考主程序 OB1 的工作原理：按下启动按钮 I0.1 后，系统启动，启动标志位 M2.0 置 1，系统启动后实时读取系统时间，当系统时间大于等于 6 点时启动电动机，并触发延时中断。延时中断的时间设置为 1 min，延时时间到后调用 OB20 延时中断程序。

思考题 1：若要求释放停止按钮时，电动机才停止，硬件中断组态怎么改？

思考题 2：在全局数据块中设置一个时间，把该时间数据写入系统时间，程序应怎么改？

项目四 通风机系统的 PLC 控制

任务五 通风机系统的运行控制

任务描述

某车间通风系统，由 3 台风机组成。为了保证工作人员的安全，一般要求至少两台通风机同时运行。按下启动按钮 SB1，3 台风机同时开启运行，延时 3 h，3 台风机自动停止，指示灯灭，报警蜂鸣器复位。在风机运行过程中，当某台风机出现过载故障时，该台风机停止工作。风机工作状态需要进行监控，并通过指示灯进行显示，具体要求如下：

（1）当系统中没有风机工作时，指示灯以 2 Hz 频率闪烁，报警蜂鸣器响，表示车间不通风，需要停工。

（2）当系统中只有 1 台风机工作时，指示灯以 0.5 Hz 频率闪烁，表示通风不佳，需要检修。

（3）当系统中有 2 台以上风机工作时，指示灯常亮，表示通风情况良好。

（4）按下停止按钮 SB2 时，3 台风机都停止工作，指示灯灭，报警蜂鸣器复位。

要求用 FB 函数块或 FC 函数编制指示灯闪烁功能；要求使用延时中断组织块实现延时，使用硬件中断组织块实现停止按钮的停机功能。

学习目标

（1）掌握 PLC 基本指令、函数、函数块、组织块的综合应用；
（2）能运用已学知识，完成 PLC 的程序设计、仿真与调试；
（3）培养求真务实、严谨细致的工作作风，提高分析与解决问题的能力。

问题引导

问题 1：2 Hz、0.5 Hz 的闪烁，周期分别是多少？接通时间和断开时间分别是多少？

问题 2：用 TON 定时器指令编制一个 2 Hz 的闪烁程序。若用 FB 函数块实现闪烁功能，哪些可以作为接口参数？

问题 3：怎么表达没有风机工作、只有 1 台风机工作、2 台以上风机工作这三种状态？

任务实施

1. 任务分析

分析任务，把被控对象、PLC I/O 设备、控制过程分析填写在任务工单上。

提示： 根据任务要求，该任务除设计 OB1 主程序外，还要有硬件中断 OB40 程序、延时中断 OB20 程序、函数块 FB（或函数 FC）程序。硬件中断程序和延时中断程序的设计方法可参考前一个任务。不同频率的指示灯闪烁可以调用同一个具备闪烁功能的 FB 或 FC 程序实现。当某台电动机不过载时，控制电动机的输出 Q 接通，那台电动机正常工作。若分别用输出 Q0.0、Q0.1、Q0.2 控制 1 号电动机、2 号电动机、3 号电动机的运行，那么没有风机工作的状态可以用串联 Q0.0、Q0.1、Q0.2 的常闭触点表示，该状态可以用位存储器（如 M20.0）保存，作为指示灯 2 Hz 频率闪烁的标志位，其他状态请自行分析。

2. 列出 I/O 分配表

根据任务分析，确定 PLC 的输入量、输出量，列出 I/O 分配表。

3. 绘制接线图

根据列出的 I/O 分配表，绘制 PLC 的硬件接线图，并完成任务的接线。

4. 设计 PLC 程序

根据任务的控制要求及分析，设计 PLC 程序。

5. 仿真与调试

该任务实际运行时间过长，不易看到调试结果。这里在仿真与下载前，可以改短通风机的运行时间，观察仿真结果，符合控制要求后，再进行项目的下载。下载成功后，开启程序监视，按下启动按钮、电动机过载时（常开型 FR 触点闭合）以及按下停止按钮时，分别观察程序各元件与 PLC 输出的状态。若调试结果与控制要求一致，则说明任务完成。

评价与总结

1. 评价

任务实施完成后，根据任务成果填写任务评价表，完成评价。把任务实施相关的内容及评价结果记录在任务工单。

2. 总结

该任务的 PLC 变量表如图 4-26 所示，参考程序可扫描二维码查看。请自行分析参考程序的工作原理，回答思考题。

	名称	数据类型	地址
1	启动	Bool	%I0.0
2	停止	Bool	%I0.1
3	1号热继电器（常开）	Bool	%I0.2
4	2号热继电器（常开）	Bool	%I0.3
5	3号热继电器（常开）	Bool	%I0.4
6	1号风机	Bool	%Q0.0
7	2号风机	Bool	%Q0.1
8	3号风机	Bool	%Q0.2
9	指示灯显示	Bool	%Q0.3
10	蜂鸣器	Bool	%Q0.4
11	启停标志位	Bool	%M2.0
12	次数	Int	%MW8
13	2HZ闪烁	Bool	%M10.1
14	0.5HZ闪烁	Bool	%M10.2
15	常亮不闪烁	Bool	%M10.3
16	2HZ标记位	Bool	%M20.0
17	0.5HZ标记位	Bool	%M20.1

图 4-26　通风机系统的运行控制的 PLC 变量表

思考题 1：简要说明函数 FC、函数块 FB、各种常用组织块的应用。

思考题 2：在任务实施过程中，是否遇到了困难？怎么解决的？

拓展知识

S7-1200 PLC 的扩展指令及任务中没有用到的中断相关指令可扫描二维码查看或参考 PLC 的技术文档学习。

练习

1. 多台电动机的延时顺序控制

控制要求如下：

（1）按下 SB1 启动按钮，电动机 M1 立即启动，延时 3 s 后，电动机 M2 启动，按下 SB2 停止按钮，两台电动机都停止。

（2）按下 SB3 启动按钮，电动机 M3 立即启动，延时 5 s 后，电动机 M4 启动。按下 SB4 停止按钮，两台电动机都停止。

要求用 FC 函数编程。

2. 两台电动机 Y-△降压启动顺序控制

控制要求如下：

（1）该机组总共有 2 台电动机，每台电动机都要求 Y-△降压启动。

（2）启动时，按下启动按钮，M1 电动机启动，然后隔 10 s 启动 M2。

（3）停止时实现逆序停止，即按下停止按钮，M2 先停止，过 10 s 后 M1 停止。

（4）任一台电动机启动时，控制电源的接触器和 Y 形接法的接触器接通电源 6 s 后，Y 形接触器断开，1 s 后△接法接触器动作接通。

要求用 FC 或 FB 函数编程。

3. 手动/自动切换的 Y-△降压启动控制

控制要求如下：

某一个车间，有一台设备的电动机要用星-三角降压启动，要求用 PLC 控制，采用 FC 或 FB 实现手动/自动控制，由一个转换开关完成手动/自动切换。手动模式：按下启动按钮，电机星形运行，手动切换开关合上时，电机转三角形运行。自动模式：按下启动按钮，电机星形运行，延时 3 s，电机转三角形运行。按下停止按钮，控制系统停止。

4. 喷泉控制装置的 PLC 设计

控制要求如下：

要求按下启动按钮，喷泉控制装置开始工作，按下停止按钮，喷泉装置停止工作，喷泉的工作方式有以下两种，可通过方式选择开关来选择。

方式一：开始工作时，1#喷头喷水 3 s，接着 2#喷头喷水 3 s，然后 3#喷头喷水 3 s，最后 4#喷头喷水 20 s；重复上述过程，直至按下停止按钮为止。

方式二：开始工作时，1#和3#喷头喷水5 s，接着2#和4#喷头喷水5 s，停2 s，如此交替运行60 s，然后4组喷头全喷水20 s；重复上述过程，直至按下停止按钮为止。

5. 中断程序设计

（1）用循环中断实现QB0口8只彩灯以流水灯形式的点亮控制。流水灯的效果是每只灯依次亮1 s，到第8只灯灭掉后第1只灯又开始亮，如此循环。

（2）用循环中断实现彩灯的亮灭控制。按下启动按钮SB1，合上开关SA，8只彩灯每隔1 s从右向左依次循环亮。断开开关SA，8只彩灯从左向右依次循环亮，按下停止按钮SB2，彩灯灭。

（3）用循环中断组织块OB30，每3 s将QW1加1。在I0.2的上升沿，将循环时间改为1.5 s。设计出主程序和OB30程序。

（4）用延时中断实现QB0口8盏彩灯以跑马灯形式的点亮控制。跑马灯的效果是灯从左到右依次点亮，全亮后再从左到右依次点灭。

（5）编写程序，在I0.2的下降沿时调用硬件中断组织块OB40，将MW10加1。在I0.2的上升沿时调用硬件中断组织块OB41，将MW10减1。

（6）用延时中断和硬件中断实现两台电动机的顺启逆停控制。按下启动按钮，1号电动机启动，延时5 s，2号电动机启动；按下停止按钮，2号电动机停止，延时3 s，1号电动机停止。

项目五 搬运系统的 PLC 控制

项目导入

在工业控制中，为了提高产品的生产效率，企业中很多零部件机械化的搬运、装卸等常规动作会采用物流小车、工业机械手、工业机器人来完成。随着网络商城的兴起，物流行业也得到了长足的发展，物流中也存在大量的重复性搬运工作，这使得具有运送功能的工业产品也被应用在各种物流环节中。

任务一 物流小车的 PLC 控制

任务描述

某工厂有一物流小车，负责搬运指定地点上的货物。物流小车由一台三相异步电动机控制，当电动机正转时，小车向前运行，电动机反转，小车向后运行。在搬运路线的 A 点和 B 点各装一个限位开关，在 A 点上方有一个料斗，用于装料，小车上还有一个车门，用于卸料，料斗和车门分别由电磁阀 YV1、电磁阀 YV2 控制。物料小车示意图如图 5-1 所示。具体控制要求如下：

小车在原点（A 点）时，按下启动按钮 SB1，料斗门打开，开始装料；8 s 后装料结束，料斗门关闭，小车开始前进；到达 B 点时，碰到 SQ2 前限位开关，小车停止，打开车门开始卸料；6 s 后卸料结束，小车后退；到达 A 点时，碰到 SQ1 后限位开关，小车停止，并打开料斗门重复前面的工作；任意时刻，按下停止按钮 SB2，系统一个周期工作结束，回到原位后才停止。若出现紧急情况时，按下急停按钮 SB3，所有工作停止；小车不在原点时，需要按下回原点按钮 SB4，小车回到原点后才重新开启新一轮工作。

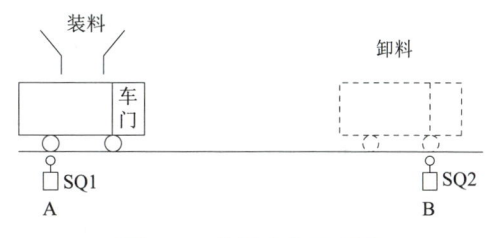

图 5-1 物料小车示意图

学习目标

（1）了解 PLC 程序设计的工作与步骤；
（2）掌握 PLC 程序的经验设计法；
（3）了解常用的基本单元程序；
（4）能根据相关知识，完成 PLC 的程序设计、仿真与调试；
（5）培养踏实肯干、积极探索、勇于创新的精神。

问题引导

问题1：在做 PLC 程序设计前，一般需要了解哪些相关工作？

问题2：PLC 程序设计主要有哪几个步骤？

问题3：前面学过的任务中，用到了哪些比较典型的基本控制程序？

相关知识

1. 程序设计的工作与步骤

PLC 程序设计法

进行 PLC 控制设计时必须要做好的工作有：了解系统的概况，包括系统的控制目标、控制方案、控制规模、整体功能、具体功能、控制精度、I/O 种类和数量、通信内容与方式、显示内容与方式、操作方式等，应尽量对系统有一个全面的了解；熟悉使用的 PLC 的类型、功能、编程语言和指令系统，能熟练地操作编程器和控制器；根据控制系统的控制要求、设备、器件条件、工艺过程，结合采用的 PLC 的功能强弱，确定 PLC 在整个控制系统中所承担的工作任务。

PLC 设计主要有以下几个步骤：①根据 PLC 承担的任务，明确 PLC 的输入与输出信号的种类和数量，编制输入/输出信号分配表；②制定控制结构框图，选择控制方案；③按选定的方案，制定相应的图表；④编写 PLC 梯形图程序；⑤程序调试和修改；⑥编制程序使用说明书等设计相关文件。

2. 程序设计法

数字量控制系统也称为开关量控制系统。控制系统的 PLC 程序设计常用的方法有：经验设计法、时序图分析法、转换设计法、顺序控制设计法、逻辑设计法等。其中时序图分析法、转换设计法已在前文讲过，这里介绍下经验设计法。

经验设计法是在一些典型的控制电路程序的基础上，根据被控制对象的具体要求，进行选择组合，并多次反复调试和修改梯形图，有时需增加一些辅助触点和中间编程环节，才能达到控制要求。这种设计方法较灵活，用于较简单的梯形图设计，设计出的梯形图一般不是唯一的。程序设计的经验要慢慢积累，但要熟悉典型的基本控制程序，如启保停电路、脉冲发生电路等，它是设计一个较复杂系统的控制程序的基础。

经验设计法的基本步骤为：

(1) 在准确了解控制要求后，合理地为控制系统中的事件分配输入/输出口。选择必要的机内器件，如定时器、计数器、辅助继电器。

(2) 对于一些控制要求较简单的输出，可直接写出它们的工作条件，依"启保停"电路模式完成相关的梯形图支路，工作条件稍复杂的可借助辅助继电器。

(3) 对于复杂的控制要求，要正确分析控制要求，并确定组成总的控制要求的关键点。在空间类逻辑为主的控制中，关键点为影响控制状态的点。在时间类逻辑为主的控制中，关键点为控制状态转换的时间。

(4) 将关键点用梯形图表达出来。关键点总是要用机内器件来表达的，在安排机内器件时需要合理安排。绘制关键点的梯形图时，可以使用常见的基本环节，如定时器计时环节、振荡环节等。

(5) 在完成关键点梯形图的基础上，针对系统最终的输出进行梯形图的编制。

(6) 审查初步完成的梯形图程序，在此基础上补充遗漏的功能，更正错误，进行最后的完善。

3. 常用的基本单元程序

在前文的项目中，用过启保停程序及复位置位程序，这些基本环节的程序比较常用，如图 5-2、图 5-3 所示。图 5-2 所示启保停程序最主要的特点是具有"记忆"功能，按下启动按钮，I0.0 的常开触点接通，Q0.0 的线圈"通电"，它的常开触点同时接通；松开启动按钮，I0.0 的常开触点断开，"能流"经 Q0.0 的常开触点和 I0.1 的常闭触点流过 Q0.0 的线圈，Q0.0 仍然为 1 状态，这就是"自锁"功能。按下停止按钮，I0.1 的常闭触点断开，是 Q0.0 的线圈"断电"，Q0.0 的常开触点断开，这时放开停止按钮，I0.1 的常闭触点恢复接通状态，但由于 Q0.0 的常开触点已断开这条回路，Q0.0 的线圈仍然保持"断电"。这种启保停电路也可以采用图 5-3 的置位和复位指令来实现。

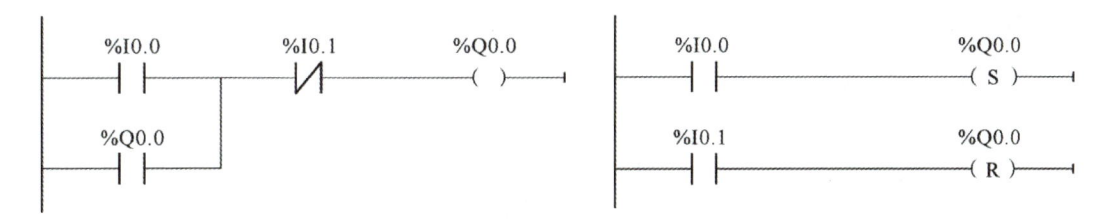

图 5-2 启保停程序　　　　　图 5-3 置位复位程序

常用的基本单元程序还有正反转程序、闪烁程序、延时接通程序、延时断开程序、多地启停控制程序等。

案例分析

案例内容请扫描二维码查看。

讨论：该案例的 PLC 程序借鉴了哪些基本单元程序的设计？

任务 5-1 案例

任务实施

1. 任务分析
分析任务，把被控对象、PLC I/O 设备、控制过程分析填写在任务工单上。

提示：
物流小车的前进、后退控制可参考前文的正反转控制。控制过程分析要明确 PLC 需要控制的动作，如小车前进、后退、装料、卸料等，以及这些动作运行的条件。在设计任务的停止功能时，可以设置一个标志位记录系统运行中途是否有按下停止按钮。

2. 列出 I/O 分配表
根据任务分析，确定 PLC 的输入量、输出量，列出 I/O 分配表。

3. 绘制接线图
根据列出的 I/O 分配表，绘制 PLC 的硬件接线图，并完成任务的接线。

4. 设计 PLC 程序
根据任务的控制要求及分析，设计 PLC 程序。

5. 仿真与调试
程序设计完成并编译成功后，可以先进行 PLC 程序的仿真，仿真结果符合控制要求后，再进行项目的下载。下载成功后，开启程序监视，前后限位开关可以通过手动合上进行模拟。分别按下启动按钮、停止按钮、急停按钮、回原点按钮，观察程序与 PLC 输出的动作状态。

讨论： 案例的自动开关门控制、任务的小车前进后退控制都是电动机正反转控制的一个具体应用。电动机正反转控制还有哪些具体的应用？请小组展开讨论、积极探索，设计一个和电动机正反转相关的 PLC 控制任务。

拓展任务

任务名称：物流小车的 PLC 改进控制

任务要求：

在原任务的基础上，增加手/自动切换模式。开关 SD1 断开时，系统按原来任务的控制模式自动运行；当开关 SD1 合上时，系统按手动模式运行。手动模式要求如下：

（1）小车采用点动运动控制，按下前进按钮，小车前进，碰到限位开关 SQ2，到达 B 点小车停止；

（2）小车到达 B 点后，按下车门按钮，小车才开门卸料，延时 6 s，车门关闭；

（3）按下后退按钮，小车后退，碰到限位开关 SQ1，到达 A 点（原点）小车停止；

（4）车到达 A 点后，按下装料按钮，料斗门才开门装料，延时 8 s，料斗门关闭。

评价与总结

1. 评价
任务实施完成后，根据任务成果，填写任务评价表，完成评价。把任务实施相关的内容及评价结果记录在任务工单。

2. 总结

PLC 变量表如图 5-4 所示,参考程序请扫描二维码查看。

	名称	数据类型	地址	保持	可从…	从 H…	在 H…
1	启动按钮	Bool	%I0.0		☑	☑	☑
2	停止按钮	Bool	%I0.1		☑	☑	☑
3	急停按钮	Bool	%I0.2		☑	☑	☑
4	回原点按钮	Bool	%I0.3		☑	☑	☑
5	前限位开关	Bool	%I0.4		☑	☑	☑
6	后限位开关	Bool	%I0.5		☑	☑	☑
7	前进	Bool	%Q0.0		☑	☑	☑
8	后退	Bool	%Q0.1		☑	☑	☑
9	YV1装料	Bool	%Q0.2		☑	☑	☑
10	YV2卸料	Bool	%Q0.3		☑	☑	☑
11	启停标志位	Bool	%M1.0		☑	☑	☑
12	周期标志位	Bool	%M2.0		☑	☑	☑

图 5-4 PLC 变量表

参考程序的工作原理,程序段 1:按下启动按钮,接通启停标志位 M1.0,按下停止按钮,断开启停标志位 M1.0。程序段 2:按下启动按钮且后限位开关动作时,小车开启装料;一个运行周期结束且中途没按下停止按钮(启停标志位接通状态),小车又开启装料,开始新的运行周期。程序段 3:装料时开启计时,8 s 后小车前进,停止装料;程序段 4:小车前进碰到前限位开关时,开启卸料,停止前进;程序段 5:卸料时开启计时,6 s 后小车后退,停止卸料,回原点按钮按下时,小车开启后退;程序段 6:小车后退碰到后限位开关时,一个运行周期结束,周期标志位 M2.0 置位,停止后退;程序段 7:当按下急停按钮或回原点按钮时,所有动作复位。

物流小车的
PLC 控制
参考程序

思考题 1:根据本任务的控制要求,说说经验设计法的设计步骤。

思考题 2:若按下回原点按钮,小车回到原点后停止,需要按下启动按钮才开启新一轮工作,怎么修改程序?

物流小车的
PLC 控制

任务二 工业机械手的 PLC 控制

任务描述

工业机械手工作示意图如图 5-5 所示,其任务是将传送带 A 的物品搬到传送带 B 上。机械手的原位是在传送带 B 上,开始工作时,先是手臂上升,到上限位时,上升限位开关 LS4 闭合,手臂左旋;左旋到位时,左旋限位开关 LS2 闭合,手臂下降;到下限位时,下降限位开关 LS5 闭合,传送带 A 运行。

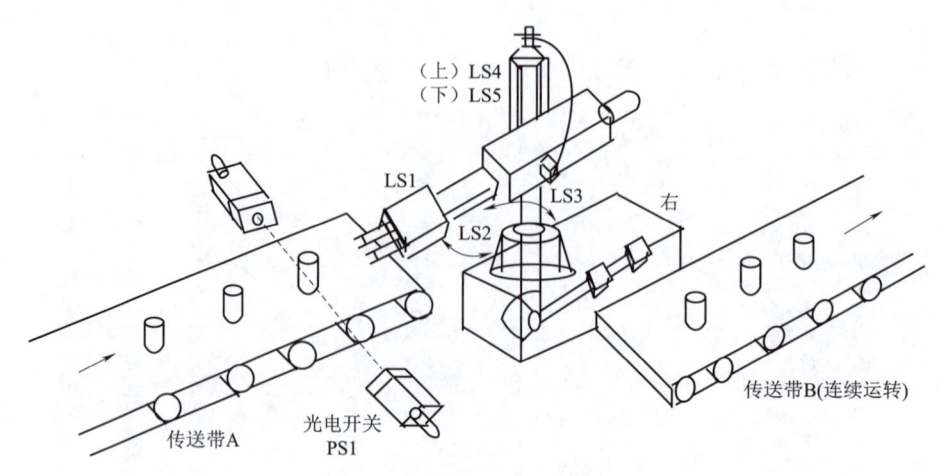

图 5-5 工业机械手工作示意图

当光电开关 PS1 检测到物品已进入手指范围时，手指抓物品。当物品抓紧时，抓紧检测开关 LS1 动作，手臂上升；到上限位时，上升限位开关 LS4 闭合，手臂右旋；右旋到位时，右旋限位开关 LS3 闭合，手臂下降，下降到下限位时，下降限位开关 LS5 闭合，手指放开，物品被放到传送带 B 上。延时 2 s 时间到，一个循环结束，再自动重复。

启动按钮按下时开始工作，中途若按下停止按钮，机械手运行一个循环结束后才停止。

机械手的上升、下降、左旋、右旋、抓紧和放松是用二位五通双电控电磁阀完成的。一个线圈通电一个状态，断电后仍保持断电前的状态，另一线圈通电换位成另一个状态，断电后仍保持断电前的状态。

学习目标

（1）了解顺序控制及设计法的相关概念；
（2）能根据控制要求绘制顺序功能图；
（3）掌握顺序控制设计法的应用；
（4）能根据相关知识，完成 PLC 的程序设计、仿真与调试；
（5）培养细心、耐心的工作态度和善于计划、规范执行的工作习惯。

问题引导

问题 1：什么是顺序控制？什么是顺序控制设计法中的步？

问题 2：顺序功能图由哪些组成？有哪几种类型？

问题 3：绘制顺序功能图需要注意哪几点？它转换成 PLC 程序有哪几种方法？

相关知识

1. 顺序控制设计法概述

用经验法设计梯形图时，没有一套固定的方法和步骤可以遵循，具有很大的试探性和随意性。在设计复杂的梯形图时，由于要考虑的因素很多，分析起来非常困难，并且很容易遗漏一些应该考虑的问题。修改某一局部程序时，很可能会对其他程序产生意想不到的影响，因此复杂梯形图的修改比较麻烦，可阅读性差，给PLC控制系统的维修和改进带来了很大的困难。

继电器控制电路转换为梯形图法需要有原来能实现控制要求的继电器控制电路，但目前除了一些机床改造型的项目会有原电路，一般没有原来的控制电路可参考。

所谓顺序控制，就是按照生产工艺预先规定的顺序，在各个输入信号的作用下，根据内部状态和时间的顺序，在生产过程中各个执行机构自动有序地进行操作。顺序控制设计法根据功能流程图，以步为核心，从起始步开始一步一步地设计下去，直至完成。采用顺序控制设计法容易掌握，能提高设计的效率，对程序的调试、修改和阅读也很方便。

顺序功能图（Sequential Function Chart，SFC）是描述控制系统的控制过程、功能和特点的一种图形，也是设计PLC的顺序控制程序的有力工具。顺序功能图并不涉及所描述的控制功能的具体技术，它是一种通用的技术语言，可以用于进一步设计和技术交流。

顺序功能图是IEC 61131-3居首位的编程语言，有的PLC为用户提供了顺序功能图语言，例如S7-300/400的S7 Graph语言，在编程软件中生成顺序功能图后便完成了编程工作。S7-1200 PLC没有配备顺序功能图语言，但可以用SFC来描述系统的功能，根据它来设计梯形图程序。

2. 顺序控制设计法中的步

1) 步的概念

顺序控制设计法将系统的一个工作周期划分为若干个顺序相连的阶段，这些阶段称为步（Step），并用编程元件（例如位存储器M）来代表各步。在任何一步之内，输出量的状态保持不变，这样使步与输出量的逻辑关系变得十分简单。

2) 步的划分

根据输出量的状态来划分步，只要输出量的状态发生变化就在该处划出一步。

3) 步的转换

系统不能总停在一步内工作，从当前步进入下一步称为步的转换，这种转换的信号称为转换条件。转换条件可以是外部输入信号，也可以是PLC内部信号或若干个信号的逻辑组合。顺序控制设计就是用转换条件去控制代表各步的编程元件，让它们按一定的顺序变化，然后用代表各步的元件去控制PLC的各输出位。

3. 顺序功能图的结构

顺序功能图主要由步、有向连线、转换、转换条件和动作（或命令）组成。

1) 步

步表示系统的某一工作状态，用矩形框表示，方框中可以用数字表示该步的编号，也可以用代表该步的编程元件的地址作为步的编号（如M0.0），这样在根据顺序功能图设计梯形图时较为方便。

2）初始步

初始步表示系统的初始工作状态，用双线框表示，初始状态一般是系统等待启动命令的相对静止的状态。每一个顺序功能图至少应该有一个初始步。

3）与步对应的动作或命令

与步对应的动作或命令在每一步内把状态为 ON 的输出位表示出来。可以将一个控制系统划分为被控系统和施控系统。对于被控系统，在某一步要完成某些"动作"（Action）；对于施控系统，在某一步要向被控系统发出某些"命令"（Command）。

为了方便，以后将命令或动作统称为动作，也用矩形框中的文字或符号表示，该矩形框与对应的步相连表示在该步内的动作，并放置在步序框的右边。在每一步之内只标出状态为 ON 的输出位，一般用输出类指令（如输出、置位、复位等）。步相当于这些指令的子母线，这些动作命令平时不被执行，只有当对应的步被激活才被执行。

如果某一步有几个动作，可以用图 5-6 中的两种画法来表示，但并不隐含这些动作之间的任何顺序。

4）有向连线

有向连线把每一步按照它们成为活动步的先后顺序用直线连接起来。

图 5-6 步的动作

5）活动步

活动步是指系统正在执行的那一步。步处于活动状态时，相应的动作被执行，即该步内的元件为 ON 状态；处于不活动状态时，相应的非存储型动作被停止执行，即该步内的元件为 OFF 状态。有向连线的默认方向由上至下，凡与此方向不同的连线均应标注箭头表示方向。

6）转换

转换用有向连线上与有向连线垂直的短画线来表示，将相邻两步分隔开。步的活动状态的进展是由转换的实现来完成的，并与控制过程的发展相对应。

转换表示从一个状态到另一个状态的变化，即从一步到另一步的转移，用有向连线表示转移的方向。转换实现的条件：该转换所有的前级步都是活动步，且相应的转换条件得到满足。转换实现后的结果：使该转换的后续步变为活动步，前级步变为不活动步。

7）转换条件

使系统由当前步进入下一步的信号称为转换条件。转换是一种条件，当条件成立时，称为转换使能。该转换如果能够使系统的状态发生转换，则称为触发。转换条件是指系统从一个状态向另一个状态转移的必要条件。

转换条件是与转换相关的逻辑命令，转换条件可以用文字语言、布尔代数表达式或图形符号标注在表示转换的短画线旁边，使用最多的是布尔代数表达式。

在顺序功能图中，只有当某一步的前级步是活动步时，该步才有可能变成活动步。如果用没有断电保持功能的编程元件代表各步，进入 RUN 工作方式时，它们均处于 0 状态，必须在开机时将初始步预置为活动步，否则因顺序功能图中没有活动步，系统将无法工作。

绘制顺序功能图应注意以下几点：

（1）步与步不能直接相连，要用转换隔开。

（2）转换也不能直接相连，要用步隔开。

（3）初始步描述的是系统等待启动命令的初始状态，通常在这一步里没有任何动作。

但是初始步是不可不画的，因为如果没有该步，无法表示系统的初始状态，系统也无法返回停止状态。

（4）自动控制系统应能多次重复完成某一控制过程，要求系统可以循环执行某一程序，因此顺序功能图应是一个闭环，即在完成一次工艺过程的全部操作后，应从最后一步返回初始步，系统停留在初始状态（单周期操作）；在连续循环工作方式下，系统应从最后一步返回下一工作周期开始运行的第一步。

4. 顺序功能图的类型

顺序功能图主要有3种类型：单序列、选择序列、并行序列。

1）单序列

单序列是由一系列相继激活的步组成的，动作是一个接一个地完成，每一步的后面仅有一个转换，每一个转换的后面只有一个步，如图5-7（a）所示。

2）选择序列

选择序列是指某一步后有若干个单一序列等待选择（每个单一序列也称为一个分支），一般只允许选择进入一个序列，不允许多路序列同时进行，到底进入哪一个序列，取决于控制流前面的转换条件哪一个为真。选择序列的转换符号只能标在水平连线之下，如图5-7（b）所示。步3后有两个转换h和k所引导的两个选择序列，如果步3为活动步并且转换h使能，则步8被触发；如果步3为活动步并且转换k使能，则步10被触发。

选择序列的合并是指几个选择序列合并到一个公共序列。此时，用需要重新组合的序列相同数量的转换符号和水平连线来表示，转换符号只允许在水平连线之上。图5-7（b）中如果步9为活动步并且转换j使能，则步12被触发；如果步11为活动步并且转换n使能，则步12也被触发。

3）并行序列

并行序列是指在某一转换条件下同时启动若干个序列，也就是说转换条件的实现导致几个序列同时激活。并行序列的开始称为分支，并行序列的开始和结束都用双水平线表示，如图5-7（c）所示。当步3是活动步并且转换条件e为ON时，步4、步6这两步同时变为活动步，同时步3变为不活动步。步4、步6被同时激活后，每个序列中活动步的进展将是独立的。在表示同步的水平双线上，只允许有一个转换符号。并行序列的结束称为合并，在表示同步水平双线之下，只允许有一个转换符号。当直接连在双线上的所有前级步（步5、步7）都处于活动状态，并且转换状态条件i为ON时，才会发生步5、步7到步10的进展，步5、步7同时变为不活动步，而步10变为活动步。

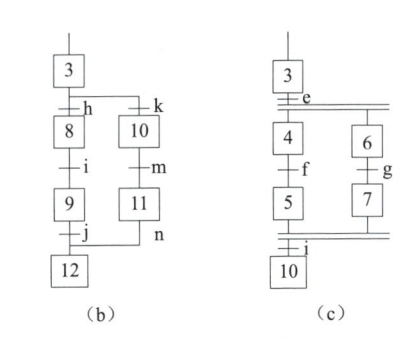

图5-7　顺序功能图类型

案例分析

1. 任务要求及I/O分配

用顺序控制设计电动机Y-△形降压启动控制，具体要求如下：

按下启动按钮SB1，电动机Y形连接启动，延时6 s后自动转为△形连接运行。按下停止按钮 SB2，电动机停止，若电动机过载，电动机也停止。PLC 的 I/O 分配如下：

SB1 启动按钮：I0.0；SB2 停止按钮与热继电器触点串联（常闭型）：I0.1；接触器 KM1：Q0.1；星形接触器 KM2：Q0.2；三角形接触器 KM3：Q0.3。

电动机 Y-△形降压启动控制的主电路及 PLC 外部接线图请参考前项目的相关任务。这里要注意的不同点是，PLC 外部端子接线中把停止按钮和热键电器的触点串联，它们均为常闭型触点。

2. 绘制顺序功能图

控制流程图又称工序图，是工作过程按一定步骤有序工作的图形。该案例的工序图如图 5-8 所示。从工序图可以看出，整个工作过程依据电动机工作状态分析成若干个工序，工序之间的转移需要满足特定的条件，比如按钮指令或延时时间。工序图可以转换成顺序控制功能图，如图 5-9 所示。

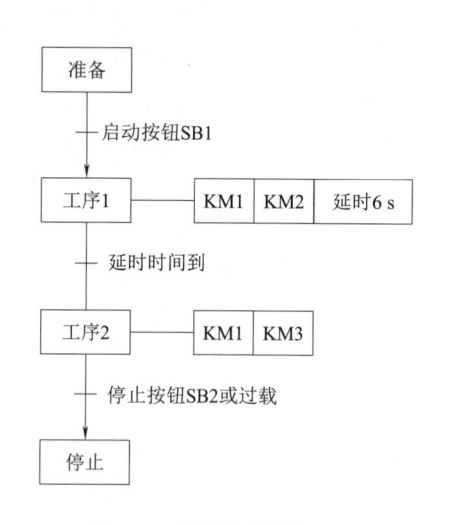

图 5-8　控制流程图　　　图 5-9　顺序功能图

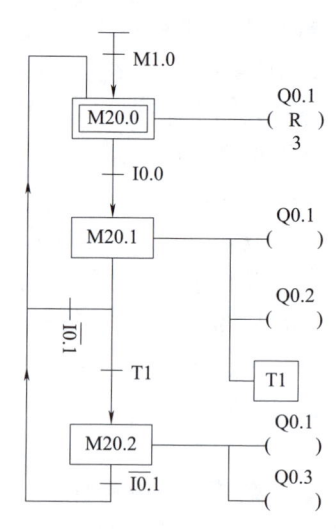

根据控制系统的工艺要求画出系统的顺序功能图后，若 PLC 没有配备顺序功能图语言，则必须将顺序功能图转换成 PLC 执行的梯形图程序。将顺序功能图转换成梯形图程序的方法主要有两种，分别是采用启停电路的设计方法和采用置位（S）复位（R）指令的设计方法。

1）启保停设计法

启保停电路仅仅使用与触点和线圈有关的指令，任何一种 PLC 的指令系统都有这一类指令，这是一种通用的编程方法，可以用于任意型号的 PLC。

2）置位和复位指令设计法

在使用 S、R 指令设计控制程序时，将各转换的所有前级步对应的常开触点与转换对应的触点或电路串联，该串联电路即启保停电路中的启动电路，用它作为使所有后续步置位（使用 S 指令）和使所有前级步复位（使用 R 指令）的条件。在任何情况下，各步的控制电路都可以用这一原则来设计，每一个转换又对应一个这样的控制置位和复位的电路块，有多少个转换就有多少个这样的电路块。这种设计方法特别有规律可循，梯形图与转换实现的基本规则之间有对应关系，在设计复杂的顺序功能图的梯形图时，既容易掌握，又不容易出错。

3. 程序设计

在博途软件里新建立一个项目，并添加设备 PLC 后，单击项目树中的"设备和网络"，双击 PLC，弹出 PLC 的"属性"窗口，在"常规"下的"系统和时钟存储器"中把"启用系统存储器字节"打上"√"，地址采用默认的存储器地址 MB1，如图 5-10 所示。

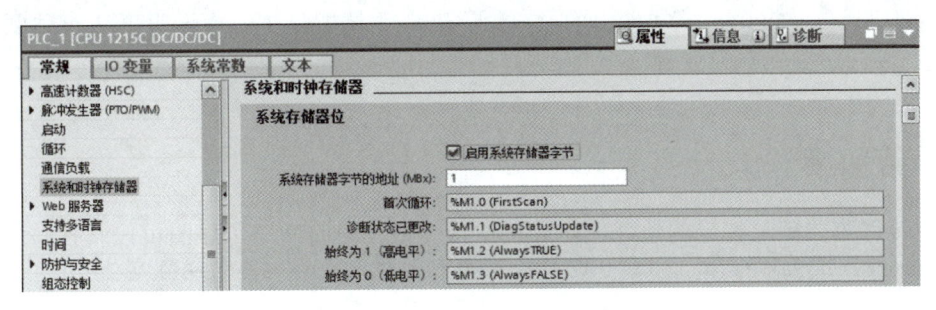

图 5-10　启用系统存储器

根据该案例的 I/O 分配与顺序功能图，PLC 的变量表如图 5-11 所示。变量表中的 M1.0 是首次扫描为高电平，步 0、步 1、步 2 的地址分别为 M20.0、M20.1、M20.2。

图 5-11　PLC 的变量表

针对该案例，设计了以上两种方法的程序。其中，启保停设计法的程序请扫描二维码查看。程序段 1：上电首次扫描后，激活初始步，M20.0 接通并自锁，并复位 Q0.1、Q0.2、Q0.3。程序段 2：在步 0 激活状态下，按下启动按钮 I0.0，激活步 1，M20.1 的常闭触点断开步 0，同时定时器 T1 开始计时。程序段 3：T1 时间到后，激活步 2，断开步 1。程序段 4：步 1 状态激活时，Q0.1、Q0.2 接通，电动机星形启动，步 2 状态激活时，Q0.1、Q0.3 接通，电动机三角形运行。PLC 外部端子 I0.1 接的是常闭型停止按钮与热继电器常闭触点串联，若按下停止按钮或电动机过载时，I0.1 的常开触点断开，断开步 1、步 2，I0.1 的常闭触点闭合，接通步 0 并复位 Q0.1、Q0.2、Q0.3。

星三角降压启动控制（启保停法）

星三角降压
启动控制
（置位复位法）

用置位复位指令设计法设计的星-三角降压启动顺序控制程序请扫描二维码查看。用置位复位指令编制的 PLC 程序更加简洁清晰，请自行分析程序的工作原理。

讨论：根据以上的 Y-△降压启动控制程序，请说明下这两种顺序控制方法的设计规律。

任务实施

1. 任务分析
分析任务，把被控对象、PLC I/O 设备、控制过程分析填写在任务工单上。

提示：
参照顺序控制的程序设计法，详细分析机械手的每个步骤，确定该任务的动作工序，如机械手上升、机械手左旋、机械手下降、机械手右旋、传送带运行、手指抓紧等，确定每步工序的转换条件，绘制工序图，具体的设计思路可参考案例程序。

2. 列出 I/O 分配表
根据任务分析，确定 PLC 的输入量、输出量，列出 I/O 分配表。

3. 绘制顺序功能图
根据 I/O 分配表、机械手的工作过程及任务分析，绘制该任务的顺序功能图。

4. 设计 PLC 程序
根据任务要求及顺序功能图，设计 PLC 程序。

5. 仿真与调试
程序编制完成并编译成功后，可以进行 PLC 程序的仿真，仿真时开启监视功能。按照顺序功能图的动作流程去按下对应的按钮，观察程序与 PLC 输出 Q 的动作状态，若与控制要求一致，说明调试成功。

讨论：你认为完成该任务程序设计的关键点在哪里？顺序功能图表达了程序的设计思路，正确、规范绘制顺序功能图提高了程序设计的效率。做任何事情也一样，先要理清头绪，列清做事次序，然后有计划、有思路地行事，才能杂而不乱、杂中有序，提高办事效率。

拓展任务

任务名称：工业机械手的 PLC 改进控制
任务要求：
设置一个单周期/连续开关 K1，当开关 K1 合上时，执行单周期工作，当开关断开时，执行连续工作。

（1）单周期操作：按下启动按钮，机械手运行一个周期后停止，需要再次按启动按钮才能重新工作。

（2）连续操作：按下启动按钮，机械手自动按原任务的控制过程运行，按下停止按钮，机械手工作一个周期后停止。

（3）在单周期或连续工作状态下，按下急停按钮，机械手立即停止工作。需要按下回原点按钮，机械手回到原点后按下启动按钮，机械手才能重新工作。

评价与总结

1. 评价

任务实施完成后，根据任务成果填写任务评价表，完成评价。把任务实施相关的内容及评价结果记录在任务工单。

2. 总结

该任务的 I/O 分配表如表 5-1 所示，控制流程图、顺序功能图分别如图 5-12、图 5-13 所示。参考程序请扫描二维码查看。

表 5-1 I/O 分配表

编程地址	功能	编程地址	功能
I0.0	启动按钮 SB1	Q0.0	传送带 A 驱动接触器 KM
I0.1	停止按钮（常开）SB2	Q0.1	手臂左旋电磁阀 YV1
I0.2	手指抓紧检测开关 LS1	Q0.2	手臂右旋电磁阀 YV2
I0.3	手臂左旋限位开关 LS2	Q0.3	手臂上升电磁阀 YV3
I0.4	手臂右旋限位开关 LS3	Q0.4	手臂下降电磁阀 YV4
I0.5	手臂上升限位开关 LS4	Q0.5	手臂抓紧电磁阀 YV5
I0.6	手臂下降限位开关 LS5	Q0.6	手臂放松电磁阀 YV6
I0.7	物品检测光电开关 PS1		

图 5-12 控制流程图

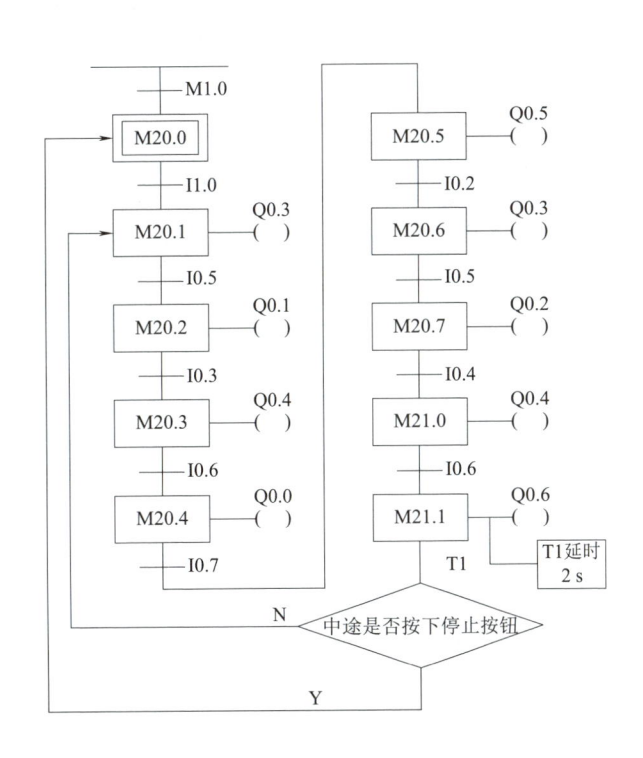

图 5-13 顺序功能图

这里的PLC程序采用置位复位指令设计法。参考程序工作原理：程序运行后，M1.0接通一个扫描周期，使M0.0置位，激活初始步，按下启动按钮，I0.0常开触点接通，启停标志位M10.0接通，位存储器M20.1接通，接通步1，复位初始步，Q0.3接通，手臂上升电磁阀YV3通电，手臂开始上升，碰到手臂上升限位开关LS4后，I0.5接通，激活步2，Q0.1接通，手臂左旋电磁阀YV1通电，手臂开始左旋，碰到手臂左旋限位开关LS2，I0.3接通，激活步3，Q0.4接通，手臂下降电磁阀YV4通电，手臂开始下降，碰到下降限位开关LS5后，I0.6接通，激活步4，Q0.0接通，传送带A运行。步5~步9的工作原理类似，不再赘述。

定时器T1延时时间到，如果机械手在之前的运行中有按下停止按钮SB2，启停标志位M10.0断开，激活步0，回到准备状态，直到按下启动按钮，机械手才重新进行新一轮的动作。如果没有按下停止按钮，激活步1，机械手继续执行新一轮的动作。需要说明的是，在激活下一个步的同时要复位当前的步，有些步需要接通同一个输出Q，所有步对应的输出Q在程序段14中。

本任务用到的电磁阀都是双电控电磁阀。若是把其中的抓紧、放松状态改为单电控电磁阀控制，电磁阀接通时为抓紧，断电时为放松，那么它们只需要一个输出点Q控制，程序也要稍做修改。左旋与右旋、上升与下降的动作也可以采用单电控电磁阀来实现。该机械手的PLC控制程序也可以用启保停法设计，还可以用移位指令来实现。

打开仿真软件S7-PLCSIM，下载所有的块。打开SIM表格_1，生成IB0、QB0、MB20、MB21的SIM表条目。因为设置的输入I、输出地址Q是连续的，用字节型地址显示，仿真表条目更少。仿真开始后，M20.0变为1状态，表示首次扫描激活初始步，单击程序编辑界面中工具栏上的 ![按钮] 按钮，启动监视功能。仿真时，双击I0.0的方框，模拟按下启动按钮，Q0.3接通，M20.1接通，表示步1为活动状态，仿真结果如图5-14所示。具体的仿真过程请自行分析。

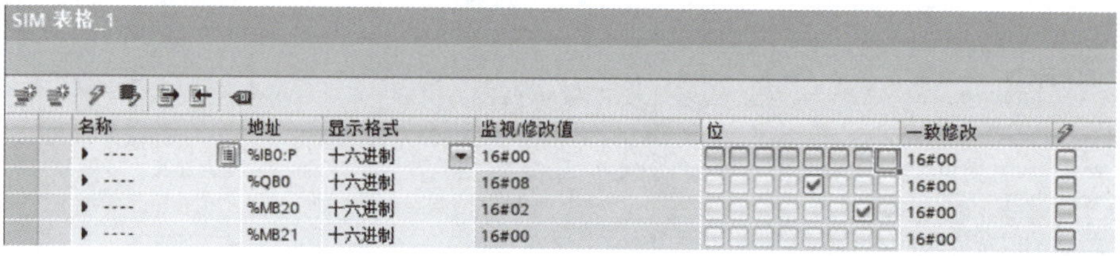

图5-14 机械手控制的PLC仿真SIM表

思考题1：若把本任务中的抓紧、放松状态由双电控电磁阀改为单电控电磁阀控制，程序应怎么改？

思考题2：增加一个传送带B的控制功能，当按下启动按钮后，传动带B运行，按下停止按钮，传送带B延时5 s后停止，按下急停按钮，传送带B立即停止，程序应怎么改？

任务三　多种工作方式的机械手控制

任务描述

设计一个多种工作方式的机械手控制系统，机械手转运工件示意图和转运工作过程如图 5-15、图 5-16 所示。

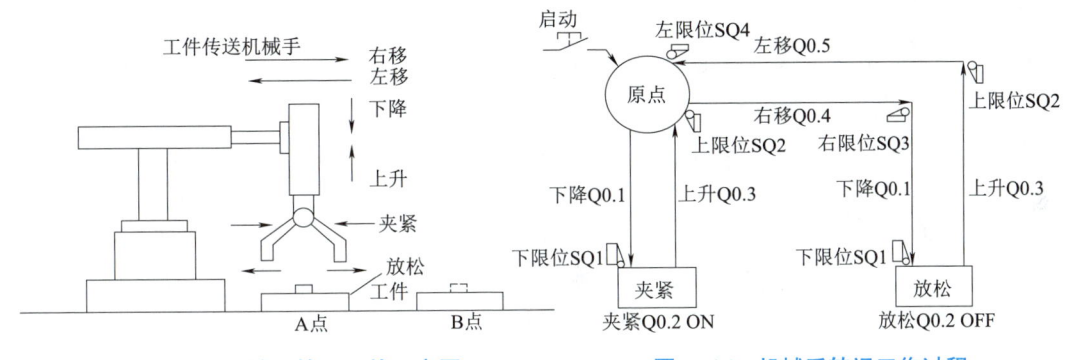

图 5-15　机械手转运工件示意图

图 5-16　机械手转运工作过程

机械手工作要求如下：

1）初始状态

机械手在原点位置，压左限位 SQ4=1，压上限位 SQ2=1，即机械手在最上面和最左边，机械手松开。机械手在原点位置时，原点指示灯亮。

2）运行状态

合上手/自动开关，机械手处于手动状态，每按下一个功能键，就机械手执行相应的功能。

断开手/自动开关，机械手处于自动状态。按下回原点按钮，机械手自动回到原点停止，原点指示灯亮。自动状态下，要让机械手回到原点后才可以进入自动工作状态。

在自动状态下，按下启动按钮，机械手按照下降→夹紧（延时 2 s）→上升→右移→下降→松开（延时 2 s）→上升→左移的顺序依次从左向右转送工件。下降/上升、左移/右移、夹紧/松开使用电磁阀控制。若连续/单周期开关闭合，机械手连续循环工作，若连续/单周期开关断开，机械手单周期工作。

3）停止操作

按下停止按钮，机械手完成当前工作过程，停在原点位置。

机械手的上升、下降、左移、右移是用双线圈二位电磁阀推动气缸完成的，每个线圈完成一个动作。抓紧/放松由单线圈二位电磁阀推动气缸完成，线圈通电时执行抓紧动作，线圈断电时执行放松动作。

该机械手总共有手动、连续、单周期、回原点四种工作方式，其中连续和单周期属于自动状态下的两种工作模式；要有必要的电气联锁和保护；自动循环时应按上述顺序动作。

S7-1200 PLC 编程与调试项目化教程（第2版）

学习目标

（1）能熟练绘制顺序功能图；
（2）进一步掌握顺序控制的程序设计法；
（3）掌握 PLC 跳转相关指令的应用；
（4）能综合应用各种指令完成 PLC 的程序设计、仿真与调试；
（5）培养精益求精、勇于创新的工匠精神，树立科学发展观，与时俱进。

问题引导

问题1：跳转相关的指令中 JMP、JMPN 分别是什么含义？

问题2：LABEL 的标签命名有什么要求？RET 指令有什么含义？

问题3：手动/自动模式的电动机启停控制：在手动模式下，按下启动按钮 SB1，电动机启动；按下停止按钮 SB2，电动机停止。在自动模式下，按下启动按钮 SB1，电动机工作10 s 后自动停止。怎么用跳转指令设计该控制程序？

相关知识

跳转指令

在 S7-1200 PLC 的指令系统里，程序控制指令中的跳转相关指令如图 5-17 所示。在西门子编程软件的"帮助"菜单里打开信息系统文件，单击目录下的"对 PLC 进行编程"可以看到每个指令的介绍。

程序控制指令	
-(JMP)	若 RLO = "1" 则跳转
-(JMPN)	若 RLO = "0" 则跳转
LABEL	跳转标签
JMP_LIST	定义跳转列表
SWITCH	跳转分配器
-(RET)	返回

图 5-17 程序控制指令中的跳转相关指令

程序控制指令中跳转指令、标签指令和返回指令比较常用。各指令的功能如下：

JMP：如果满足该指令输入的条件，即逻辑运算结果（RLO）为"1"，则程序将从指定标签后的第一条指令继续执行。如果不满足该指令输入的条件（RLO=0），则程序将继续执行下一程序段。

JMPN：如果不满足该指令输入的条件，即逻辑运算结果（RLO）为"0"，则程序将从指定标签后的第一条指令继续执行。如果满足该指令输入的条件（RLO=1），则程序将继续执行下一程序段。

LABEL：JMP 或 JMPN 跳转指令的目标标签。使用跳转标签来标识一个目标程序段，执行跳转时，应继续执行该程序段中的程序。跳转标签的名称在块中只能分配一次。CPU S7-1200

最多可以声明 32 个跳转标签。

使用时应遵守跳转标签的以下语法规则：字母（a~z，A~Z）或字母与数字组合；需注意排列顺序，如首先是字母，然后是数字（如 a1），不能使用特殊字符或反向排序字母与数字组合。

JMP_LIST：定义跳转列表。该指令的参数有 EN、K、DEST0、DEST1…DESTn。可使用跳转标签 LABEL 定义跳转，跳转标签则可以在指令框的输出指定。可在指令框中增加输出的数量。CPU S7-1200 最多可以声明 32 个输出。输出从值"0"开始编号，每次新增输出后以升序继续编号。在指令的输出中只能指定跳转标签，而不能指定指令或操作数。K 参数值将指定输出编号，因而程序将从跳转标签处继续执行。如果 K 参数值大于可用的输出编号，则继续执行块中下个程序段中的程序。仅在 EN 使能输入的信号状态为"1"时，才执行"定义跳转列表"指令。

RET："返回"指令，用于终止当前块的执行。可使用该指令停止有条件执行或无条件执行的块。程序块退出时，返回值（操作数）的信号状态与调用程序块的使能输出 ENO 相对应。

RET 线圈的上面是块的返回值，数据类型是 Bool。如果当前的块是 OB，返回值被忽略。如果当前的是函数 FC 或函数块 FB，返回值作为函数 FC 或函数块 FB 的 ENO 的值传送调用它的块。一般情况下并不需要在块结束时使用 RET 指令来结束块，操作系统将会自动完成这一任务。RET 指令可以用来有条件地结束块，一个块可以使用多条 RET 指令。

SWITCH：跳转分支指令。可以使用该指令根据一个或多个比较指令的结果，定义要执行的多个程序跳转。在参数 K 中指定要比较的值，将该值与各个输入提供的值进行比较。可以为每个输入选择比较方法，各比较指令的可用性取决于指令的数据类型。

在程序中设置跳转指令，可提高 CPU 的程序执行速度。在没有执行跳转指令时，各个程序段按从上到下的先后顺序执行，这种执行方式称为线性扫描。跳转指令中止程序的线性扫描，跳转到指令中的地址标签所在的目的地址。跳转时不执行跳转指令与标签之间的程序，跳到目的地址后，程序继续按线性扫描的方式顺序执行。跳转指令可以往前跳，也可以往后跳。只能在同一个代码块内跳转，即跳转指令与对应的跳转目的地址应在同一个代码块内。在一个块内，同一个跳转目的地址只能出现一次，即可以从不同的程序段跳转到同一个标签处，同一代码块内不能出现重复的标签。

图 5-18 所示为跳转指令的示例程序。如果当 I0.0 接通时，跳转条件满足，JMP 指令的线圈通电，跳转被执行，将跳转到指令给出的标签 abc1 处，执行标签之后的第一条指令。被跳过的程序段的指令没有被执行。标签在程序段的开始处，标签的第一个字符必须是字母，其余的可以是字母、数字和下划线。如果跳转条件不满足，将继续执行下一个程序段的程序。

在图 5-18 程序中，RET（返回）指令的线圈通电时，停止执行当前的块，不再执行指令后面的程序，返回调用它的块后，执行调用指令后的程序。RET 指令的线圈断电时，继续执行它下面的程序。

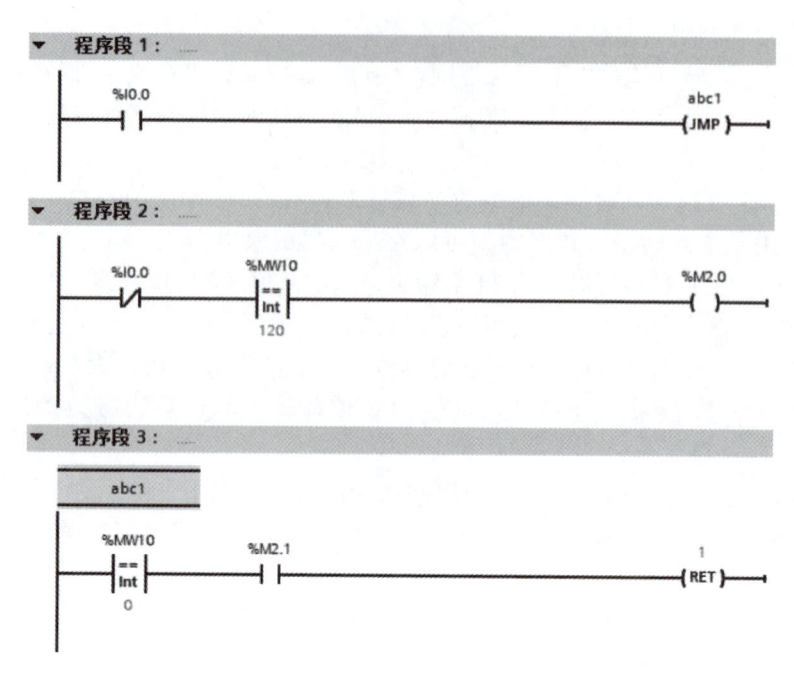

图 5-18 跳转指令的示例程序

任务实施

1. 任务分析

分析任务,把被控对象、PLC I/O 设备、控制过程分析填写在任务工单上。

提示:

参照顺序控制的程序设计法,确定该任务的动作工序,如机械手上升、机械手下降、机械手右移、机械手左移、夹紧与松开等,确定每步工序的转换条件,绘制工序图。以下两种程序设计方案供参考。

设计方案 1:手动程序、回原点程序用函数 FC 设计,自动程序在 OB1 主程序中设计,当需要执行手动或回原点时,用跳转指令来跳过自动程序。

设计方案 2:手动程序、回原点程序、自动程序均用函数 FC 设计,OB1 主程序中在条件满足时调用函数 FC 程序。

2. 列出 I/O 分配表

根据任务分析,确定 PLC 的输入量、输出量,列出 I/O 分配表。

3. 绘制顺序功能图

根据 I/O 分配表、机械手的工作过程及任务分析,绘制该任务的顺序功能图。

4. 设计 PLC 程序

根据任务要求及顺序功能图,设计 PLC 程序。

5. 仿真与调试

程序编制完成并编译成功后,进行 PLC 程序的仿真,仿真时开启监视功能。根据控制要求,在手动、连续、单周期、回原点模式下分别按下对应的按钮,观察程序与 PLC 输出 Q

的动作状态，若与控制要求一致，说明调试成功。

讨论：工业机械手在工业生产中应用很广泛，它具体应用在哪些场合？随着微电子技术和现代控制技术的发展，工业机械手的速度、精度、可靠性、可操作性等性能不断提高，未来将向智能化、数字化、安全与柔性等方面发展。科学发展观是党的重大战略思想。科技在发展，时代在进步，我们必须不断地学习新知识、新技术，与时俱进才能紧跟时代的步伐。

多种工作方式的机械手控制参考程序

评价与总结

1. 评价

任务实施完成后，根据任务成果，填写任务评价表，完成评价。把任务实施相关的内容及评价结果记录在任务工单。

2. 总结

该任务的 PLC 变量表如图 5-19 所示。参考程序可扫描二维码查看，请自行分析参考程序。回答思考题。

多种工作方式的机械手控制

	名称	数据类型	地址
1	启动按钮	Bool	%I0.0
2	停止按钮	Bool	%I0.1
3	手/自动开关	Bool	%I0.2
4	连续/单周期	Bool	%I0.4
5	上限	Bool	%I0.5
6	下限	Bool	%I0.6
7	左限	Bool	%I0.7
8	右限	Bool	%I1.0
9	手动上升	Bool	%I1.1
10	手动夹紧	Bool	%I1.2
11	手动左移	Bool	%I1.3
12	回原点按钮	Bool	%I1.4
13	手动下降	Bool	%I1.5
14	手动松开	Bool	%I2.0
15	手动右移	Bool	%I2.1
16	原点指示灯	Bool	%Q0.0
17	下降	Bool	%Q0.1
18	夹紧与松开	Bool	%Q0.2
19	上升	Bool	%Q0.3
20	右移	Bool	%Q0.4
21	左移	Bool	%Q0.5
22	步0	Bool	%M20.0
23	步1	Bool	%M20.1
24	步2	Bool	%M20.2
25	步3	Bool	%M20.3
26	步4	Bool	%M20.4
27	步5	Bool	%M20.5
28	步6	Bool	%M20.6
29	步7	Bool	%M20.7
30	步8	Bool	%M21.0
31	停止标志位	Bool	%M10.0

图 5-19　PLC 的变量表

思考题 1：增加一个 A 点工件检测开关、B 点工件检测开关，当 A 点有工件时，机械手才能进行下降与抓取动作；B 点无工件时，机械手才能进行下降与放松动作，程序怎么改？

思考题 2：在连续工作模式，要求机械手循环工作 3 次后停止，程序怎么改？

拓展知识

顺序控制的编程方法根据顺序功能图的分类主要有单序列、选择序列、并行序列三种类型。本项目是单序列的编程方法，选择序列的编程方法、并行序列的编程方法的介绍可扫描二维码学习。

项目五拓展知识

练习

1. 运料小车自动往返控制

运料小车自动往返运动示意图如图 5-20 所示，按下小车右行启动按钮 SB1，运料小车右行，按下小车左行启动按钮 SB2，运料小车左行。运料小车在 SQ1 处进行人工装料，8 s 后装料结束开始右行；到达 SQ2 后进行人工卸料，6 s 后卸料结束开始左行；这样不停地往复工作，直到按下停止按钮 SB3 为止。小车在途中可以任意按下相应按钮实现左行、右行及停止。图 5-20 中，SQ1 为左终点行程开关，SQ2 为右终点行程开关。

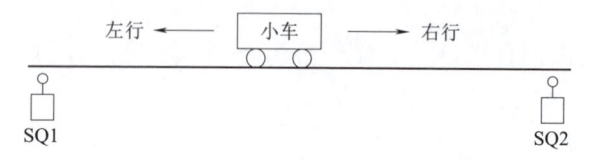

图 5-20 运料小车自动往返运动示意图

2. 电镀生产线的 PLC 控制

电镀生产线采用专用行车，行车架装有可升降的吊钩，行车和吊钩各有一台电动机拖动。电镀生产线示意图如图 5-21 所示。行车进、退和吊钩升、降由限位开关控制，生产线定为 3 槽位。

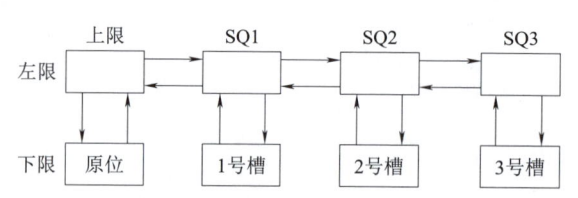

图 5-21 电镀生产线示意图

工作流程如下：

（1）原位，表示设备处于初始状态，吊钩在下限位，行车在左限位。

（2）自动工作过程为：启动→吊钩上升→上限位开关闭合→右行至 1 号槽→SQ1 闭合→吊钩下降进入 1 号槽内→下限位开关闭合→电镀延时→吊钩上升……由 3 号槽内吊钩上升，左行至左限位，吊钩下降至下限位（即原位）。

（3）当吊钩回到原位后，延时一段时间（装卸工件），自动上升右行，按照工作流程要求不停地循环。当回到原位后，按下停止按钮系统不再循环。

3. 多种工作方式的运料小车 PLC 控制

运料小车控制的示意图如图 5-22 所示。当小车处于后端时，按下启动按钮，小车向前运行，行至前端压下前限位开关，翻斗门打开装货，7 s 后，关闭翻斗门，小车向后运行，行至后端，压下后限位开关，打开小车底门卸货，5 s 后底门关闭，完成一次动作。要求控制运料

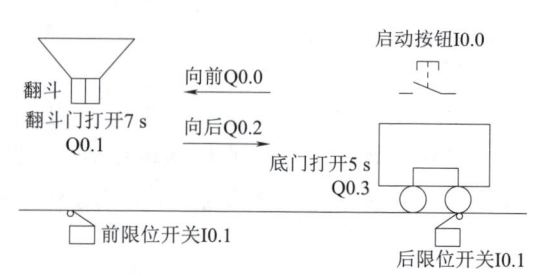

图 5-22 运料小车控制的示意图

小车的运行，并具有以下几种运行方式：

（1）手动操作：用各自的控制按钮，一一对应地接通或断开各负载的工作方式。

（2）单周期操作：按下启动按钮，小车往复运行一次后，停在后端等待下次启动。

（3）连续操作：按下启动按钮，小车自动连续往复运动。

4. 液体搅拌机的 PLC 控制

液体搅拌机的示意图如图 5-23 所示，其主要由以下部分组成：

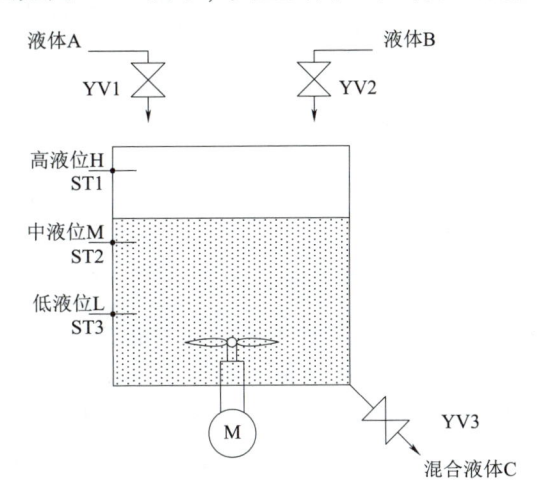

图 5-23　液体搅拌机的示意图

（1）YV1，A 液体注入液体搅拌机的控制阀门。

（2）YV2，B 液体注入液体搅拌机的控制阀门。

（3）YV3，液体搅拌机送出混合好的液体的控制阀门。

（4）ST1，高液位传感器。

（5）ST2，中液位传感器。

（6）ST3，低液位传感器。

（7）搅拌电动机。

液体搅拌机的详细工作过程如下：

（1）按下启动按钮，液体搅拌机上电开始工作。

（2）控制 A 液体注液电磁阀，注入 A 液体到中液位。

（3）控制 B 液体注液电磁阀，注入 B 液体到高液位。

（4）保持所有开关不动作，停止 2 s。

（5）控制搅拌电动机，将两液体搅拌 60 s。

（6）控制混合液体排液电磁阀，将搅拌后的混合液体排出，直到低液位。

（7）延时 8 s 后，搅拌机中的液体放完，关闭排液电磁阀。

（8）若中途没按下停止按钮，搅拌机重复执行(2)~(7)，若按下停止按钮，搅拌机一轮工作结束后系统停止。

项目六　生产线输送带系统的 PLC 控制

项目导入

随着经济水平的迅速发展，生产线输送带在工业中得到了广泛的应用，比如家电、电子、机械、印刷、食品、物流、包装及运输等各行各业。输送带也可以根据工艺的要求选用：普通连续运行、节拍运行、变速运行等多种控制方式。输送带可以输送的物料种类繁多，可输送各种纸箱、包装袋等单件质量不大的货件，也可输送各种各样的产品零件等。

任务一　两级输送带的异地启停控制

任务描述

某纸箱包装工厂有一条两级输送带，每级输送带都由三相异步电动机带动，第一级输送带由本地1号电动机带动，PLC_1控制；第二级输送带由远程2号电动机带动，PLC_2控制。为了方便控制这条长输送带，在两个不同地方都能控制启动和停止输送带，具体要求如下：

按下本地启动按钮SB1，本地1号电动机启动，远程2号电动机也启动。按下本地停止按钮SB2，本地1号电动机停止，远程2号电动机也停止。按下远程启动按钮SB3，远程2号电动机启动，本地1号电动机也启动，按下远程停止按钮SB4，远程2号电动机停止，本地1号电动机也停止。

学习目标

（1）了解PLC通信的概念、方式及类型；
（2）掌握S7-1200 PLC之间的以太网通信；
（3）能应用通信指令，完成项目组态、程序设计、仿真与调试；
（4）培养规范操作、严谨细致、勇于实践的工作作风。

问题引导

问题 1：什么是并行通信？什么是串行通信？串行通信有哪几种通信方式？

问题 2：S7-1200 CPU 支持哪些通信协议？不带连接管理的通信指令有哪些？

问题 3：TSEND_C 指令和 TRCV_C 指令分别是什么含义？

相关知识

1. 通信基础知识

1）通信的概念及方式

通信是指一地与另一地之间的信息传递。PLC 通信是指 PLC 与计算机、PLC 与 PLC、PLC 与人机界面（触摸屏）、PLC 与变频器、PLC 与其他智能设备之间的数据传递。

PLC 通信知识

通信按不同的方式分：有线通信和无线通信；并行通信与串行通信。

有线通信是导线、电缆、光缆、纳米材料等看得见的材料为传输介质的通信。无线通信是指以看不见的材料（如电磁波）为传输介质的通信，常见的无线通信有微波通信、短波通信、移动通信和卫星通信等。

并行通信是指数据的各个位同时进行传输的通信方式，其特点是数据传输速度快，它由于需要的传输线多，故成本高，只适合近距离的数据通信。PLC 主机与扩展模块之间通常采用并行通信。串行通信是指数据一位一位地传输的通信方式，其特点是数据传输速度慢，但由于只需要一条传输线，故成本低，适合远距离的数据通信。PLC 与计算机、PLC 与 PLC、PLC 与人机界面、PLC 与变频器之间通信采用串行通信。

串行通信又可分异步通信和同步通信。PLC 与其他设备通信主要采用串行异步通信方式。在异步通信中，数据是一帧一帧地传送，一帧数据传送完成后，可以传下一帧数据，也可以等待。串行通信时，数据是以帧为单位传送的，帧数据有一定的格式，它是由起始位、数据位、奇偶校验位和停止位组成的。

在串行通信中，根据数据的传输方向不同，可分为三种通信方式：单工通信、半双工通信和全双工通信。单工通信，数据只能往一个方向传送的通信，即只能由发送端传输给接收端。半双工通信，数据可以双向专送，但在同一时间内，只能往一个方向传送，只有一个方向的数据传送完成后，才能往另一方向传送数据。全双工通信，数据可以双向传送，通信的双方都有发送器和接收器，由于有两条数据线，所以双方在发送数据的同时可以接收数据。

有线通信采用的传输介质主要有双绞线、同轴电缆和光缆。具体每种材料的结构与特点请参考相关文献。

2）S7-1200 的通信类型

S7-1200 CPU 本体上集成了一个 PROFINET 通信接口，支持以太网和基于 TCP/IP 的通信标准。使用这个通信口可以实现 S7-1200 CPU 与编程设备的通信，与 HMI 触摸屏的通信，以及与其他 CPU 之间的通信。这个 PROFINET 物理接口支持 10 MB/100 MB 的 RJ45 口，支持电缆交叉自适应，一个标准的或交叉的以太网线都可以用于这个接口。

S7-1200 CPU 的 PROFINET 通信口支持以下通信协议及服务：TCP（传输控制协议）、ISO on TCP、UDP（用户数据报协议）、PROFINET I/O、S7 通信、HMI 通信、Web 通信。S7-1200 CPU 的 PROFIENT 接口有两种网络连接方法：直接连接和网络连接。直接连接：当一个 S7-1200 CPU 与一个编程设备，或一个 HMI，或一个 PLC 通信时，也就是说只有两个通信设备时，实现的是直接通信。直接连接不需要使用交换机，用网线直接连接两个设备即可。网线有 8 芯和 4 芯的两种双绞线，双绞线的电缆连接方式也有两种，即正线（标准568B）和反线（标准568A），其中正线也称为直通线，反线也称为交叉线。正线接线从下至上线的线序是：白橙、橙、白绿、蓝、白蓝、绿、白棕、棕。反线接线的一端为正线的线序，另一端为从下至上线的线序是：白绿、绿、白橙、蓝、白蓝、橙、白棕、棕。关于 8 芯和 4 芯双绞线的具体接法请参考有关文献。

当多个通信设备进行通信时，也就是说通信设备为两个以上时，实现的是网络连接。多个通信设备的网络连接需要使用以太网交换机来实现。可以使用导轨安装的西门子 CSM1277 的 4 口交换机连接其他 CPU 及 HMI 设备。CSM1277 交换机是即插即用的，使用前不用做任何设置。

2. S7-1200 PLC 之间的以太网通信

S7-1200 PLC 与 S7-1200 PLC 之间的以太网通信可以通过 TCP 和 ISO on TCP 来实现。使用的指令是在双方 CPU 中调用开放式以太网通信指令块 T-block 来实现。所有 T-block 通信指令必须在 OB1 中调用。调用 T-block 通信指令并配置两个 CPU 之间的连接参数，定义数据发送或接收信息的参数。博途软件提供两套通信指令：不带连接管理的通信指令和带连接管理的通信指令。

不带连接管理的通信指令有：TCON 指令，建立以太网连接；TDISCON，断开以太网连接；TSEND，发送数据；TRCV，接收数据。

带连接管理的通信指令有：TSEND_C，建立以太网连接并发送数据；TRCV_C，建立以太网连接并接收数据。实际上 TSEND_C 指令实现的是 TCON、TDISCON 和 TSEND 三个指令综合的功能，而 TRCV_C 指令是 TCON、TDISCON 和 TRCV 三个指令综合的功能。S7-1200 PLC 之间的以太网通信方式为双边通信，因此发送和接收指令必须成对出现。

案例分析

1. 控制要求

将设备 1 的 IB0 中数据发送到设备 2 的接收数据区 QB0 中，设备 1 的 QB0 接收来自设备 2 发送的 IB0 中数据。

2. 硬件原理图

根据控制要求可绘制出如图 6-1 所示的原理图，设备 2 上的输入端及设备 1 上的输出端未详细画出，两设备（PLC）通过带有水晶头的网线相连接。

项目六 生产线输送带系统的 PLC 控制

```
┌─────────────────┐     ┌─────────────────┐
│  CPU 1215C(1)   │     │  CPU 1215C(2)   │
│      ┌──────────┤     ├──────────┐      │
│      │ PROFINET │─────│ PROFINET │      │
└──────┴──────────┘     └──────────┴──────┘
```

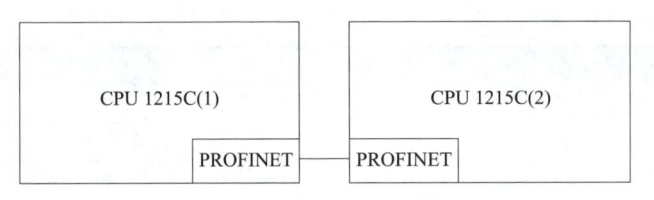

图 6-1 S7-1200 之间以太网通信硬件原理图

3. 组态网络

创建一个新项目，名称为"以太网通信程序"，添加两个 PLC，均为 CPU 1215C，分别命名为 PLC_1 和 PLC_2。分别启用两个 CPU 中的系统和时钟存储器字节 MB1 和 MB0。

在项目视图 PLC 的"设备组态"中，单击 CPU 的属性的"以太网地址"选项，可以设置 PLC 的 IP 地址，在此设置 PLC_1 和 PLC_2 的 IP 地址分别为 192.168.0.10 和 192.168.0.20，地址的设置方法请参考前文项目一的介绍。切换到"网络视图"（或用鼠标双击项目树的"设备和网络"选项），要创建 PROFINET 的逻辑连接，首先进行以太网的连接。选中 PLC_1 的 PROFINET 接口的绿色小方框，拖动到另一台 PLC 的 PROFINET 接口上，松开鼠标，则连接建立，并保存窗口设置，如图 6-2 所示。

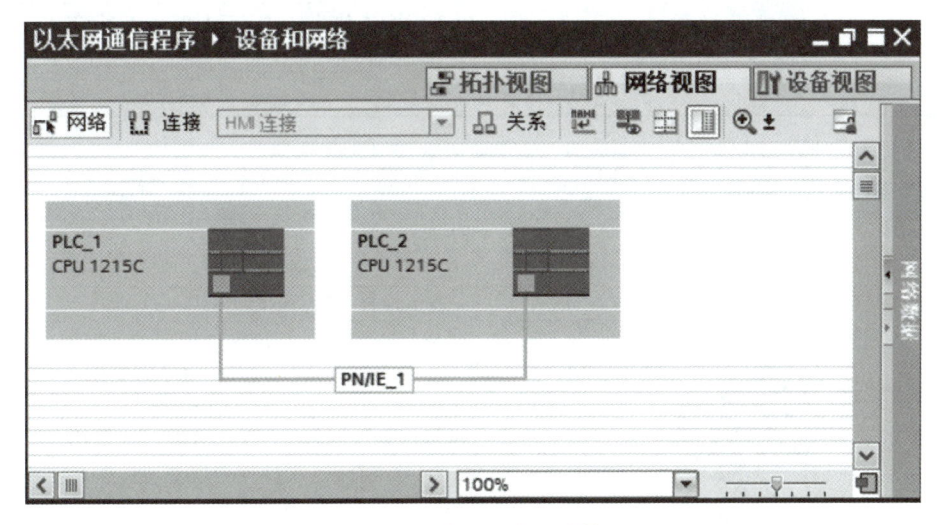

图 6-2 建立以太网连接

4. PLC_1 的编程

1) 在 PLC_1 的 OB1 程序中调用 TSEND_C 指令

打开 PLC_1 主程序 OB1 的编辑窗口，在右侧"通信"指令文件夹中，打开"开放式用户通信"文件夹，用鼠标双击或拖动 TSEND_C 指令到指定程序段中，自动生成名称为 TSEND_C_DB 的背景数据块。TSEND_C 指令可以用 TCP 协议或 ISO on TCP 协议。它们均使本地机与远程机进行通信，TSEND_C 指令使本地机向远程机发送数据。TSEND_C 指令及参数如表 6-1 所示。TRCV_C 指令使本地机接收远程机发送来的数据，TRCV_C 指令及参数如表 6-2 所示。

145

表 6-1　TSEND_C 指令及参数

指令	参数	描述	数据类型
TSEND_C	EN	使能	Bool
	REQ	当上升沿时，启动向远程机发送数据	Bool
	CONT	1 表示连接，0 表示断开连接	Bool
	LEN	发送数据的最大长度，用字节表示	UDInt
	CONNECT	连接数据 DB	Any
	DATA	指向发送区的指针，包含要发送数据的地址和长度	Any
	ADDR	可选参数（隐藏），指向接收方地址的指针	Any
	COM_RST	可选参数（隐藏），重置连接：0 表示无关；1 表示重置现有连接	Bool
	DONE	0 表示任务没有开始或正在进行；1 表示任务没有错误地执行	Bool
	BUSY	0 表示任务已经完成；1 表示任务没有完成或一个新任务没有触发	Bool
	ERROR	0 表示没有错误；1 表示处理过程中有错误	Bool
	STATUS	状态信息	Word

表 6-2　TRCV_C 指令及参数

指令	参数	描述	数据类型
TRCV_C	EN	使能	Bool
	EN_R	为 1 时为接收数据做准备	Bool
	CONT	1 表示连接，0 表示断开连接	Bool
	LEN	要接收数据的最大长度，用字节表示。如果在 DATA 参数中使用具有优化访问权限的接收区，LEN 参数值必须为 0	UDInt
	ADHOC	可选参数（隐藏），TCP 协议选项使用 Ad-hoc 模式	Bool
	CONNECT	连接数据 DB	Any
	DATA	指向接收区的指针	Any
	ADDR	可选参数（隐藏），指向连接类型为 UDP 的发送地址的指针	Any
	COM_RST	可选参数（隐藏），重置连接；0 表示无关；1 表示重置现有连接	Bool
	DONE	0 表示任务没有开始或正在进行；1 表示任务没有错误地执行	Bool
	BUSY	0 表示任务已经完成；1 表示任务没有完成或一个新任务没有触发	Bool
	ERROR	0 表示没有错误；1 表示处理过程中有错误	Bool
	STATUS	状态信息	Word
	RCVD_LEN	实际接收到的数据量（以字节为单位）	UDInt

2）设置 PLC_1 的 TSEND_C 连接参数

要设置 PLC_1 的 TSEND_C 连接参数，先选中指令，用鼠标右键单击该指令，在弹出的对话框中单击"属性"，打开属性对话框，然后选择其左上角的"组态"选项卡，单击其中的"连接参数"选项，如图 6-3 所示。在右边窗口伙伴的"端点"中选择"PLC_2"，则接口、子网及地址等随之自动更新。此时"连接类型"和"连接 ID"两栏呈灰色，即无法进行选择和数据的输入。在"连接数据"栏中输入连接数据块"PLC_1_Send_DB"，或单击"连接数据"栏后面的倒三角，单击"新建"生成新的数据块。单击本地 PLC_1 的"主动建立连接"复选框，此时"连接类型"和"连接 ID"两栏呈现亮色，即可以选择"连接类型"，ID 默认是"1"。在伙伴站的"连接数据"栏输入连接的数据块"PLC_2_Receive_DB"，或单击"连接数据"后面的倒三角，单击"新建"生成新的数据块，新的连接数据块生成后连接 ID 也自动生成，这个 ID 号在后面的编程中会用到。

连接类型可以选择为"TCP""ISO on TCP"和"UDP"。这里选择 TCP，在"地址详细信息"栏可以看到通信双方的端口号为 2000。如果连接类型选择为"ISO on TCP"，则需要设定 TSAP 地址，此时本地 PLC_1 可以设置成"PLC1"，伙伴方 PLC_2 可以设置成"PLC2"。使用 ISO on TCP 通信，除了连接参数的定义不同，其他组态编程与 TCP 通信完全相同。

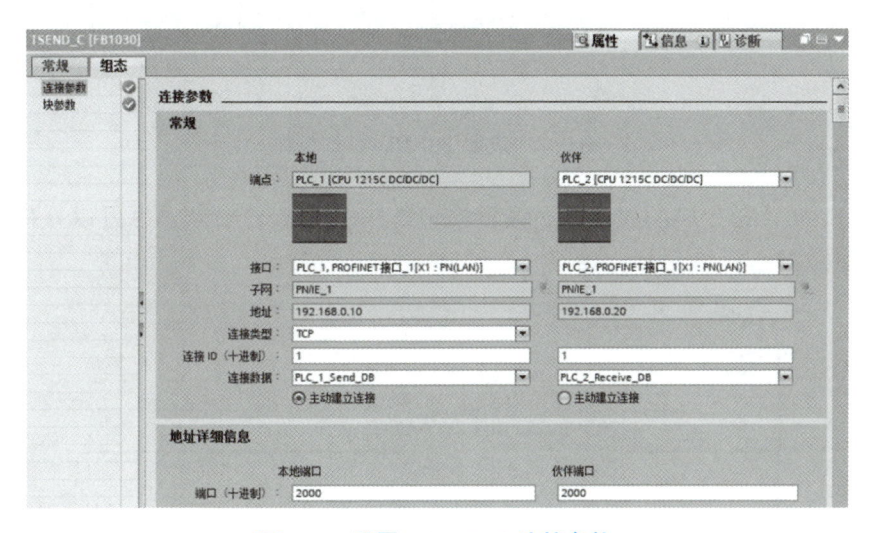

图 6-3 设置 TSEND_C 连接参数

3）设置 PLC_1 的 TSEND_C 块参数

要设置 PLC_1 的 TSEND_C 块参数，先选中指令，用鼠标右键单击该指令，在弹出的对话框中单击"属性"，打开属性对话框，然后选择左上角的"组态"选项卡，单击其中的"块参数"选项，如图 6-4 所示。在输入参数中，"启动请求"使用"Clock_2Hz"，上升沿激发发送任务，"连接状态"设置常数 1，表示建立连接并一直保持连接。在输入/输出参数中，"相关的连接指针"为前面建立的连接数据块 PLC_1_Send_DB，"发送区域"中使用指针寻址或符号寻址，本案例设置为"P#I0.0 BYTE 1"，即定义的是发送数据 IB0 开始的 1 B 数据。在此只需要在"起始地址"栏中输入 I0.0，在"长度"栏输入 1，在后面方框中选择

"BYTE"即可。"发送长度(LEN)"设为1,即最大发送的数据为1 B。在输出参数中,请求完成(DONE)、请求处理(BUSY)、错误(ERROR)、错误信息(STATUS)可以不设置或使用数据块中变量。

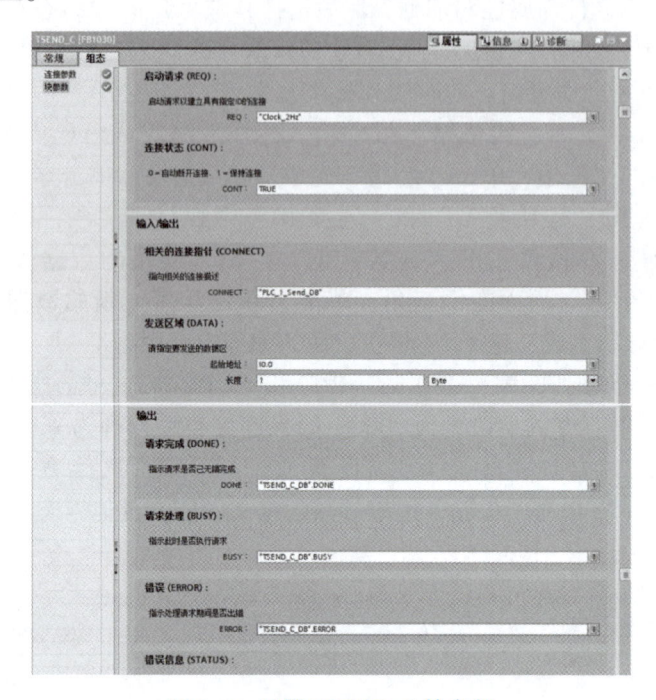

图 6-4 设置 TSEND_C 块参数

设置 TSEND_C 指令块参数,程序编辑器中的指令将随之更新,也可以直接编辑指令,如图 6-5 所示。

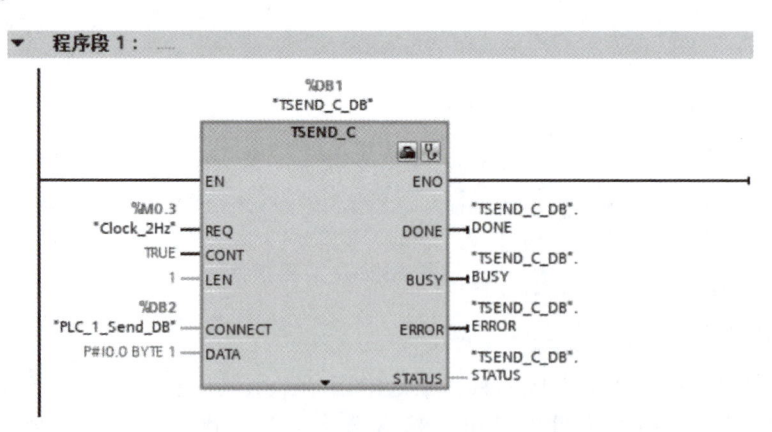

图 6-5 设置 TSEND_C 指令块参数

4)在 OB1 主程序中调用 TRCV 接收指令

为了使 PLC_1 能接收到来自 PLC_2 的数据,在 PLC_1 调用接收指令 TRCV 并组态其参数。接收数据与发送数据使用同一连接,所以使用不带连接管理的 TRCV 指令,该指令在右侧指令树"/通信/开发式用户通信/其他"的指令夹中,调用接收指令 TRCV 并组态参数如

图 6-6 所示。该指令中"EN_R"参数为 1，表示准备好接收数据；ID 号为 1，使用的是 TSEND_C 的连接参数中的"连接 ID"的参数地址；"DATA"为 QB0，表示接收的数据区；"RCVD_LEN"为实际接收到数据的字节数。

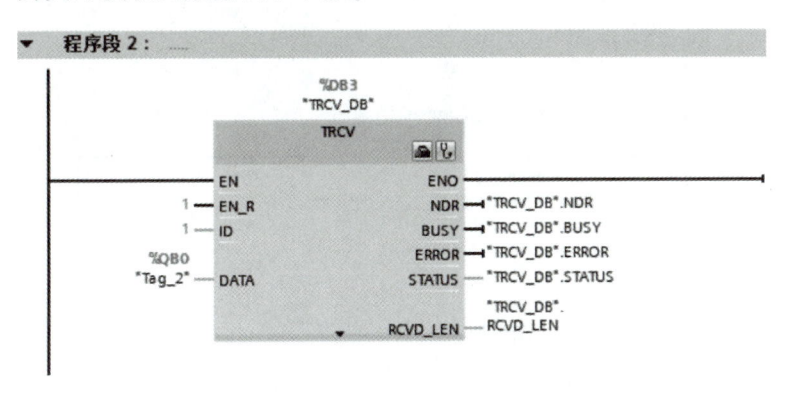

图 6-6 调用接收指令 TRCV 并组态参数

本地使用 TSEND_C 指令发送数据，在通信伙伴（远程站）就得使用 TRCV_C 指令接收数据。双向通信时，本地调用 TSEND_C 指令发送数据和 TRCV 指令接收数据；在远程站调用 TRCV_C 指令接收数据和 TSEND 指令发送数据。TSEND 和 TRCV 指令只有块参数需要设置，无连接参数需要设置。

5. PLC_2 的编程

要实现上述通信，还需要在 PLC_2 中调用 TRCV_C 和 TSEND 指令，并组态其参数。打开 PLC_2 主程序 OB1 的编辑窗口，在右侧"通信"指令文件夹中，打开"开放式用户通信"文件夹，双击或拖动 TRCV_C 指令至某个程序段中，自动生成名称为 TRCV_C_DB 的背景数据块。设置连接参数如图 6-7 所示，连接参数的组态与 TSEND_C 基本相似，各参数要与通信伙伴 CPU 对应设置。

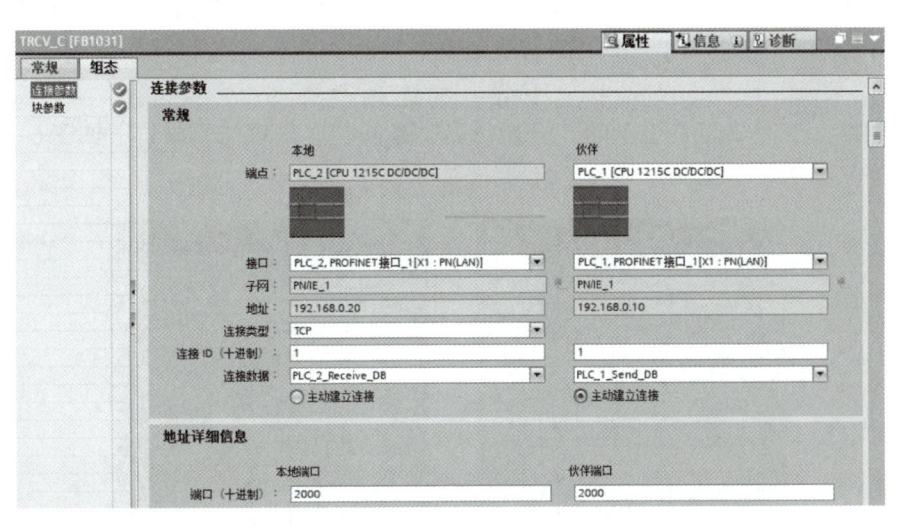

图 6-7 组态 TRCV_C 指令的连接参数

设置通信接收 TRCV_C 指令块参数，如图 6-8 程序段 1 所示，PLC_2 是将 IB0 中数据发

149

送到 PLC_1 的 QB0 中，则在 PLC_2 调用 TSEND 发送指令并组态相关参数，发送指令与接收指令使用同一个连接，所以也使用不带连接的发送指令 TSEND，其块参数组态如图 6-8 程序段 2 所示。PLC_2 的 OB1 程序包含 TRCV_C 指令和 TSEND 指令，如图 6-8 所示。

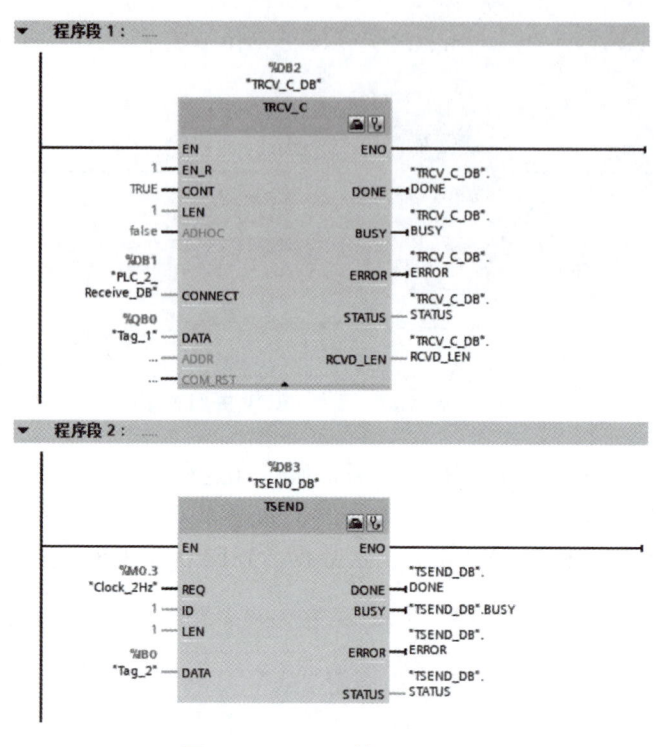

图 6-8　PLC_2 的 OB1 程序

6. 仿真与调试

打开项目，选中 PLC_1，单击工具栏上的"开始仿真" 按钮，出现仿真窗口，如图 6-9（a）所示，同时弹出"扩展的下载到设备"对话框，单击"开始搜索"按钮、"下载"按钮、"装载"按钮，完成程序的仿真下载。

选中 PLC_2，单击工具栏上的"开始仿真" 按钮，出现仿真窗口，如图 6-9（b）所示，其他操作与 PLC_1 类似。

图 6-9　PLC_1 和 PLC_2 的仿真窗口

创建 PLC_1 和 PLC_2 程序的仿真项目和 SIM 表格。在 PLC_1 的仿真表格里，把"IB0"变量的修改方框前打上"√"，这时 PLC_2 的仿真表格变量也出现了"√"，表示将设备 1 的 IB0 数据发送到设备 2 的接收数据区 QB0 中，如图 6-10 所示。在 PLC_2 的仿真表格里，把"IB0"变量的修改方框前打上"√"，这时 PLC_1 的仿真表格变量也出现了"√"，表示将设备 2 的 IB0 数据发送到设备 1 的接收数据区 QB0 中。仿真结果表明通信成功，符合该案例的控制要求。

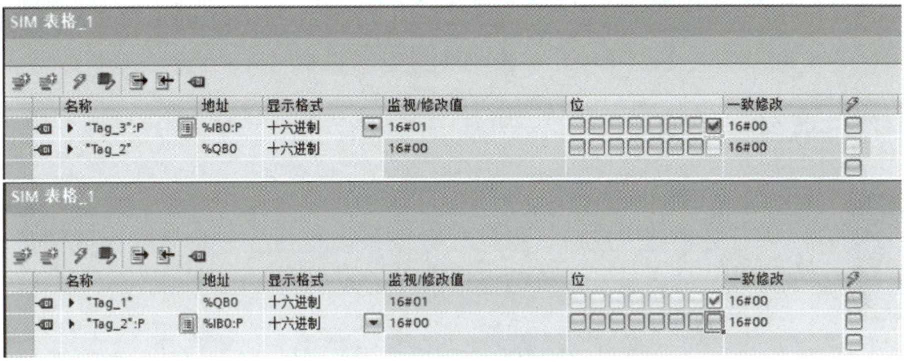

图 6-10 通信案例的仿真

任务实施

1. 任务分析

分析任务，把被控对象、PLC I/O 设备、控制过程分析填写在任务工单上。

提示：控制过程分析要确定输送带电动机的启动、停止等动作以及对应的控制条件。该任务的程序比较简单，可在启保停程序的基础上修改。这里需要把 PLC_1 的本地启动按钮、停止按钮的状态通过发送指令传送到 PLC_2 的远程位存储器 M 中，从而控制远程 2 号电动机的启动和停止，远程按钮控制本地 1 号电动机的过程类似。

2. 列出 I/O 分配表

根据任务分析，确定 PLC 的输入量、输出量，列出 I/O 分配表。

3. 绘制接线图

根据列出的 I/O 分配表，绘制 PLC 的硬件接线图，并完成任务的接线。

4. 设计 PLC 程序

根据任务的控制要求及分析，设计 PLC 程序。

提示：参照案例的操作流程进行通信参数组态，具体的程序设计思路可参考上述的任务分析。PLC_2 的程序与 PLC_1 的程序类似，仅输入、输出地址的名称不同。

5. 仿真与调试

程序设计完成并编译成功后，可以先进行 PLC 程序的仿真，仿真结果符合控制要求后，再进行项目的下载。将编辑好的用户程序及设备组态下载到 CPU 中，并连接好线路。下载成功后，开启程序监视。分别按下本地启动按钮、本地停止按钮、远程启动按钮、远程停止按钮，观察程序、PLC 输出、电动机的工作状态。若运行结果与控制要求一致，说明本任务调试成功。

拓展任务

任务名称：两级输送带的延时控制

任务要求：第一级输送带由本地 1 号电动机带动，PLC_1 控制；第二级输送带由远程 2 号电动机带动，PLC_2 控制。按下本地启动按钮 SB1，本地 1 号电动机启动，远程 2 号电动机延时 5 s 启动。按下本地停止按钮 SB2，本地 1 号电动机停止，远程 2 号电动机延时 3 s 停止。按下远程启动按钮 SB3，远程 2 号电动机启动，本地 1 号电动机延时 5 s 启动，按下远程停止按钮 SB4，远程 2 号电动机停止，本地 1 号电动机延时 3 s 停止。

评价与总结

两级输送带的异地启停控制 PLC_1 参考程序

两级输送带的异地启停控制 PLC_2 参考程序

两级输送带的异地启停控制

1. 评价

任务实施完成后，根据任务成果填写任务评价表，完成评价。把任务实施相关的内容及评价结果记录在任务工单。

2. 总结

该任务的实施过程总结如下：

（1）确定两台 PLC 的 I/O 分配，如表 6-3 所示。

（2）在项目视图中添加两台 PLC 设备并进行组态。

组态步骤：双击"添加新设备"图标→添加两台 PLC 设备→选择 PLC 项目视图的"设备组态"→单击 CPU 属性的"PROFINET 接口"中"以太网地址"选项→设置 PLC 的 IP 地址→切换到"网络视图"→建立以太网连接。

这里要注意的是 PLC_1 和 PLC_2 设置的 IP 地址不能相同。

（3）设置 PLC 通信指令参数。

通信指令的参数设置步骤：打开 PLC_1 主程序的编辑窗口→选择"开放式用户通信"文件夹→双击或拖动 TSEND_C 和 TRCV_C 指令到程序段→生成 TSEND_C_DB 和 TRCV_C_DB 的背景数据块→选择连接类型 ISO on TCP 协议（或 TCP 协议）→打开 PLC_1 程序中 TSEND_C 的属性窗口→设置连接参数与块参数。

（4）编制 OB1 主程序。PLC_1、PLC_2 的参考程序可扫描二维码查看。

表 6-3 异地启停控制 I/O 分配表

PLC_1 的 I/O 分配		PLC_2 的 I/O 分配	
地址	元件	地址	元件
I0.0	本地启动 SB1	I0.0	远程启动 SB3
I0.1	本地停止 SB2	I0.1	远程停止 SB4
Q0.0	1 号电动机	Q0.0	2 号电动机

PLC_1 参考程序工作原理：按下本地启动按钮 SB1，Q0.0 接通并自锁，本地 1 号电动机启动。PLC_1 调用 TSEND_C 指令，把 I0.0 的状态发送给 PLC_2，PLC_2 调用 TRCV_C 指

令，把 PLC_1 中 I0.0 的状态存储到 M10.0 中，远程 2 号电动机也启动。按下本地停止按钮 SB2，Q0.0 断开，本地 1 号电动机停止，PLC_1 调用 TSEND_C 指令，把 I0.1 的状态发送给 PLC_2，PLC_2 调用 TRCV_C 指令，把 PLC_1 中 I0.1 的状态存储到 M10.1 中，远程 2 号电动机也停止。按下远程启动按钮 SB3 和远程停止按钮 SB4，程序的工作原理与上述类似。

异地启停控制的仿真表如图 6-11 所示。在 PLC_1 的仿真表格里，把“本地启动按钮 SB1”变量的修改方框前打上“√”，这时“1 号电机”变量也出现了“√”，表示 1 号电动机启动，同时 PLC_2 仿真表格里的“2 号电机”变量也出现了“√”，表示 2 号电动机也启动，如图 6-11 所示。去掉的“本地启动 SB1”变量的“√”，两台电动机仍运行。把“本地停止 SB2”变量的修改方框前打上“√”，“1 号电机”和“2 号电机”变量的“√”消失，两台电动机都停止。按下远程启动按钮与远程停止按钮的仿真过程与上述类似。

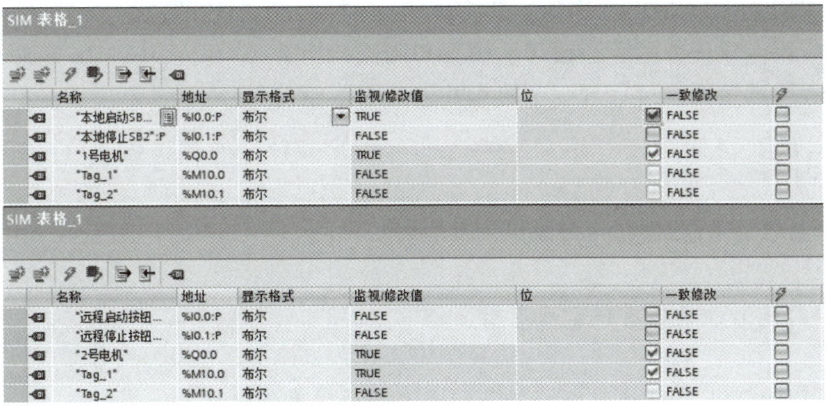
SIM 表格_1

名称	地址	显示格式	监视/修改值	位	一致修改
"本地启动SB...	%I0.0:P	布尔	TRUE		FALSE
"本地停止SB2":P	%I0.1:P	布尔	FALSE		FALSE
"1号电机"	%Q0.0	布尔	TRUE		FALSE
"Tag_1"	%M10.0	布尔	FALSE		FALSE
"Tag_2"	%M10.1	布尔	FALSE		FALSE

SIM 表格_1

名称	地址	显示格式	监视/修改值	位	一致修改
"远程启动按钮...	%I0.0:P	布尔	FALSE		FALSE
"远程停止按钮...	%I0.1:P	布尔	FALSE		FALSE
"2号电机"	%Q0.0	布尔	TRUE		FALSE
"Tag_1"	%M10.0	布尔	TRUE		FALSE
"Tag_2"	%M10.1	布尔	FALSE		FALSE

图 6-11　异地启停控制的仿真表

思考题 1：TSEND_C 和 TSEND、TRCV_C 和 TRCV 在组态方面有什么区别？

思考题 2：在任务实施过程中是否遇到了困难？怎么解决的？

任务二　两级输送带的正反向运行控制

任务描述

某纸箱包装工厂有一条两级输送带，每级输送带都由三相异步电动机带动，第一级输送带由本地 1 号电动机带动，PLC_1 控制；第二级输送带由远程 2 号电动机带动，PLC_2 控制。

本地按钮控制本地 1 号电动机的启动和停止。远程按钮控制远程 2 号电动机的启动和停止。按下本地正向启动按钮 SB1，本地 1 号电动机正向启动运行，远程 2 号电动机也只能正向启动运行，按下本地反向启动按钮 SB2，本地 1 号电动机反向启动运行，远程 2 号电动机也只能反向启动运行。按下本地停止按钮 SB3，本地 1 号电动机停止。

若远程 2 号电动机先启动，则本地 1 号电动机也得与远程 2 号电动机运行方向一致。按下远程正向启动按钮 SB4，远程 2 号电动机正向启动运行，本地 1 号电动机也只能正向启动运行，按下远程反向启动按钮 SB5，本地 1 号电动机也只能反向启动运行。按下远程停止按钮 SB6，远程 2 号电动机停止。电动机运行过程中若出现过载，热继电器 FR 动作，电动机停止。

要求用 PROFINET IO 通信方式控制上述功能。

学习目标

（1）掌握 PROFINET IO 通信的组态；
（2）能应用 PROFINET IO 通信方式实现两台 S7-1200 PLC 的通信；
（3）能应用完成任务的程序设计、仿真与调试；
（4）培养认真负责、遵守规则、协作共进的团队精神。

问题引导

问题 1：什么是 PLC 通信中的主站、从站？

问题 2：智能 I/O 设备有什么优点？

问题 3：PROFINET IO 通信与前任务的以太网通信有什么区别？

相关知识

CPU 的"I-Device"（智能设备）功能简化了与 IO 控制器的数据交换和 CPU 操作过程（如用作子过程的智能预处理单元）。智能设备可作为 IO 设备链接到上位 IO 控制器中，预处理过程则由智能设备中的用户程序完成。集中式或分布式（PROFINET IO 或 PROFIBUS DP）IO 中采集的处理器值由用户程序进行预处理，并提供给 IO 控制器。S7-1200 V4.0 及以上版本开始支持智能 IO 设备功能。智能 IO 设备的优势有：简单链接 IO 控制器；实现 IO 控制器之间的实时通信；通过将计算容量分发到智能设备可减轻 IO 控制器的负荷；由于在局部处理过程数据，从而降低了通信负载；可以管理单独 TIA 项目中子任务的处理；智能设备可以作为共享设备。

案例分析 1

用 PROFINET IO 的通信方法实现上个任务的两级输送带启停控制，控制要求同上个任务。

1. 硬件组态

打开博途编程软件，在 Portal 视图中选择"创建新项目"，输入项目名称，选择项目保存路径，然后单击"创建"按钮创建项目完成。在项目视图的项目树窗口中用鼠标双击

"添加新设备"图标，添加两台 PLC 设备，设备名称分别为 PLC_1 和 PLC_2。

在 PLC 项目视图的"设备组态"中，单击 CPU 的属性"PROFINET 接口"中的"以太网地址"选项，可以设置 PLC 的 IP 地址，在此设置 PLC_1 和 PLC_2 的 IP 地址分别为 192.168.0.10 和 192.168.0.20。切换到"网络视图"（或用鼠标双击项目树的"设备和网络"选项），要创建 PROFINET 的逻辑连接，首先进行以网的连接。选中 PLC_1 的 PROFINET 接口的绿色小方框，拖动到另一台 PLC 的 PROFINET 接口上，松开鼠标，则建立连接，并保存窗口设置，如图 6-2 所示。

在 PLC_2 项目视图的"设备组态"中，单击 CPU 的属性的"操作模式"选项，把 IO 设备前的方框打上"√"，把 PLC_1 分配为 IO 控制器。在"智能设备通信栏"的"传输区域"添加传输区 1 和传输区 2，分配 IO 控制器和智能设备的地址，长度可以根据实际情况而定，这里设置为 10 个字节的长度，如图 6-12 所示。

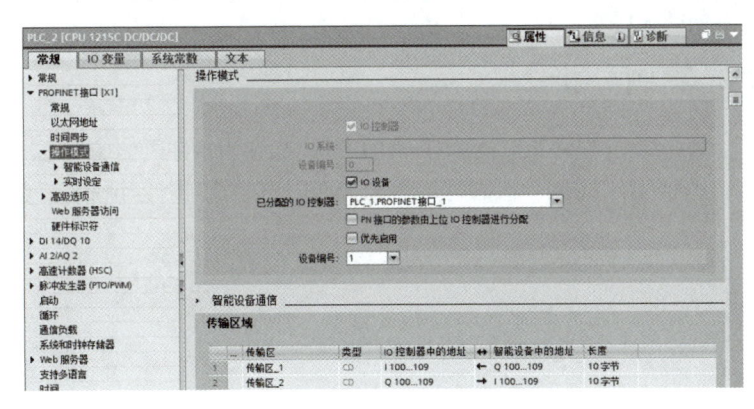

图 6-12 PLC_2 的操作模式

2. 编辑变量表

分别打开 PLC_1 和 PLC_2 下的"PLC 变量"文件夹，双击"添加新变量表"生成变量表，如图 6-13、图 6-14 所示。

图 6-13 PLC_1 的变量表

图 6-14 PLC_2 的变量表

3. PLC_1 的编程

PLC_1、PLC_2 的程序请扫描二维码查看。PLC_1 程序中的程序段 1 为传输程序，把本地启动和本地停止的状态存储在 Q100.0 和 Q100.1 中，Q100.0 和 Q100.1 的数据发送给 PLC_2 的 I100.0 和 I100.1。程序段 2 与前任务程序类似，在支路中并联了一个 I100.0 变量，串联了一个 I100.1 变量。I100.0 变量的状态取决于 PLC_2 的 Q100.0 变量状态，I100.1 变量的状态取

两级输送带的异地启停控制（IO 通信）PLC_1 程序

决于 PLC_2 的 Q100.1 变量状态。若远程启动按钮按下，那远程启动的 Q100.0 接通，传送给 PLC_1 的 I100.0，使本地的 1 号电动机启动；若远程停止按钮按下，那远程停止的 Q100.1 接通，传送给 PLC_1 的 I100.1，使本地的 1 号电动机停止。PLC_2 程序的工作原理与此类似，不再赘述。

4. 下载与调试

按任务要求连接好线路并下载程序。下载成功并与 PLC 建立好在线连接后，打开需要监视的程序，启动程序状态监视。打开项目树中 PLC 的"监控与强制表"文件夹，PLC_1 和 PLC_2 各建立一个监控表。按下本地启动按钮 SB1、本地停止按钮 SB2，观察 PLC_1 监控表、PLC_2 监控表；按下远程启动按钮 SB3、远程停止按钮 SB4，观察 PLC_1 监控表、PLC_2 监控表；若输入、输出变量的状态、电动机的运行与控制要求一致，则说明调试成功，完成案例的控制要求。

💡 案例分析 2

智能设备在不同项目下，用 PROFINET IO 的通信方法实现上个任务的两级输送带启停控制，控制要求同上个任务。案例内容请扫描二维码查看。

🎯 任务实施

1. 任务分析

分析任务，把被控对象、PLC I/O 设备、控制过程分析填写在任务工单上。

提示：控制过程分析要确定输送带电动机的正向启动和停止、反向启动和停止等动作以及对应的控制条件。该任务程序可在电动机正反转控制程序的基础上修改。这里还需要通过硬件组态把 IO 控制器 PLC_1 的输入、输出地址传送到智能设备 PLC_2、PLC_1 的输出、输入地址，从而实现本地与远程的互相控制。

2. 列出 I/O 分配表

根据任务分析，确定 PLC 的输入量、输出量，列出 I/O 分配表。

3. 绘制接线图

根据列出的 I/O 分配表，绘制 PLC 的硬件接线图，并完成任务的接线。

4. 设计 PLC 程序

根据任务的控制要求及分析，设计 PLC 程序。

提示：参照案例的操作流程进行通信参数组态，具体的程序设计思路请参考上述的任务分析。PLC_2 的程序与 PLC_1 的程序类似，仅输入、输出地址的名称不同。

5. 下载与调试

程序设计完成并编译成功后，再进行项目的下载。下载成功后，开启程序监视。分别按下本地正向与反向启动按钮、本地停止按钮、远程正向与反向启动按钮、远程停止按钮，观察程序、PLC 输出、电动机的工作状态。若运行结果与控制要求一致，说明本任务调试成功。

讨论： PLC 之间还有哪些通信方式？PLC 可以与变频器、伺服驱动器、打印机等第三方设备通信吗？PLC 网络控制是当前控制系统和 PLC 技术发展的趋势。PLC 与 PLC 之间的联网通信以及 PLC 与上位机之间的网络通信已得到广泛应用。PLC 制造商通过开发专用通信模块和通信软件，增强 PLC 的联网能力。PLC 之间通过协议即规则进行通信，实现信息的传递和交换。一支良好的团队就像通信协议一样，遵守团队的各项规章制度，听从安排、认真负责、互相信任、彼此沟通、分工协作，共同完成团队任务。

评价与总结

1. 评价

任务实施完成后，根据任务成果填写任务评价表，完成评价。把任务实施相关的内容及评价结果记录在任务工单。

2. 总结

该任务的实施过程总结如下：

（1）确定 PLC 的 I/O 分配，如表 6-4 所示；

（2）在项目视图中添加两台 PLC 设备并进行硬件组态；

组态步骤：选择项目视图的"设备组态"→单击 CPU 属性"PROFINET 接口"中的"以太网地址"选项→设置 PLC 的 IP 地址→在"网络视图"中建立以太网的连接→单击 PLC_2 CPU 属性的"操作模式"选项→把 IO 设备前的方框打上"√"，把 PLC_1 分配为 IO 控制器→在"智能设备通信栏"的"传输区域"添加传输区 1 和传输区 2，分配 IO 控制器和智能设备的地址。

（3）编制 OB1 主程序。PLC_1、PLC_2 的参考程序可扫描二维码查看。

表 6-4　正反向运行控制 I/O 分配表

PLC_1 的 I/O 分配		PLC_2 的 I/O 分配	
地址	元件	地址	元件
I0.0	本地正向启动 SB1	I0.0	远程正向启动 SB4
I0.1	本地反向启动 SB2	I0.1	远程反向启动 SB5
I0.2	本地停止 SB3	I0.2	远程停止 SB6
I0.3	热继电器常开 FR	I0.3	热继电器常开 FR
Q0.0	正转接触器 KM1	Q0.0	正转接触器 KM1
Q0.1	反转接触器 KM2	Q0.1	反转接触器 KM2

PLC_1 参考程序工作原理：程序段 1 为传输程序，把电动机的正向运行或反向运行的状态存储在 Q100.0 和 Q100.1 中，Q100.0 和 Q100.1 的数据发送给 PLC_2 的 I100.0 和 I100.1。程序段 2、程序段 3 与普通正反转的程序类似，仅在支路中分别多串联了一个 I100.0 变量和一个 I100.1 变量。I100.0 变量的状态取决于 PLC_2 的 Q100.0 变量状态，I100.1 变量的状态取决于 PLC_2 的 Q100.1 变量状态。若远程 2 号电动机已正向运行，PLC_2 的 Q100.0 接通，

传送给 PLC_1 的 I100.0，使 I100.0 的常闭触点断开，那么按下本地反向启动按钮，本地 1 号电动机不能反向运行。

打开项目树中 PLC 的"监控与强制表"文件夹，PLC_1 和 PLC_2 各建立一个监控表。按下外部的本地启动按钮 SB1，Q0.0 接通，本地 1 号电动机正向运行，PLC_1 的监控表如图 6-15 所示，从图中可以看到 Q0.0 的监视值为"TRUE"，Q100.0 的监视值也为"TRUE"。PLC_2 的监控表如图 6-16 所示，从图中可以看到 I100.0 的监视值也为"TRUE"。这时 2 号远程电动机只能正向启动，不能反向启动。若按下本地反向启动按钮，那 2 号远程电动机只能反向启动，不能正向启动。按下远程启动按钮，本地 1 号电动机也只能同向运行。

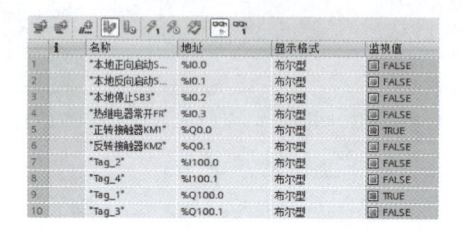

图 6-15　PLC_1 的监控表　　　　　图 6-16　PLC_2 的监控表

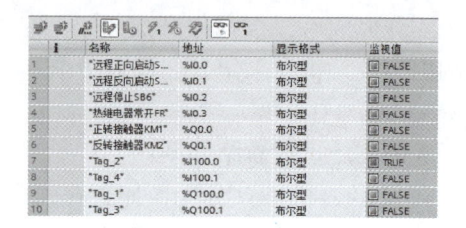

思考题 1：IO 控制器与智能设备的传输区地址可以不同吗？地址相同有什么优点？

思考题 2：要求两个设备在不同项目下通信，怎么实现该任务的控制要求？

拓展知识

S7-1200 之间的通信还有 S7 通信、自由口通信。相关通信的介绍可扫描二维码查看或参考 PLC 的技术文档学习。

项目六 拓展知识

练习

1. PLC_1 的 MB10 的初始数据为 16#0F，PLC_2 的 MB20 的初始数据为 16#F0，用 TCP 或 ISO on TCP 协议的以太网通信把 PLC_1 的 MB10 和 PLC_2 的 MB20 里的数据互换。

2. 用 PROFINET IO 通信方式实现两台电动机的 Y-△降压启动控制，一台电动机由本地 PLC_1 控制，另一台由远程 PLC_2 控制。当按下本地启动按钮 SB1 或远程启动按钮 SB3 时，两台电动机都进行星形降压启动，5 s 后三角形正常运行。当按下本地停止按钮 SB2 或远程停止按钮 SB4 时，电动机都停止。

项目七　变频调速系统的 PLC 控制

项目导入

变频调速系统是通过改变电动机电源频率实现速度调节。由变频器控制电动机调速在工业各个领域中得到了极为广泛的应用，例如风机、水泵、起重机、搅拌机、数控机床等设备。在现代工业自动化控制系统中，最为常见的是由 PLC 控制变频器实现电动机的调速控制。

任务一　搅拌机的变频调速控制

任务描述

某工业液体搅拌机，由西门子变频器 G120C、调速电动机及 PLC 控制。电动机控制过程如下：

(1) 第一阶段以 350 r/min 速度正转，正转 10 s 后以 700 r/min 速度反转 6 s，再以 875 r/min 速度正转 8 s 后，停止 10 s；进入第二阶段：电动机以 1 050 r/min 正转 8 s，以 700 r/min 正转 10 s，接着以 525 r/min 反转 8 s，再以 350 r/min 速度反转 6 s 后停止。

(2) 第二阶段后电动机停止 12 s，再重新进行上述的速度运行，总共循环 3 次才停止。

系统有一个启动按钮，一个停止按钮。按下启动按钮，系统允许启动，电动机按照上述的转速自动运行，按下停止按钮，任意时刻电动机立即停止。

PLC 外部设置一个启动按钮和一个停止按钮，触摸屏上也设置一个启动按钮和一个停止按钮，电动机的运行速度可显示在触摸屏上。

电动机最大转速为 1 400 r/min，最小转速为 0 r/min，电动机从 0 到最大转速 1 400 r/min 时的加速时间为 4 s，以上所有的转速时间都包含加减速时间。

调速电动机铭牌参数如下：额定功率为 0.1 kW，额定频率为 50 Hz，额定电压为 380 V，额定电流为 1.12 A，额定转速为 14 300 r/min。

学习目标

（1）了解西门子 G120C 变频器的操作面板；
（2）掌握变频器的参数设置与快速调试方法；
（3）能实现变频器与 PLC 通信，完成任务的编程、仿真与调试；
（4）培养求真务实、积极探索、勇于创新的科学精神。

问题引导

问题 1：变频器操作面板有哪几个菜单？分别是什么功能？

问题 2：变频器的快速调试步骤有哪些？本任务需要设置哪些参数？

问题 3：根据案例内容，变频器组态过程中的地址、名称怎么分配？

相关知识

1. 变频器的操作面板

变频器相关知识

变频器的操作面板如图 7-1 所示，图中每个图标的功能及状态描述，请参考西门子变频器 G120C 的使用手册。

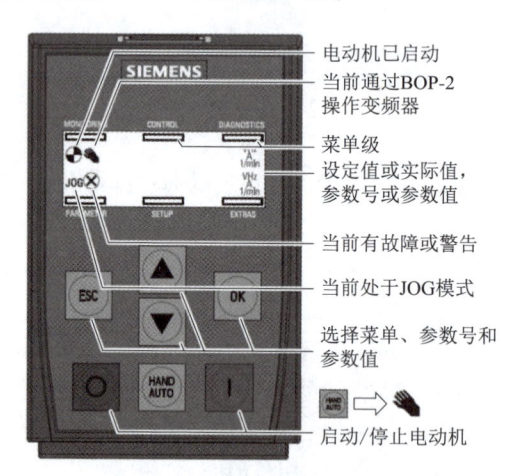

图 7-1 变频器的操作面板

变频器操作面板 BOP 的菜单有 6 个，分别为 MONITOR、CONTROL、DIAGNOS、PARAMS、SETUP、EXTRAS。"MONITOR"实现运行参数的显示，"CONTROL"实现操作面板 BOP 控制，"DIAGNOS"实现故障报警的查看，"PARAMS"实现参数的修改，"SETUP"实现设备的快速调试，"EXTRAS"实现设备的工厂恢复和参数的备份。每个菜单的具体功能请参考西门子变频器 G120C 的使用手册。

2. 变频器的参数设置

借助操作面板 BOP 可以选择所需参数号、修改参数并调整变频器的设置。参数值的修改是在菜单"PARAMS"和"SETUP"中进行的。

使用 ▲ 和 ▼ 键将光标移动到"PARAMS",按 ◎ 键显示两种参数访问级别,"STANDARD"标准访问级别,所访问的参数个数少于"EXPERT"。使用 ▲ 和 ▼ 键将光标移动到"EXPERT",按 ◎ 键"EXPERT"访问级别可以显示所有的参数。

当 BOP 的参数号闪烁时,选择参数号有两种方法,方法 1:用 ▲ 和 ▼ 查找所需的参数号,按 ◎ 键确定相应的参数号。方法 2:按 ◎ 键,保持 2 s,再用 ▲ 和 ▼ 依次查找参数号的每一位的值,按 ◎ 键确定相应的参数号。

当 BOP 的某个参数的参数值闪烁时,修改参数值有两种方法,方法 1:用 ▲ 和 ▼ 查找所需的参数值,按 ◎ 键确定相应的参数值。方法 2:按 ◎ 键,保持 2 s,再用 ▲ 和 ▼ 依次查找参数值的每一位的数值,按 ◎ 键确定相应的参数值。

以下介绍在菜单"PARAMS"下修改参数值的步骤,以修改参数 P1121 的值为例。

(1) 使用 ▲ 和 ▼ 键将光标移动到"PARAMS",按 ◎ 键。使用 ▲ 和 ▼ 键将光标移动到"EXPERT",按 ◎ 键。

(2) 用 ▲ 和 ▼ 键滚动到带 P 的参数,长按 ◎ 键直到参数号第一个数字开始闪烁,用 ▲ 和 ▼ 键修改第二位数字到 1,按 ◎ 键。

(3) 下一个数字开始闪烁,同样的方法修改参数号的位数,直到把参数号改成 P1121 参数,按 ◎ 键。

(4) P1121 参数值开始闪烁,参数 P1121 的默认值为 10。按 ◎ 键,保持 2 s,再用 ▲ 和 ▼ 键依次修改参数的每一位值,修改完后按 ◎ 键确认。

3. 变频器的快速调试

初次使用 G120 变频器,或在调试过程中出现异常,或已经使用过需要再重新调试。这些情况下都需要将变频器恢复到出厂设置。通过变频器的操作面板 BOP 恢复出厂设置可以采用两种方式,一种是通过"EXTRAS"菜单项的"DRVRESET"实现,另一种是在快速调试"SETUP"菜单项中集成的"RESET"实现。

快速调试通过设置电动机参数、变频器的命令源、频率给定源等基本设置信息,从而达到简单快速运转电动机的一种操作模式。使用操作面板 BOP 进行快速调试步骤如下:

(1) 在 BOP 上选择菜单"SETUP"。若需要在开始基本调试前,恢复所有参数的出厂设置,请使用 ▲ 和 ▼ 键找到"RESET",按 ◎ 键激活复位出厂设置,自动进入快速调试的步骤。

(2) P1300 选择电动机的控制方式。电动机的控制类型有:VF LIN——采用线性特性曲线的 V/F 控制;VF QUAD——采用平方矩特性曲线的 V/F 控制;SPD N EN——转速控制;TRQ N EN——转矩控制。

(3) 根据电动机的铭牌数据设置电动机参数:P304 为额定电压;P305 为额定电流;P307 为额定功率;P311 为额定转速。

(4) 设置电动机的最小和最大转速、加减速时间。P1080 为电动机的最小转速;P1082 为电动机的最大转速;P1120 为电动机的加速时间;P1121 为电动机的减速时间。在快速调试阶段,这里的参数也可以不设置,采用默认值。

（5）设置电动机识别和速度控制器的优化。P1900＝0：不做优化；P1900＝1：若是 V/F 控制，只做静态优化，若是 VC 控制，静态/动态都优化；P1900＝2：只做静态优化。根据电动机的具体情况选择 P1900 的值。

（6）菜单"SETUP"里的其他参数可采用默认设置，不做修改。出现"FINISH"时确认基本调试的结束。用 ▲、▼ 和 OK 键选择"YES"。

（7）操作面板 BOP 出现"BUSY"表示变频器处于参数修改的进程中，"DONE"表示调试完成。若有故障，则显示"FAULT"先排除故障，再重新调试。

案例分析

案例内容请扫描二维码查看。PLC 与 G120 变频器的 PROFINET 通信的具体说明可查看 PLC 与变频器通信的相关说明书。

讨论：控制字 1（STW1）里面有哪些具体的参数？启停、反向功能的参数分别在哪个位？

任务 7-1 案例

任务实施

1. 任务分析

分析任务，把被控对象、PLC I/O 设备、控制过程分析填写在任务工单上。

提示：控制过程分析要确定调速电动机的启动、各段速度运行、停止等动作以及对应的控制条件。该任务可以运用时序分析法或顺序控制法设计程序。

2. 设置变频器

按照相关知识及案例的方法调试变频器、组态变频器、设置变频器的相关参数。

3. 列出 PLC 变量表

根据任务分析，确定 PLC 的输入量、输出量，列出 I/O 变量以及与触摸屏关联的输入/输出变量分配表。

4. 绘制接线图

根据列出的 PLC 变量分配，绘制 PLC 的硬件接线图，并完成任务的接线。

5. 设计 PLC 程序

根据任务的控制要求及分析，设计 PLC 程序。

提示：参照案例的操作流程进行硬件组态。设计程序时要正确输入各个转速值对应的 PLC 主设定值 QW70 的十进制数，变频器的实际转速存储在 IW70 中，可以通过运算指令转换成单位为 r/min 的速度显示在触摸屏上。

6. 仿真与调试

程序与触摸屏设计完成并编译成功后，可以先进行仿真。在仿真表格中输入 PLC 程序相关的变量，观察每段速度对应的变量是否按时间要求接通。仿真结果符合控制要求后，再进行项目的下载。下载成功后，开启程序监视。分别按下对应的按钮，观察每个速度段的运行、速度显示及计数次数是否符合控制要求。若监视结果、电动机的运行速度与控制要求一致，则说明调试成功，完成任务要求。

评价与总结

1. 评价

任务实施完成后，根据任务成果填写任务评价表，完成评价。把任务实施相关的内容及评价结果记录在任务工单。

2. 总结

该任务实施中的难点是 PLC 与变频器的通信，务必要按步骤进行硬件组态。硬件组态的步骤总结如下：

添加 PLC、触摸屏、变频器→完成设备的网络连接→分别选择各设备，单击"以太网"地址→组态设备名称、分配 IP 地址→在网络视图中单击"变频器"设备进入"设备视图"→在硬件目录中双击"标准报文 1，PZD-2/2"模块→设备概览列表里显示标准报文→右键单击"标准报文 1"选择"属性"→选择"常规"选项的 I/O 地址→确定输入/输出地址→下载硬件配置→"在线访问"中配置变频器的名称、地址→重启变频器。

在硬件组态过程中要注意的是：组态的变频器 G120C 设备型号要和实际设备一致，这里为：SINAMICS G120C PN V4.7；"在线访问"中变频器 G120C 分配的名称、IP 地址要与硬件组态中 G120C 分配的名称、IP 地址一致。

该任务的变量分配如图 7-2 所示。

	名称	数据类型	地址	保持	可从 …
1	启动按钮	Bool	%I0.0		✓
2	停止按钮	Bool	%I0.1		✓
3	触摸屏启动	Bool	%M0.0		✓
4	触摸屏停止	Bool	%M0.1		✓
5	一段速度	Bool	%M10.0		✓
6	二段速度	Bool	%M10.1		✓
7	三段速度	Bool	%M10.2		✓
8	四段速度	Bool	%M10.3		✓
9	五段速度	Bool	%M10.4		✓
10	六段速度	Bool	%M10.5		✓
11	七段速度	Bool	%M10.6		✓
12	速度显示	Real	%MD30		✓
13	启停标志位	Bool	%M20.0		✓
14	时间标志位	Bool	%M2.0		✓
15	主设定值	Int	%QW70		✓
16	实际转速	Int	%IW70		✓
17	临时数据1	Int	%MW100		✓
18	控制字	Word	%QW68		✓
19	临时数据2	Real	%MD200		✓
20	Tag_1	Bool	%M50.0		✓
21	Tag_2	Bool	%M50.1		✓

图 7-2 任务的 PLC 变量表

参考程序请扫描二维码查看。

首次启动变频器需将控制字 1（STW1）16#047E 写入 QW68 使变频器运行准备就绪，然后将 16#047F 写入 QW68 启动变频器。将 16#047E 写入 QW68 停止变频器；将主设定值（NSOLL_A）十六进制 2000 写入 QW70，设定电动机转速为 700 r/min。读取 IW70 可以监视电动机实际转速。

参考程序的工作原理，程序段 1：按下外部启动按钮 I0.0 或触摸屏启动

搅拌机的变频调速控制参考程序

按钮 M0.0，M20.0 启停标志位接通，按下外部停止按钮 I0.1 或触摸屏启动按钮 M0.1 或计数次数到时，M20.0 启停标志位断开。不在七段速度期间，PLC 将 16#047E 写入 QW68 控制字，扫描首周期，M10.0 开始连续 7 位清 0。程序段 2：M20.0 启停标志位接通后，9 个定时器分别计时 9 个时间段，包括 7 段速度的时间、中间暂停和一个周期后的停止时间，一个周期时间到后接通时间标志位 M2.0。程序段 3：在 7 段速度的各个时间段内分别接通 M10.0～M10.6，存储七段速度的时间。程序段 4：时间标志位 M2.0 接通后计数一次，若有按下外部启动按钮或触摸屏启动按钮，计数器清 0。程序段 5：在每个速度的时间段里分别把相应的 16#047F 或 16#0C7F 写入 QW68 正转或反转变频器，并写入对应速度的十进制到 QW70，比如 350 r/min 对应的十进制为 4096。程序段 6：把变频器反馈过来的实际转速 IW70 转化成浮点数类型的转速传送给 MD30。

根据任务要求，在 HMI 触摸屏里添加两个按钮，分别关联触摸屏启动 M0.0 和触摸屏停止 M0.1 变量。在 HMI 触摸屏添加一个"I/O 域"，双击打开"属性"窗口，在"常规"选项里把"过程"中的变量关联"速度显示"变量 MD30，"类型"中的模式为"输出"类型。触摸屏的参考界面如图 7-3 所示。

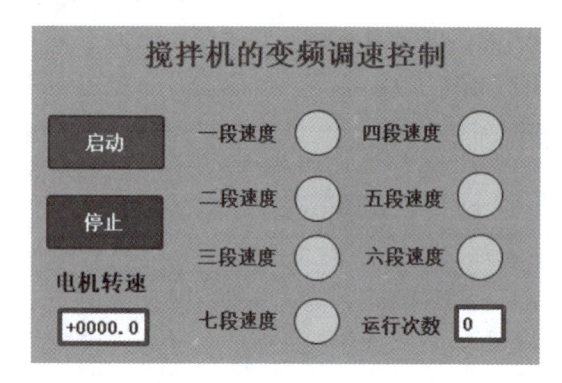

图 7-3 触摸屏的参考界面

PLC_1 的监控表如图 7-4 所示。按下外部启动按钮 I0.0 或触摸屏启动 M0.0，"启停标志位" M20.0 接通，同时"一段速度" M10.0 接通，变频器运行在第一段速度，如图 7-4 所示。变频器的其他运行状态也符合控制要求，不再详述。

图 7-4 PLC_1 的监控表

思考题 1：PLC 程序中，传送给主设定值 QW70 的数值是怎么计算的？

思考题 2：若用置位复位指令实现该程序的七段速度控制，程序怎么改？

任务二　数控车床主轴电动机的转速控制

任务描述

某台数控车床的主轴电动机转速由变频器与 PLC 控制。PLC 的模拟量输出作为变频器的模拟量输入。按下启动按钮，电动机启动，电动机转速默认为 700 r/min，按升速按钮，电动机转速升高，按降速按钮，电动机转速降低，电动机转速在 0~1 400 r/min 可调。合上反向开关，电动机按当前的速度反转运行。按下停止按钮，电动机减速停止。当转速低于 300 r/min 时，低速指示灯亮，当转速高于 1 000 r/min 时，高速指示灯亮。

电动机最大转速为 1 400 r/min，最小转速为 0 r/min，电动机从 0 到最大转速 1 400 r/min 时的加速时间为 4 s。触摸屏上除设置启动按钮、停止按钮、反向开关、低速指示灯、高速指示灯外，还能实时显示电动机转速。

学习目标

(1) 了解西门子 PLC 的模拟量输入、输出模块；
(2) 掌握西门子 PLC 的 CPU 与模拟量模块的组态与接线；
(3) 能实现变频器与 PLC 及模拟量模块的通信，完成任务的编程与调试；
(4) 培养细心专注、精益求精的工匠精神，加强低碳节能意识。

问题引导

问题 1：PLC 的模拟量输入、输出模块有哪些？CPU 1215 DC/DC/DC 本地自带哪些模拟量输入、输出点？

问题 2：PLC 的模拟量输入、输出模块的参数有哪些？单极性输入信号 5 V 时（量程 0~10 V），对应的 PLC 输入的十进制数值是多少？

问题 3：变频器将模拟量设为设定值源，需要设置哪些参数？将变频器的模拟量输入的电压量程设为 0~10 V，应设置哪个参数？

相关知识

知识点一　PLC 的模拟量

1. PLC 的模拟量概述

模拟量是指在时间和数值上都连续的物理量，其表示的信号称为模拟信号。模拟量在连续的变化过程中任何一个取值都是一个具体有意义的物理量，如电压、电流、温度、压力、流量、液位等。在工业控制系统中，会经常遇到模拟量，并需要按照一定的控制要求实现对模拟量的采集和控制。

PLC 应用于模拟量控制时，要求 PLC 具有 A/D（模/数）和 D/A（数/模）转换功能，能对现场的模拟量信号与 PLC 内部的数字量信号进行转换；PLC 还必须具有数据处理能力，特别是应具有较强的算术运算功能，能根据控制算法对数据进行处理，以实现控制目的。

S7-1200 PLC 可通过 PLC 本体即内置的模拟量输入/输出接口、模拟量信号板（SB）、模拟量信号模块（SM）等方式进行模拟量控制。S7-1200 PLC 的模拟量信号模块包括 SM1231 模拟量输入模块、SM1232 模拟量输出模块、SM1234 模拟量输入/输出模块。

2. PLC 的模拟量输入

PLC 的模拟量输入模块是把模拟量转换成数字量输出的 PLC 工作单元，简称 AD 模块。S7-1200 PLC 在本体均内置了 2 个模拟量输入点，输入类型为电压型，量程范围为 0~10 V，满量程范围（数据字）为 0~27 648。

模拟量输入信号板可直接插到 S7-1200 CPU 中，CPU 的安装尺寸保持不变，所以更换使用方便，主要包括 SB1231 AI 1×12 位 1 路模拟量输入板和 SB 1231 AI 1×16 位热电偶 1 路热电偶模拟量输入板，模拟量输入信号板参数如表 7-1 所示。

表 7-1　模拟量输入信号板参数

型号	SB1231 AI 1×12 位	SB 1231 AI 1×16 位热电偶
输入点数	1	1
类型	电压或电流	浮动 TC 和 mV
范围	±10 V、±5 V、±2.5 V 或（0~20 mA）	配套热电偶
分辨率	11 位+符号位	温度：0.1 ℃/0.1 ℉ 电压：15 位+符号
满量程范围（数据字）	-27 648~27 648	-27 648~27 648

模拟量输入信号模块安装在 CPU 右侧的相应插槽中，可提供多路模拟量输入/输出点数；模拟量输入可通过 SM1231 模拟量输入模块或 SM1234 模拟量输入/输出模块提供。模拟量输入模块参数如表 7-2 所示。

表 7-2 模拟量输入模块参数

型号	SM1231 AI4×13 位	SM1231 AI8×13 位	SM1231 AI4×16 位	SM1234 AI4×13 位/AQ2×14 位
输入点数	4	8	4	4
类型	电压或电流（差动）			
范围	±10 V、±5 V、±2.5 V 0~20 mA 或 4~20 mA		±10 V、±5 V、±2.5 V、±1.25 V 0~20 mA 或 4~20 mA	±10 V、±5 V、±2.5 V 0~20 mA 或 4~20 mA
满量程范围（数据字）	电压：-27 648~27 648 电流：0~27 648			

模拟量经过 A/D 转换后的数字量，在 S7-1200 CPU 中以 16 位二进制补码表示，其中最高位（第 15 位）为符号位。如果一个模拟量模块精度小于 16 位，则模拟转换的数值将左移到最高位后，再保存到模块中。例如，某一模块分辨率为 13 位（符号位+12 位），则低三位被置零，即所有数值都是 8 的倍数。

西门子 PLC 模拟量转换的二进制数值：单极性输入信号时（如 0~10 V 或 4~20 mA），对应的正常数值范围为 0~27 648（16#0000~16#6C00）；双极性输入信号时（如-10~10 V），对应的正常数值范围为-27 648~27 648。在正常量程区以外，设置过冲区和溢出区，当检测值溢出时，可启动诊断中断。

3. PLC 的模拟量输出

PLC 的模拟量输出模块是把数字量转换成模拟量输出的 PLC 工作单元，简称 DA 模块。S7-1200 PLC 将 16 位的数字量线性转换成标准的电压或电流信号，S7-1200 PLC 可以通过本体集成的模拟量输出点，或模拟量输出信号板、模拟量输出模块将 PLC 内部数字量转换为模拟量输出以驱动各执行机构。

在 S7-1200 PLC 中，CPU 1215C、CPU 1217C 内置了 2 路模拟量输出，输出类型为电流，量程范围为 0~20 mA，满量程范围（数据字）为 0~27 648。模拟量输出信号板可直接插接到 S7-1200 CPU 中，CPU 的安装尺寸保持不变，所以更换方便。模拟量输出信号板型号为 SB 1232 AQ 1×12 位，输出类型为电压或电流，范围为±10 V 或 0~20 mA。分辨率，电压：12 位；电流：11 位。满量程范围（数据字），电压：-27 648~27 648；电流：0~27 648。

模拟量输出模块安装在 CPU 右侧的相应插槽中，可提供多路模拟量输出。模拟量输出可通过 SM1232 模拟量输出模块或 SM1234 模拟量输入/输出模块提供。模拟量输出模块参数如表 7-3 所示。

表 7-3 模拟量输出模块参数

型号	SM1232 AQ 2×14 位	SM1232 AQ 4×14 位	SM1234 AI 4×13 位/ AQ 2×14 位
输出点数	2	4	2
类型	电压或电流		
范围	±10 V、0~20 mA 或 4~20 mA		±10 V、0~20 mA 或 4~20 mA
满量程范围（数据字）	电压：-27 648~27 648；电流：0~27 648		

知识点二　变频器的模拟量输入与参数设置

1. 变频器的模拟量输入设置分析

变频器将模拟量输入设为设定值源，需要设置 P1000、P1070 参数，变频器对外部端子进行了多种预设置，根据操作说明及任务要求，可设置 P15 = 12，这个预设置里带模拟量端子，并且控制电动机的方法采用双线制控制方法1。该方法的控制如表 7-4 所示。它通过一个控制指令（ON/OFF1）控制电动机的启停，通过另一个控制指令控制电动机的正转、反转。变频器的外部端子 DI0 可以接一个 ON/OFF1 功能的按钮，外部端子 DI1 接一个切换电动机旋转方向的开关。要将控制指令和选中的数字量输入互联在一起，那么要设置 P0840 = r722.0，表示 ON/OFF1 功能的按钮与 DI0 互联。P1113 = r722.1，表示反向功能的开关与 DI1 互联。双线制控制方法1的具体说明、参数的含义请查看变频器 G120C 操作说明书。

表 7-4　双线制控制方法 1

电动机动作	控制方法	
正转　停止　反转　停止（电动机ON/OFF、换向）	控制指令	典型应用
	双线制控制，方法 1 1. 接通和关闭电动机（ON/OFF1） 2. 切换电动机旋转方向（反转）	传送带应用中的现场控制

使用参数 P0756 确定变频器模拟量输入端的类型。P0756 = 0，单极电压输入 0~10 V；P0756 = 2 为单极电流输入 0~20 mA；P0756 = 4 为 ±10 V 的电压输入，其他类型的设置请查看 G120C 操作说明书。

讨论：变频器参数 P15 是什么含义？P15 设置为 12 时，变频器预设置了哪些参数？

2. 变频器的参数设置

本任务要设置的变频器参数如下：P0015 = 12，P1000 = 2，P0840 = r722.0，P1070 = 755.0，P1113 = r722.1，P1080 = 0，P1082 = 1400，P1120 = 4，P1121 = 4，P0756 = 0 或 2。P0756 的参数可以根据具体情况选择设置成 0 或 2。若 P0756 设置成 0，变频器的模拟量输入端 AI+、AI- 为 0~10 V 的电压输入，变频器的 DIP 开关位置为 "U" 即 AI 输入端为电压型，而 PLC 自带的模块量输出为电流型，可以在 PLC 的模拟量输出端 AQ 处并联一个 500 Ω 的电阻。若设置成 2，那么变频器的模拟量输入端 AI+、AI- 为 0~20 mA 的电流输入，则需要把变频器控制单元正面保护盖后面 AI 对应的 DIP 开关位置改为 "I"。这个任务可选择设置 P0756 参数值为 2，变频器为 0~20 mA 的电流输入。

讨论：以上设置的变频器参数具体是什么含义？哪些参数的设置与变频器外部接线有关？

案例分析

案例内容请扫描二维码查看。

任务7-2案例

任务实施

1. 任务分析

分析任务，把被控对象、PLC I/O 设备、控制过程分析填写在任务工单上。

提示：控制过程分析电动机启动、升速、降速、停止等动作以及对应的控制条件。PLC 的模拟量输出数字量 QW64 决定了电动机的转速。可以通过"自增" INC 指令进行模拟量输出数字量 QW64 的增加，可以通过"自减" DEC 指令进行该变量的减少。用"值在范围内" IN_RANGE 指令判断模拟量输出数字量 QW64 是否在 0~27 648。若超出范围，按下升速或减速按钮，速度应保持不变。

2. 组态与设置

按照相关知识及案例的方法组态 PLC 模拟量、设置变频器的相关参数。

3. 列出 PLC 变量表

根据任务分析，确定 PLC 的输入量、输出量，列出 I/O 变量以及与触摸屏关联的输入/输出变量分配表。

4. 绘制接线图

根据列出的 I/O 分配表，绘制 PLC 的硬件接线图，并完成任务的接线。

提示：PLC 本体自带的模拟量输出端 AQ 的两个端子接到变频器的模拟量输入端 AI+、AI-。PLC 的启动信号和反向信号可接到变频器的数字量输入端 DI0、DI1。

5. 设计 PLC 程序

根据任务的控制要求及分析，设计 PLC 程序。

6. 下载与调试

程序与触摸屏设计完成并编译成功后，进行项目的下载。下载成功后，开启程序监视。分别按下对应的按钮，观察程序、PLC 输出、电动机的工作状态。若运行结果与控制要求一致，说明本任务调试成功。

讨论：在工业生产、现代生活中，变频器还有哪些应用？采用变频器构成变频调速系统的主要目的，一是满足提高劳动生产率、改善产品质量、提高设备自动化程度、提高生活质量及改善生活环境；二是节约能源，降低生产成本。随着工业技术水平的提高，未来变频器将向数字化、小型化、网络化、系统化发展，进一步提升产品性能、降低生产成本。"节"尽所能，"智"造美好，全民践行低碳节能行动，推动绿色发展，共建生态文明城市。

评价与总结

1. 评价

任务实施完成后，根据任务成果填写任务评价表，完成评价。把任务实施相关的内容及评价结果记录在任务工单。

2. 总结

本任务所用的 PLC 型号为 CPU 1215 DC/DC/DC，供电电源和负载电压均为直流 24 V。任务的接线图如图 7-5 所示，PLC 的变量分配表如图 7-6 所示，参考程序请扫描二维码查看。

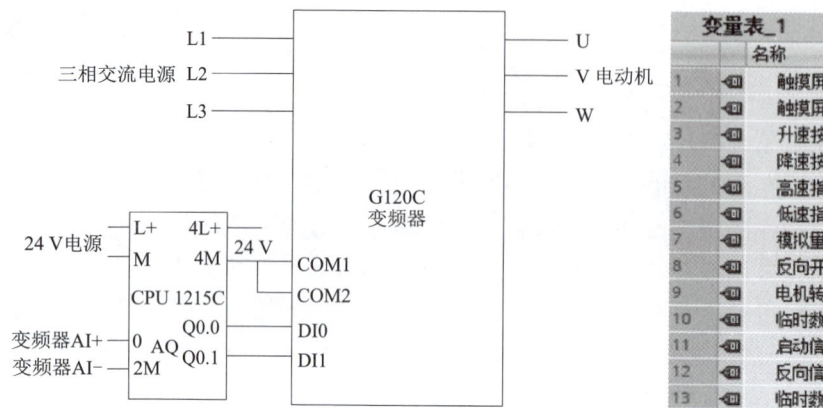

图 7-5　PLC 与变频器的外部接线图

图 7-6　PLC 的变量分配表

参考程序工作原理，程序段 1：触摸屏启动按钮按下，启动信号 Q0.0 接通，触摸屏停止按钮按下，启动信号 Q0.0 断开，反向开关通断实现输出反向信号 Q0.1 的通断。程序段 2：启动信号接通时，把初始值（13 824 的数据字对应转速 700 r/min）送给模拟量输出 QW64，电动机转速为 700 r/min；若触摸屏停止按钮按下时，电动机转速为 0。程序段 3：按下升速按钮，PLC 的模拟量输出 QW64 增加，电动机转速增加；按下降速按钮，PLC 的模拟量输出 QW64 减少，电动机转速降低。程序段 4：把模拟量输出的 QW64 数据字转换成电动机实际转速，若合上反向开关，触摸屏显示的电动机实际转速由正变为负，转换程序中的数据转换也可以采用案例中的标准化指令和缩放指令来实现。程序段 5：当电动机实际转速小于 300 r/min 时，触摸屏上的低速指示灯亮；当电动机实际转速大于 1 000 r/min 时，触摸屏上的高速指示灯亮。

根据任务要求，在 HMI 触摸屏里添加 4 个按钮：启动按钮、停止按钮、升速按钮、降速按钮，1 个反向开关。1 个"I/O 域"，关联"电机转速"变量 MD30。添加 2 个圆代表 2 个灯：高速指示灯、低速指示灯，分别关联变量 M0.4、M0.5，变量为"1"时，灯的颜色由灰色变成红色。触摸屏界面设计如图 7-7 所示。

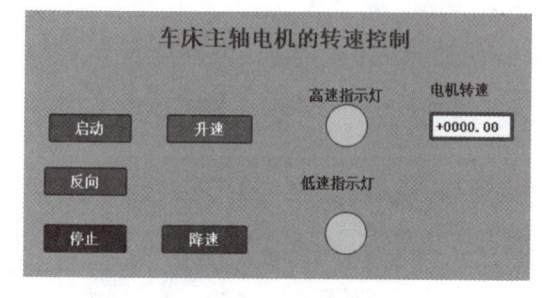

图 7-7　触摸屏界面设计

根据任务的控制要求，完成 PLC 的外部接线。编制 PLC 程序并下载到 PLC，建立监控表。按下触摸屏的启动按钮，启动信号接通，PLC_1 的监控表如图 7-8 所示，其中 QW64 的十六进制为 16#3600，对应的十进制为 13 824。按下升速按钮或降速按钮，观察触摸屏上的电动机转速值变化、监控表上的各个变量的值。触摸屏的转速值、变频器的实际转速、变量监视结果符合任务的控制要求。

i	名称	地址	显示格式	监视值	修改值	
1	"触摸屏启动"	%M0.0	布尔型	FALSE		
2	"触摸屏停止"	%M0.1	布尔型	FALSE		
3	"反速开关"	%M2.0	布尔型	FALSE		
4	"升速按钮"	%M0.2	布尔型	FALSE		
5	"降速按钮"	%M0.3	布尔型	FALSE		
6	"启动信号"	%Q0.0	布尔型	TRUE		
7	"反向信号"	%Q0.1	布尔型	FALSE		
8	"高速指示灯"	%M0.4	布尔型	FALSE		
9	"低速指示灯"	%M0.5	布尔型	FALSE		
10	"模拟量输出"	%QW64	十六进制	16#3600		

图 7-8 PLC_1 的监控表

拓展知识

PLC 在处理压力、温度、流量等模拟量时，常用到 PID 指令。关于 PID 控制及指令的介绍可扫描二维码查看或参考 PLC 的技术文档学习。

项目七
拓展知识

思考题 1：该任务中变频器的模拟量输入若为 0~10 V 的电压值，电路图该怎么改？

思考题 2：NORM_X 和 SCALE_X 指令的含义是什么？该任务中对电动机转速的数据转换是否可以采用它们来完成？

项目八　物料送仓控制系统的设计

项目导入

随着社会经济的快速发展,传统的生产领料或仓储送料已逐渐淘汰,企业的仓库自动物料配送系统将越来越完善。物料入库前系统可以自动识别不同仓位的物料存放情况,通过机械手或其他控制设备把需要的物料配送到指定位置,体现了现代仓储系统的高效性和智能化。

本项目是基于实训设备——物料搬运与送仓装置设计的,该装置如图 8-1 所示。

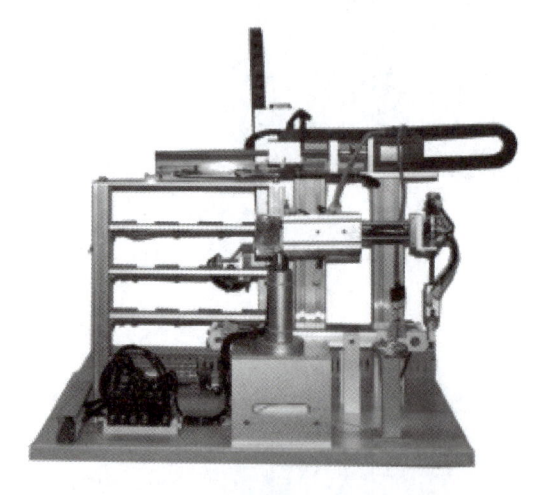

图 8-1　物料搬运与送仓装置

任务描述

图 8-1 所示物料搬运与送仓装置的 X、Y 轴运动机械部分是一个采用滚珠丝杠传动的模块化结构,导程为 4 mm,其主要由高精度丝杠、滚珠式平面承重导轨组成。X 轴的驱动方式为伺服电动机驱动,Y 轴的驱动方式为步进电动机驱动,如图 8-2 所示。送料机械手装置是一个能实现四自由度运动的装置,能实现升降、伸缩、气动手爪(简称气爪)夹紧/松开和左右移动的工作单元,该装置整体安装在步进电动机传动组件的移动板上,在传动组件带

动下整体做上下运动，定位物料台后完成抓取和运送物料的功能。它主要由气爪、双杠气缸、磁感应开关组成。送料机械手装置如图 8-3 所示。

图 8-2　X/Y 运动单元　　　　　图 8-3　送料机械手装置

送料机械手气爪（下称 Z 轴气爪）的伸缩控制由双杠气缸控制，它带一个三位五通双电控电磁阀。气爪的夹紧/放松由二位五通单电控电磁阀控制。在双杆气缸两端和气动手爪上分别装有磁感应开关，检测在动作过程中气缸是否到位。

该控制系统的功能是：传送带将皮带物料检测处的物料传送至到料位，再通过 X-Y 轴运动单元带动 Z 轴气爪运动，由 Z 轴气爪将物料抓起并按仓位号顺序判断出哪个仓位没物料，将抓取的物料送至空仓位。

具体要求如下：

（1）当初始上电或按下复位按钮时，步进电动机、伺服电动机执行回原点动作，Z 轴气爪处于缩回、放松的初始状态。

（2）设置手动开关，进行手/自动系统的切换。

手动模式：

合上手动开关，系统切换成手动模式。在手动模式下，X-Y 轴运动单元可以点动运行，手动指示灯亮。按下 X 轴点动左行按钮，X 轴点动左行；按下 X 轴点动右行按钮，X 轴点动右行；按下 Y 轴点动上行按钮，Y 轴点动上行；按下 Y 轴点动下行按钮，Y 轴点动下行。点动速度均为 10 mm/s。

自动模式：

断开手动开关，系统切换成自动模式。在自动模式下，系统处于初始状态时，按下启动按钮，皮带物料检测开关检测到有物料时，皮带启动，把物料送至到料检测位置，延时 0.5 s 后皮带停止。延时 0.5 s 后，X-Y 轴运动单元开始运动，运动到物料抓取位置，Z 轴气爪夹紧物料。夹紧到位后，运动单元把物料送到空仓位正上方 1 cm 处（系统按仓位号顺序选择空仓位，选择完成后锁定仓位号及仓位 X、Y 轴坐标），Z 轴气爪伸出，伸出到位后，Y 轴运动到目标仓位的 Y 轴坐标，Z 轴气爪放松，物料放置在该仓位，Z 轴气爪缩回，缩回到位后，X-Y 轴运动并带动 Z 轴气爪回到皮带到料检测处上方，等待下一次的物料搬运。自动状态下，整个运行周期结束后，若皮带检测到有物料并且有空仓位时，自动开启下一个周期的工作。

（3）其他要求：

①按下急停按钮，系统立即停止工作。急停后，系统要先执行复位，使系统处于初始状态后才能进行自动模式的工作。

②皮带工作前，若在到料检测处检测到有物料，皮带不工作。

③自动模式下，系统在动作变化时可以加入必要的延时环节，具体延时时间自定。物料搬运与送仓控制装置有 9 个仓位，本项目仅设计 3 个仓位供物料存放。系统按仓位号依次判断仓位是否有物料，若 1 号仓位没有物料，那当前抓取的物料放在 1 号仓位，若已经有物料，系统再判断 2 号仓位，以此类推。若已经满仓，自动模式不工作。

④在触摸屏界面设置手动开关、急停、系统启动、系统复位、X 轴点动左行、X 轴点动右行、Y 轴点动上行、Y 轴点动下行等按钮；触摸屏界面还设计一个手动指示灯；系统的 X 轴、Y 轴坐标要求显示在触摸屏上。

学习目标

（1）了解步进电动机、伺服电动机及驱动器的功能与应用；
（2）了解伺服电动机及驱动器的功能与应用；
（3）掌握 PLC 的工艺对象"轴"的组态与调试；
（4）掌握 PLC 运动控制指令的功能及用法；
（5）能用 PLC 实现较复杂控制系统的程序设计与调试；
（6）培养积极探索、精益求精、勇于创新的工匠精神。

问题引导

思考以下问题，回答内容写在任务工单上。

问题 1：什么是步进电动机、步距角、细分控制？

问题 2：什么是伺服电动机？它与步进电动机比较有什么区别？

问题 3：西门子 V90 驱动器有哪几种访问参数方法？该任务需要设置哪些参数？

问题 4：PLC 的运动控制指令有哪些？其中回原点指令有哪几种回原点模式？

相关知识

知识点一　认识步进电动机及驱动器

步进电动机及驱动器

步进系统由步进电动机和步进驱动器组成。步进电动机是将电脉冲信号转变为角位移的执行机构。当步进驱动器接收到一个脉冲信号，它就驱动步进电动机按设定的方向转动一个固定的角度（即步距角）。根据步进电动机的工作原理，步进电动机工作时需要满足一定相序的较大电流的脉冲信号，生产装备中使用的步进电动机都配备有专门的步进电动机驱动装置，来直接控制与驱动步进电动机的运转工作。

步进电动机受脉冲的控制，其转子的角位移量和转速与输入脉冲的数量和脉冲频率成正比，可以通过控制脉冲频率来控制电动机转动的速度和加速度，从而达到调速和定位的目的。步进电动机及驱动器的外观如图 8-4 所示。

图 8-4　步进电动机及驱动器的外观

步进电动机的相数是指电动机内部的线圈相数，常用的有二相、三相、四相、五相步进电动机。电动机相数不同，其步距角也不同，一般二相电动机的步距角为 1.8°，三相电动机的步距角为 1.2°，五相电动机的步距角为 0.72°。在没有细分驱动器时，主要靠选择不同相数的步进电动机来满足步距角的要求。细分控制是指对步距角进行详细的分步控制。如果使用细分，只需在驱动器上改变细分数，就可以改变步距角。如步距角为 1.8°的二相电动机，采用 100 的细分，步距角将被细分为 0.018°，即接收一个脉冲，步进电动机旋转 0.018°，大大提高了步进电动机的定位精度。

步进电动机一般用于开环伺服系统，由于没有位置反馈环节，位置控制的精度由步进电动机和进给丝杠等决定。步进控制系统结构简单、价格较低、应用广泛。

一般情况下，在步进电动机的铭牌或使用手册上会明确标示出电动机的步距角和细分数，有些步进电动机会根据不同的细分设置列出每转的脉冲数。步进电动机每转一圈的脉冲数 = 360°/步距角，在不使用细分时，步距角为 1.8°二相步进电动机，需要 200 个脉冲转动一圈。

步进电动机不能直接接到工频交流或直流电源工作，必须使用专用的步进驱动器。步进驱动器由脉冲发生控制单元、功率驱动单元和保护单元等组成。一般在步进驱动器上会有一排 DIP 开关，用来设置驱动器的工作方式和工作参数。不同品牌的驱动器设置略有不同。

本任务中，选用 Kinco 步进电动机 2S42Q-0348，步进电动机的步距角为 1.8°，相电流为 1 A，电动机轴径为 5 mm。Kinco 步进驱动器为 2CM525，在驱动器侧面有一个蓝色的 8 位DIP 功能设定开关，在更改拨码开关的设定前要切断电源。DIP 开关的细分设置决定了驱动器控制步进电动机转一圈所需的脉冲数。8 个 DIP 开关分别标记为 SW1、SW2、SW3、SW4、SW5、SW6、SW7、SW8。前 4 个细分设定表，SW5 为 ON 时自动半流功能有效，SW5 为OFF 时自动半流功能禁止。后 3 个为输出电流设定表，具体开关的 ON、OFF 对应的细分值和输出电流值，步进驱动器上有详细说明，表 8-1 所示为该型号步进驱动器的部分脉冲圈数设置。Pulse/rev 是脉冲圈数，即在该细分数下转一圈 360°需要多少个脉冲信号。

表 8-1 脉冲圈数设置表

Pulse/rev	SW1	SW2	SW3	SW4
200	ON	ON	ON	ON
400	OFF	ON	ON	ON
800	ON	OFF	ON	ON
1 600	OFF	OFF	ON	ON
3 200	ON	ON	OFF	ON
6 400	OFF	ON	OFF	ON
12 800	ON	OFF	OFF	ON
25 600	OFF	OFF	OFF	ON

本任务中选择电动机每转的脉冲数为 1 600，根据步进驱动器的细分表，这里设置 SW1、SW2 为 OFF，SW3、SW4 为 ON。SW8 为 OFF，SW5、SW6、SW7 为 ON，输出电流有效值为 0.8 A。

讨论：步进驱动器的步距角为 1.8°，设置脉冲圈数为 1 600，细分数是多少？步进电动机转 1 圈，丝杠移动 4 mm。若丝杠移动 8 cm，步进驱动器需要多少个脉冲？

知识点二　认识伺服电动机及驱动器

伺服电动机及驱动器

伺服系统，是用来精确地跟随或复现某个过程的反馈控制系统，又称为随动系统。伺服系统使物体的位置、方位、状态等输出被控量能够跟随输入目标（或给定值）的任意变化。伺服系统一般由伺服控制器、伺服驱动器、执行机构（伺服电动机）、被控对象、测量/反馈环节等五部分组成。

伺服系统按其驱动元件划分为步进式伺服系统、直流电动机伺服系统、交流电动机伺服系统。随着技术的不断发展，交流伺服电动机技术逐渐取代直流电动机成为伺服系统的主导执行电动机。

伺服电动机的功能是把输入的电压信号变换成电动机转轴的角位移或角速度输出。输入的电压信号又称为控制信号或控制电压，改变控制电压的大小和电源的极性，就可以改变伺服电动机的转速和转向。其主要特点是，当信号电压为零时无自转现象，转速随着转矩的增加而匀速下降。

伺服驱动器是用来控制伺服电动机的一种控制器。伺服的控制模式主要有三种：位置控制模式、速度控制模式、转矩控制模式。位置控制模式是伺服中最常用的控制方式，它一般是通过外部输入脉冲的频率来确定伺服电动机转动的速度，通过脉冲数来确定伺服电动机转动的角度，所以一般用于定位装置。伺服电动机及驱动器的外观如图 8-5 所示。

图 8-5　伺服电动机及驱动器的外观

知识点三　西门子 V90 伺服驱动器参数设置

西门子 V90 伺服驱动器的接线可以参考 V90 驱动器的操作说明书。V90 伺服驱动器的操作面板如图 8-6 所示。V90 操作面板的按键说明如表 8-2 所示。

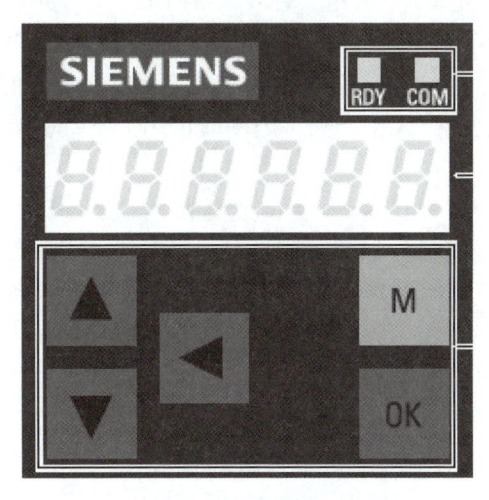

西门子 V90
伺服驱动器
参数设置

图 8-6　V90 伺服驱动器的操作面板

表 8-2　V90 操作面板的按键说明

按键符号	功能
M	返回上一层菜单； 最顶层菜单栏切换
OK	确认选择或输入； 进入子菜单； 消除报警； 长按：激活辅助功能
M + OK	长按组合键 4 s，重启驱动
▲	增加参数值； 切换至下一菜单项； 点动顺时针方向
▼	减少参数值； 切换至上一菜单项； 点动逆时针方向
◀	位编辑时移动光标
▲ + ◀	当右上角显示 ⌐ 时，向左移动当前显示页
▼ + ◀	当右下角显示 ⌐ 时，向右移动当前显示页

177

V90 的共 200 多个参数，根据各参数不同的功能被分到 A/B/C/D/E/F/ALL 7 个组里。P0A 组是基本参数组，主要包括电动机类型选择、控制模式等。P0B 组是增益调整组，可调整位置环和速度环。P0C 组是速度控制参数组，包括设定多段速、设定斜坡时间等。P0D 组是转矩控制参数组，主要是转矩控制模式下的相关参数。P0E 组位置控制参数组，位置控制模式下的相关参数。P0F 组是 IO 参数组，即 V90 的 DI/DO 口的定义可在这组参数里自由配置。PALL 组是显示所有的参数。

操作面板有两种访问参数的方法，一种是按上下键逐个选择；另一种是快速参数定位法，按左键进入快速参数定位模式，当数字闪动时可用上下键去修改数号直至目标参数短按 OK 确认。

SON 信号使能后，面板显示 0.0，即当前速度为 0，按 M 键切换顶级菜单栏，直至显示 PARA 按 OK 键进入参数组的选择。比如修改 P29003 这个参数，它是控制模式的选择参数，属于基本参数，所以选定参数组 P0A，单击 OK 进入。按上述两种访问参数的方法，查找到 P29003 这个参数，再单击 OK 设置该参数的值，设定完成后单击 OK 键确认，或单击 M 键返回，即不需要修改该参数的值。参数修改的步骤可扫描二维码查看或参考 V90 操作说明书。

一旦参数值被修改，在 P 的下方就会有个黑点，表示该参数被修改过并未保存，那么在 FUNC 下的菜单里找到 SAVE 保存一下即可，否则断电后参数值将不会被自动保存。

V90 伺服驱动器常用的参数号及说明如表 8-3 所示。

表 8-3　V90 伺服驱动器常用的参数号及说明

参数号	说明	参数号	说明
P29000	设置电动机 ID	P29011	电动机每转脉冲数
P29001	改变电动机旋转方向	P1082	最大转速值
P29002	BOP 显示选择	P1058	JOG 点动速度
P29003	伺服的控制模式	P1120	斜坡上升时间
P29300	数字量输入强制信号	P1121	斜坡下降时间

知识点四　PLC 的高速脉冲输出

PLC 的高速脉冲输出

西门子 S7-1200 PLC 提供两个输出通道用于高速脉冲输出，可以分别组态为脉冲串输出 PTO 或脉冲调制输出 PWM。脉冲串输出 PTO 可以输出一串脉冲（占空比 50%），用户可以控制脉冲的周期和个数。占空比就是负载周期，其含义是在一串理想的脉冲序列中（如方波），正脉冲的持续时间与脉冲总周期的比值。PWM 控制是一种脉冲宽度调制技术，通过对一系列脉冲的宽度进行调制来等效地获得多需要的波形。它是一种周期固定、脉冲宽度可以调节（占空比可调）的脉冲输出。

PTO 或 PWM 两种脉冲发生器映射到特定的数字输出，可以使用板载 CPU 输出，也可以使用可选的信号板输出。S7-1200 每个 CPU 有 4 个 PTO/PWM 发生器，分别通过 CPU 集成的 Q0.0~Q0.3（或信号板上的 Q4.0~Q4.3）或 Q0.4~Q0.7 输出 PTO 或 PWM 脉冲。如表 8-4 所示，在使用默认输出组态时，2 个 PTO/PWM 发生器的脉冲功能输出点的占用情况。如果更改了输出点的编号，则输出点编号将为用户指定的编号。无论是在 CPU 上还是在连接的信号板上，PTO1/PWM1 都使用前两个数字输出，PTO2/PWM2 使用接下去的两个数字输出，PWM 仅需要一个输出，而 PTO 的每个通道可选择使用两个输出。如果脉冲功能不需要输出，则相应的输出可用于其他用途。

表 8-4 脉冲功能输出点的占用情况

脉冲		默认输出分配	
脉冲类型	板载 CPU/信号板	脉冲	方向
PTO1	板载 CPU	Q0.0	Q0.1
	信号板	Q4.0	Q4.1
PWM1	板载 CPU	Q0.0	—
	信号板	Q4.0	—
PTO2	板载 CPU	Q0.2	Q0.3
	信号板	Q4.2	Q4.3
PWM2	板载 CPU	Q0.2	—
	信号板	Q4.2	—

脉冲发生器产生的脉冲串驱动步进电动机或伺服电动机旋转，电动机旋转的转速取决于脉冲频率，而电动机旋转的方向也是由脉冲发生器提供的。脉冲发生器以什么方式提供脉冲和方向由脉冲发生器的信号类型设置。步进/伺服驱动器的信号类型有以下 4 个选项，如图 8-7 所示。

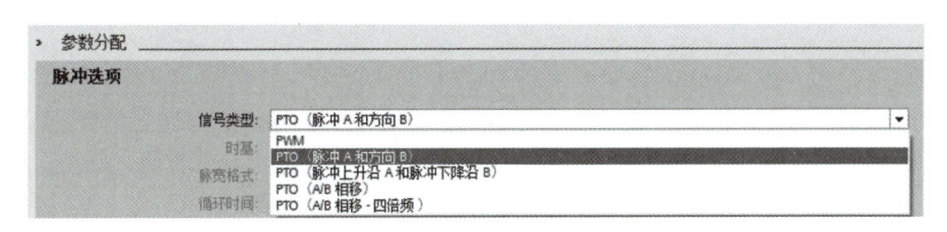

图 8-7 PTO 脉冲发生器的信号类型

PTO（脉冲 A 和方向 B）选项，一个输出控制脉冲；另一个输出控制方向。如果方向 B 为高电平，电动机正向旋转。如果方向 B 为低电平，电动机负向旋转。

PTO（脉冲上升沿 A 和脉冲下降沿 B），一个输出脉冲控制正方向，另一个输出脉冲控制方向。

PTO（A/B 相移）选项，两个输出均以指定速度产生脉冲，但相位相差为 90°。生成的脉冲数取决于 A 相脉冲数。相位关系决定了移动方向：A 相脉冲领先 B 相脉冲表示正向，B 相脉冲领先 A 相脉冲表示负向。

PTO（A/B 相移-四倍频）选项，两个输出均以指定速度产生脉冲，但相位相差为 90°。相位关系决定了移动方向：A 相脉冲领先 B 相脉冲表示正向，B 相脉冲领先 A 相脉冲表示负向。四相取决于 A 相和 B 相的正向和负向转换。脉冲频率为 A 相或 B 相的 4 倍。

相关知识五　工艺对象与运动控制指令

S7-1200 在运动控制中使用了轴的概念,"轴"工艺对象是用户程序与驱动器之间的接口,用于接收用户程序中的运动控制命令、执行这些命令并监视其运行情况。通过对轴的组态,包括硬件接口、位置定义、动态特性、机械特性等,与相关的指令块组合使用,可实现绝对位置、相对位置、点动、转速控制及自动寻找参考点的功能。

驱动器由"轴"工艺对象通过 CPU S7-1200 的脉冲发生器控制。工艺对象使用 PTO 生成用于控制伺服电动机或步进电动机的脉冲,可以选择 PTO1~PTO4,通过软件设置 PTO 脉冲选项。西门子 S7-1200 PLC 对运动控制需要先进行硬件配置,具体步骤包括:设备组态;选择合适的 PLC、定义脉冲发生器为 PTO。

运动控制指令使用相关工艺数据块和 CPU 的专用 PTO 来控制轴上的运动,通过指令库的工艺指令,可以获得运动控制指令,如图 8-8 所示。具体指令有:MC_Power 启动/禁用轴;MC_Reset 确认错误;MC_Home 使轴回原点,设置参考点;MC_Halt 停止轴;MC_MoveAbsolute 绝对定位轴;MC_MoveRelative 相对定位轴;MC_MoveVelocity 以速度预设值移动轴;MC_MoveJog 在点动模式下移动轴;MC_CommandTable 按运动顺序运行轴命令;MC_ChangeDynamic 更改轴的动态设置;MC_WriteParam 写入工艺对象的参数;MC_ReadParam 读取工艺对象的参数。

1. MC_Power 指令

轴在运动之前必须先被使能,使用运动控制指令"MC_Power"可集中启用或禁用轴。如果启用了轴,则分配给该轴的所有运动控制指令都将被启用。如果禁用了轴,则用于该轴的所有运动控制指令都将无效,并将中断当前的所有作业。

MC_Power 指令的具体输入端说明如下:

EN:MC_Power 指令的使能端,不是轴的使能端。MC_Power 指令在程序里必须一直被调用,并保证 MC_Power 指令在其他运动控制指令的前面被调用。

Axis:轴名称。可以有几种方式输入轴名称:用鼠标直接从博途软件左侧项目中拖曳轴的工艺对象;用键盘输入字符,则博途软件会自动显示出可以添加的轴对象;用复制的方式把轴的名称复制到指令上;用鼠标双击"Axis",系统会出现右边带可选按钮的白色长条框,这时用鼠标单击"选择按钮"即可。

Enable:轴使能端。当 Enable 端变为高电平后,CPU 就按照工艺对象中组态好的方式使能外部驱动器;当 Enable 端变为低电平后,CPU 就按照 Stop Mode 中定义的模式进行停止。Stop Mode 为 0,紧急停止,按照组态好的急停曲线停止;Stop Mode 为 1,立即停止,输出脉冲立刻封锁;Stop Mode 为 2,带有加速度变化率控制的紧急停止。MC_Power 指令需要生成对应的背景数据块,其指令符号如图 8-8 (a) 所示。

2. MC_Reset 指令

MC_Reset 指令为错误确认,即如果存在一个需要确认的错误,则可通过上升沿激活 Execute 端进行复位。其指令符号如图 8-8 (b) 所示。

输入端:

EN:MC_Reset 指令的使能端;Axis:轴名称;Execute:MC_Reset 指令的启动位,用上

升沿触发；Restart：Restart＝0，用来确认错误；Restart＝1，将轴的组态从装载存储器下载到工作存储器（只有在禁用轴的时候才能执行该命令）。

输出端：

Done＝1时表示轴的错误已被确认；Error＝1时表示任务执行期间出错。

3. MC_Home 指令

轴回原点有运动控制指令"MC_Home"启动，在回原点期间，参考点坐标设置在定义的轴机械位置处。其指令符号如图8-8（c）所示。Execute出现上升沿时开始任务，Mode回原点模式，数据类型为Int，共有4种回原点模式。

Mode＝0，绝对式直接回原点。无论参考凸轮位置如何，都设置轴位置，不取消其他激活的运动。立即激活"MC_Home"指令中"Position"参数的值可作为轴的参考点和位置值。轴必须处于停止状态时才能将参考点准确分配到机械位置。

Mode＝1，相对式直接回原点。无论参考凸轮位置如何，都设置轴位置，不取消其他激活的运动。适用参考点和轴位置的规则：新的轴位置＝当前轴位置＋"Position"参数的值。

Mode＝2，被动回原点。在被动回原点模式下，"MC_Home"不执行参考点逼近，不取消其他激活的运动。逼近参考点开关必须由用户通过运动控制语句或由机械运动执行。

Mode＝3，主动回原点。在主动回原点模式下，"MC_Home"执行所需要的参考点逼近，将取消其他所有激活的运动。

4. MC_Halt 指令

MC_Halt指令为停止轴的运动。每个被激活的运动指令都可由该指令停止。为了使用MC_Halt指令，必须先启用轴。上升沿使能Execute后，轴会立即按照组态好的减速曲线停止。各参数含义与上述的指令类似，其指令符号如图8-8（d）所示。

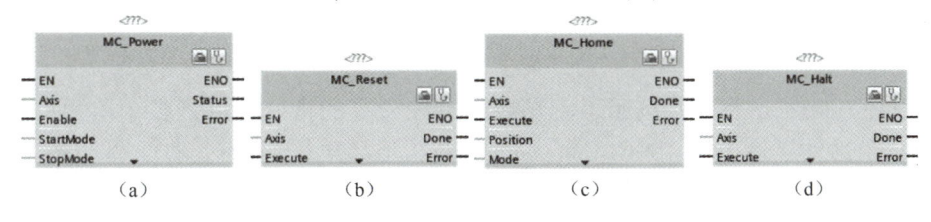

图8-8 指令符号

（a）MC_Power；（b）MC_Reset；（c）MC_Home；（d）MC_Halt

5. MC_MoveAbsolute 指令

MC_MoveAbsolute指令是绝对位置移动指令。它需要在定义好参考点、建立起坐标系后才能使用，通过指定参数Position和Velocity可到达机械限位内的任意一点，当上升沿使能Execute选项后，系统会自动计算当前位置与目标位置之间的脉冲数，并加速到指定速度，在到达目标位置时减速到启动/停止速度。指令符号如图8-9（a）所示。

6. MC_MoveRelative 指令

MC_MoveRelative指令是相对位置移动指令。它的执行不需要建立参考点，只需要定义运行距离、方向及速度。当上升沿使能Execute端后，轴按照设置好的距离与速度运行，其方向由距离值的符号决定。

绝对位置移动指令与相对位置移动指令的主要区别在于：是否需要建立坐标系统。绝对位置移动指令需要知道目标位置在坐标系中的坐标，并根据坐标自动决定运动方向而不需要定义参考点；相对位置移动指令只需要知道当前点与目标位置的距离，由用户给定方向，不需要建立坐标系。指令符号如图 8-9（b）所示。

7. MC_MoveVelocity 指令

MC_MoveVelocity 指令是速度运行指令，使轴以预设的速度运行。Velocity：指定轴运动的速度，限值为启动/停止速度≤|Velocity|≤最大速度。Direction：为 0 时，旋转方向取决于参数 Velocity 值的符号；为 1 时，正方向旋转；为 2 时，负方向旋转。Current 数据类型为 Bool，当 Current 为 FALSE，禁用"保持当前速度"，使用参数"Velocity"和"Direction"的值，当 Current 为 TRUE，激活"保持当前速度"，不考虑参数"Velocity"和"Direction"的值。指令符号如图 8-9（c）所示。

8. MC_MoveJog 指令

MC_MoveJog 指令，即在点动模式下以指定的速度连续移动轴。在使用该指令的时候，正向点动和反向点动不能同时触发。JogForward：正向点动，不是用上升沿触发；JogForward 为 1 时，轴运行；JogForward 为 0 时，轴停止。JogBackward：反向点动。在执行点动指令时，保证 JogForward 和 JogBackward 不会同时触发，可以用逻辑进行互锁。Velocity：点动速度。指令符号如图 8-9（d）所示。

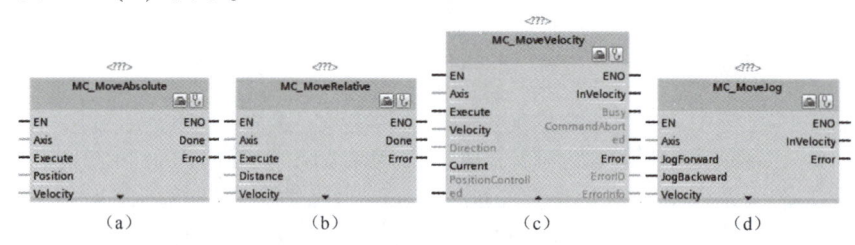

图 8-9 指令符号

（a）MC_MoveAbsolute；（b）MC_MoveRelative；（c）MC_MoveVelocity；（d）MC_MoveJog

MC_CommandTable 指令是按照运动顺序运行轴命令的指令，可将多个单独的轴控制命令组合到一个运动顺序中。"MC_CommandTable"适用于采用通过 PTO 驱动器连接的轴。MC_ChangeDynamic 指令是更改动态参数指令，即更改轴的动态设置参数，包括加速时间（加速度）值、减速时间（减速度）值、急停减速时间（急停减速度）值、平滑时间（冲击）值等。MC_WriteParam 指令是写参数指令，可在用户程序中写入或更改轴工艺对象和命令表对象中的变量；MC_ReadParam 指令是读参数指令，可在用户程序中读取轴工艺对象和命令表对象中的变量。

案例分析

案例内容请扫描二维码查看。

任务 8-1 案例

任务实施

1. 任务分析

分析任务，把被控对象、PLC I/O 设备、控制过程分析填写在任务工单上。

提示：

分析系统的控制要求，提炼出的主要控制功能如图 8-10 所示。控制过程分析要确定自动模式的动作流程，明确系统复位、紧急停止、伺服轴点动、步进轴点动、皮带运行、气爪抓取等动作以及对应的控制条件。

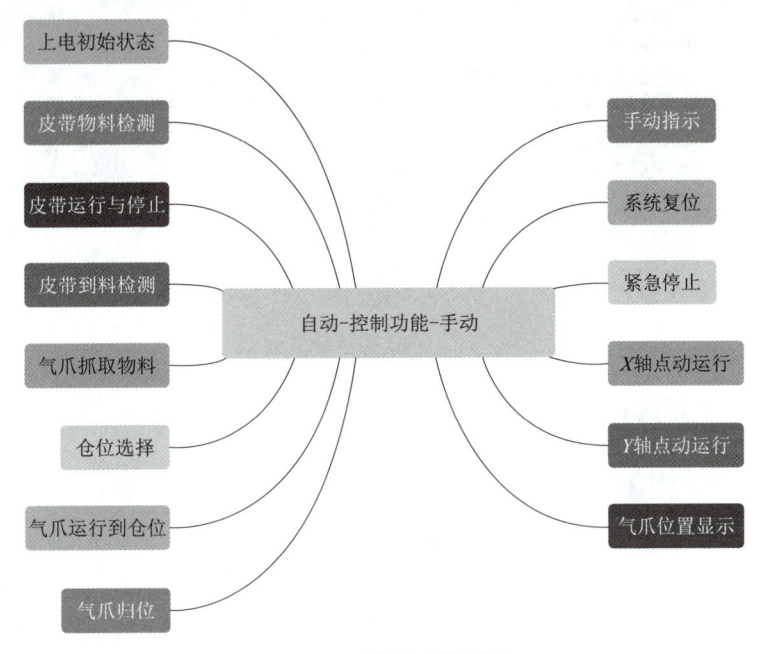

图 8-10 控制功能导图

2. 工艺对象"轴"组态与调试

按照相关知识中的工艺对象组态方法完成伺服的"轴"组态，名称为"伺服控制"。在 PLC 的项目树中再创建一个新的工艺对象，名称为"步进控制"。组态过程与"伺服控制"组态类似。根据以下任务提示填空，并完成步进的"轴"组态与调试。

提示：

"步进控制"的组态中，"驱动器"选项的"脉冲发生器"选择"Pulse_2"，"机械"选项的"电机每转脉冲数"为 1 600。"位置限制"选项的"硬件下限位开关输入"为 I0.4，"硬件上限位开关输入"为 I0.5，"动态"选项中的"最大转速"设为 600 r/min，"回原点"选项下设置主动回原点，输入原点开关为 I0.3。

3. 伺服驱动器的参数设置

伺服驱动器的参数设置有两种方法，一是通过操作面板设置参数，二是通过 V-ASSISTANT 调试软件来设置参数。查看伺服驱动使用说明书，根据以下任务提示填空，并完成任务相关参数设置。

提示：

V90 伺服的控制模式有外部脉冲控制模式、内部设定值模式、速度控制模式。该任务 V90 的控制模式为外部脉冲外置控制模式，P29003 参数设置为 0；P29011 设置为 1 000，含义是电动机转动一圈所需要的脉冲数，EMGS、CCWL、CWL、SON 信号强制置高，P29300 参数设置为 47。

4. 确定 PLC 的变量

"轴"工艺组态完成后，系统默认生成的 PLC 变量如图 8-11 所示。

		名称	数据类型	地址	保持	可从…
1		伺服控制_脉冲	Bool	%Q0.0		☑
2		伺服控制_方向	Bool	%Q0.1		☑
3		伺服控制_LowHwLimitSwitch	Bool	%I0.0		☑
4		伺服控制_HighHwLimitSwitch	Bool	%I0.2		☑
5		伺服控制_归位开关	Bool	%I0.1		☑
6		步进控制_脉冲	Bool	%Q0.2		☑
7		步进控制_方向	Bool	%Q0.3		☑
8		步进控制_LowHwLimitSwitch	Bool	%I0.5		☑
9		步进控制_HighHwLimitSwitch	Bool	%I0.4		☑
10		步进控制_归位开关	Bool	%I0.3		☑

图 8-11　PLC 的默认变量表

除系统默认生成的 PLC 变量外，还要列出系统其他的 PLC 输入、输出变量，以及关联在触摸屏中的变量。

提示：

根据系统的控制要求，除轴相关变量外，还需要物料检测、到料检测等各种检测开关、仓位的传感器信号输入、皮带运输、Z 轴气爪相关的输入/输出变量。触摸屏上还要定义启动按钮、急停按钮、复位按钮、模式切换开关等开关型输入变量；指示灯、X 轴与 Y 轴坐标等输出变量。

5. PLC 程序设计

根据任务的控制要求及分析，设计 PLC 程序。

提示：

该项目需要把物料送至指定的仓位。为了系统在自动运行期间，气爪能准确抓取物料，必须先手动运行 X 轴、Y 轴，记录物料抓取位置、1 号仓位、2 号仓位、3 号仓位的位置。任务要求中的手动模式，有 X 轴、Y 轴的点动运行控制，通过调试该手动模式可实现位置的记录。3 个仓位是等间距的，也可以通过一个仓位的坐标计算出另外两个仓位坐标。

该项目可按模块化编程法进行程序编制，主程序可调用多个函数块实现控制功能。PLC 的程序可分为主程序、急停函数块、X 轴复位与点动函数块、Y 轴复位与点动函数块、系统复位函数块、仓位选择函数块、仓位 1 运行函数块、仓位 2 运行函数块、仓位 3 运行函数块等。

6. 触摸屏界面设计

根据任务要求，在 HMI 触摸屏里添加 7 个按钮和 1 个开关：急停按钮、系统启动按钮、系统复位按钮、X 轴点动左行按钮、X 轴点动右行按钮、Y 轴点动上行按钮、Y 轴点动下行按钮、手动开关；2 个输出型 "I/O 域"，分别显示 X 轴、Y 轴坐标的数值；1 个手动指示灯，手动模式开启时手动指示灯亮。

7. 联机调试

程序与触摸屏设计完成并编译成功后，下载到 PLC。按下触摸屏上的手动开关，系统能切换到手动模式，手动信号指示灯亮。系统可利用手动模式来移动 X 轴、Y 轴并记录所需要的坐标值。在自动模式时，系统处于初始状态并且皮带检测处有物料时，按下触摸屏上的系统启动按钮,观察系统是否能按要求正确抓取物料并放到指定的仓位,若系统运行及监视结果与控制要求一致,则说明调试成功,完成任务要求。

拓展项目

物料搬运与送仓控制系统的设计

拓展项目的内容请扫描二维码查看。

讨论:手动模式的控制有助于调试系统各状态的运行情况,若要求搬运机械手的各种动作也能进行手动控制,比如机械手下降按钮控制机械手下降,机械手左旋按钮控制机械手左旋等,程序怎么改?在系统控制过程中,哪些状态下需要 Z 轴气爪缩回以保证运动过程中的安全?在设计较复杂 PLC 控制系统时,在满足控制要求的前提下,不仅要求程序结构清楚、可读性强,也要精益求精、勇于创新,力求控制系统调试与维护方便,并保证控制系统安全可靠。

拓展项目

评价与总结

1. 评价

任务实施完成后,根据任务成果填写任务评价表。把任务实施相关的内容及评价结果记录在任务工单。

2. 总结

该任务的变量表如图 8-12 所示。

	名称	数据类型	地址
1	急停按钮	Bool	%M300.1
2	系统启动	Bool	%M110.0
3	系统复位	Bool	%M300.0
4	X轴点动左行	Bool	%M41.5
5	X轴点动右行	Bool	%M41.6
6	Y轴点动上行	Bool	%M42.0
7	Y轴点动下行	Bool	%M41.7
8	手动开关	Bool	%M120.0
9	仓位1	Bool	%I0.6
10	仓位2	Bool	%I0.7
11	仓位3	Bool	%I1.0
12	到料检测开关	Bool	%I2.0
13	Z轴缩回信号开关	Bool	%I2.1
14	Z轴气爪夹紧开关	Bool	%I2.2
15	Z轴伸出信号开关	Bool	%I2.3

	名称	数据类型	地址
16	皮带物料检测	Bool	%I2.5
17	皮带运输	Bool	%Q0.6
18	Z轴缩回	Bool	%Q0.7
19	Z轴伸出	Bool	%Q1.0
20	Z轴气爪夹紧	Bool	%Q1.1
21	X轴触发标位1	Bool	%M40.1
22	X轴触发标位2	Bool	%M40.4
23	Y轴触发标志位1	Bool	%M40.2
24	Y轴触发标志位2	Bool	%M40.3
25	设备初始状态	Bool	%M300.2
26	满仓标记位	Bool	%M120.3
27	手动信号指示灯	Bool	%M120.4
28	周期结束标志	Bool	%M220.0
29	皮带停止触发标志位	Bool	%M41.1
30	X轴坐标	Real	%MD500
31	Y轴坐标	Real	%MD504

图 8-12 PLC 的变量表

项目的参考程序可扫描二维码查看。参考主程序的工作原理:

程序段 1:首次扫描或按下系统复位按钮,主程序调用 all_go_home 函数块。按下急停按钮,主程序调用 Stop 函数块,这两个函数块均不包括 X 轴、Y 轴的复位。

程序段 2:调用 x_go_home_jog 函数块,Z 轴缩回状态时调用 y_go_home_jog 函数块,这两个函数为 X 轴、Y 轴的点动及复位函数块。

程序段 3:当触摸屏上按下手动开关时,系统切换到手动模式,手动信号指示灯接通。当 X 轴、Y 轴都在原点位置时,设备初始状态标记位接通,若仓位 1、仓位 2、仓位 3 都检测到有物料，满仓标记位接通。

程序段 4：在自动模式下，非满仓时，按下系统启动按钮且设备处于初始状态或周期标记位接通时，主程序步 step［0］置位，主程序 step［0］～step［4］来自全局数据块 DB6 里生成的数组元素，这里也可以采用位存储器 M 来实现。

程序段 5：主程序步 step［0］接通，皮带检测到有物料且到料处没有物料时，主程序步 step［1］置位，Z 轴气爪为缩回状态。

程序段 6：程序步 step［1］接通，复位主程序步 step［0］，1 s 后皮带运输开启，到料检测开关检测到物料到达后延时 0.5 s，主程序步 step［2］置位。

程序段 7：程序步 step［2］接通，复位主程序步 step［1］，皮带停止运输，延时 0.5 s 后皮带延时触发标志位接通，伺服驱动 X 轴、步进驱动 Y 轴以一定的速度移动到绝对坐标位置（-61.786，+71.9），移位到位后，主程序步 step［3］置位。

程序段 8：程序步 step［3］接通，复位主程序步 step［2］，Z 轴气爪夹紧，夹紧到位后延时 0.5 s，主程序步 step［4］置位。

程序段 9：程序步 step［3］接通，调用 storage_detection 函数块，进行仓位选择，复位主程序步 step［3］。

程序段 10~12：若选择仓位 1，选定仓位数据 step［1］接通，调用 go_post1 函数，气爪把物料送到仓位 1；若选择仓位 2，选定仓位数据 step［2］接通，调用 go_post2 函数，气爪把物料送到仓位 2；若选择仓位 3，选定仓位数据 step［3］接通，调用 go_post1 函数，气爪把物料送到仓位 1；以上程序段均需复位主程序步 step［4］。

程序段 13：把伺服控制的 X 轴坐标、步进控制的 Y 轴坐标数据实时显示在触摸屏上。

参考程序中除主程序外，还有急停、X 轴与 Y 轴复位与点动、仓位选择、仓位运行等功能的 FB 函数块，请自行分析其工作原理。

触摸屏界面如图 8-13 所示。

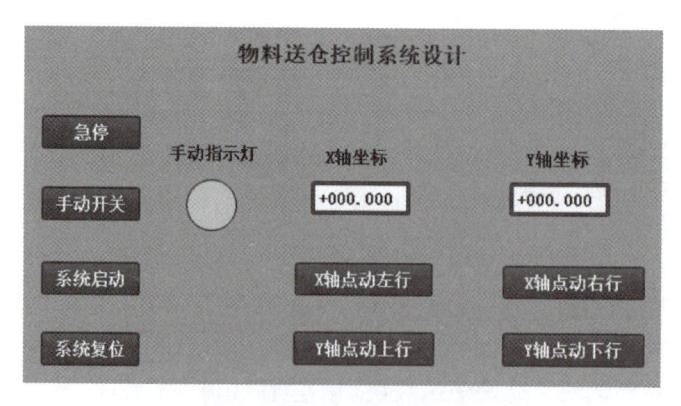

图 8-13 触摸屏界面

根据任务的控制要求，完成任务的接线与下载，启动程序状态监视，建立一个监控表。按下触摸屏的系统复位按钮 M300.0，系统复位。系统默认处于自动模式。按下触摸屏上的手动开关，M120.0 置 1，系统切换到手动模式，手动信号指示灯亮，如图 8-14 所示。按 X

轴或 Y 轴的点动按钮，系统可进行左右、上下运动。在自动模式时，按下触摸屏上的系统启动按钮 M110.0，系统能按任务要求完成物料的送仓控制。

	名称	地址	显示格式	监视值	修改值	
1	"手动开关"	%M120.0	布尔型	TRUE		
2	"系统启动"	%M110.0	布尔型	FALSE		
3	"系统复位"	%M300.0	布尔型	FALSE		
4	"急停按钮"	%M300.1	布尔型	FALSE		
5	"X轴点动左行"	%M41.5	布尔型	FALSE		
6	"X轴点动右行"	%M41.6	布尔型	FALSE		
7	"Y轴点动上行"	%M42.0	布尔型	FALSE		
8	"Y轴点动下行"	%M41.7	布尔型	FALSE		
9	"手动信号指示"	%M120.4	布尔型	TRUE		
10	"X轴坐标"	%MD500	浮点数	0.0		
11	"Y轴坐标"	%MD504	浮点数	0.0		

图 8-14 监控表

在任务实施过程中，总结的注意事项如下：

（1）系统试运行前，要手动测试下气缸各个电磁阀是否正常工作，各个传感器是否正常使用；

（2）手动模式下，使 X-Y 轴运动单元低速点动，确定移动到目标位置后再记录具体 X、Y 坐标值，需要记录的位置坐标有气爪抓料位置、仓位位置。

（3）系统在运行过程中若出现动作故障或发生机械碰撞，应按急停按钮，使系统立即停止工作。排除故障原因后，按复位按钮，使系统复位为初始状态再进行调试。

拓展任务

西门子 S7-1200 PLC 可以通过激活脉冲发生器和组态工艺对象实现脉冲串输出 PTO 或脉冲调制输出 PWM，还可以用扩展指令中的脉冲指令实现脉冲输出。西门子 S7-1200 PLC 还提供高速计数器用于检测高频脉冲。关于 PWM 脉冲指令、高速计数器的知识可扫描二维码查看或参考 PLC 的技术文档学习。

项目八
拓展知识

练习

1. 变频电动机的转速控制

一台变频电动机由变频器 G120C 进行调速，S7-1200 型 PLC 控制变频器。在触摸屏上设置有：低速按钮 SB1、高速按钮 SB2、反向开关 K1、停止按钮 SB3，一个正转指示灯和一个反转指示灯。电动机的转速能显示在触摸屏上。按下低速按钮，变频器控制电动机以 500 r/min 的速度运行，按下高速按钮，变频器控制电动机以 1 000 r/min 的速度运行。按下反向开关，电动机能以原有的速度反转运行。按下停止按钮，电动机立即停止。

2. 伺服电动机的自动往返控制

用 PLC 控制伺服电动机的运行，按下启动按钮，伺服电动机运行，从参考点（A 点）运动 8 cm（B 点），停止 2 s 后自动返回到参考点（A 点），停止 2 s 后重复以上动作，直到按下停止按钮，电动机立即停止。电动机处于停止状态时，电动机若处于非参考点位置，按下启动按钮先回参考点位置再进行往返运动。

参 考 文 献

［1］廖常初. S7-1200 PLC 编程及应用［M］（第3版）. 北京：机械工业出版社，2019.
［2］姚晓宁. S7-1200 PLC 技术及应用［M］. 北京：电子工业出版社，2018.
［3］刘华波，刘丹. 西门子 S7-1200 PLC 编程与应用［M］. 北京：电子工业出版社，2018.
［4］吴繁红. 西门子 S7-1200 PLC 应用技术项目教程（第2版）［M］. 北京：电子工业出版社，2021.
［5］侍寿永. 西门子 S7-1200 PLC 编程及应用教程（第2版）［M］. 北京：机械工业出版社，2021.
［6］奚茂龙，向晓汉. S7-1200 PLC 编程及应用技术［M］. 北京：电子工业出版社，2022.
［7］Siemens AG. S7-1200 系统手册，2016.
［8］西门子自动化与驱动集团网站 www.ad.siemens.com.cn.

物料传送带的启停控制 工作单

任务名称	物料传送带的启停控制	完成时间	
班级		姓名	
组号		组长	

任务要求	用 S7-1200 PLC 实现物料传送带的启动和停止控制。具体任务要求：按下启动按钮 SB1，传送带运行，按下停止按钮 SB2，传送带立即停止。 根据任务要求，列出 PLC 的 I/O 分配表，绘制 PLC 接线图，完成任务接线、PLC 程序编辑、下载与调试

问题引导	引导性问题回答记录，可另附页。 问题1：什么是 PLC？主要应用在哪些方面？它的硬件结构由哪些组成？ 问题2：你了解的国内外 PLC 厂家有哪些？今后 PLC 的发展趋势是怎样？ 问题3：根据接触器控制的电动机启停控制电路，如何用 PLC 实现电动机启停控制？

任务分析	被控对象： PLC 输入设备： PLC 输出设备： 控制过程分析： { 条件 | PLC 输入元件状态 | PLC 输出元件状态 | 动作 }

条件	PLC 输入元件状态	PLC 输出元件状态	动作

I/O 分配	列出 PLC 的 I/O 分配表。

输入/输出元件名称	地址	功能

1

续表

元件清单	列出任务用到的所有元器件,可另附页。					
^	元器件名称	规格型号	数量	用途	备注	
^						
^						
^						
^						
电路图绘制	绘制 PLC 的外部接线图及相关电路,可另附页。					
程序及分析	编写 PLC 程序并做简要分析,可另附页。					
过程记录	接线与检查记录:					
^	PLC 编程记录:					
^	仿真、下载、运行记录:					
任务总结	总结工作内容、学到的知识与技能、遇到的问题及解决措施、学习心得与体会等。					
成果验收	是否完成任务要求:是□ 部分完成□ 否□ 是否按时完成:是□ 超时 10 min 以上□ 否□				验收员签字		
工单验收	是否完成:是□ 部分完成□ 否□				^		
任务成绩	具体评价标准请参考任务评价表				得分		

任务评价表

班级		姓名		组号		
任务名称		物料传送带的启停控制				
	考核内容		配分	评价标准	学生互评分	教师评分
职业素养 （20分）	课堂纪律		5	无迟到、早退，不做与课程无关的事，发现一次扣2分		
	安全文明操作		10	仪表与着装规范，安全用电，遵章操作，不规范每处扣2分		
	卫生清理		5	按要求清理工位和工具，不按要求每处扣2分		
任务实施 （50分）	I/O分配		10	确定PLC I/O分配，有错误需指导一次扣2分		
	硬件接线		10	按接线图规范接线，有错误需指导一次扣2分		
	编程与仿真		20	编制与仿真程序，有错误需指导一次扣2分，每超时10 min扣5分		
	下载与运行		10	任务下载与运行正确，有错误需指导一次扣2分		
	个人贡献系数		1	根据个人的参与程度定		
任务报告 （20分）	任务工单		10	字迹清晰、内容完整		
	电子文档		10	PLC变量、程序、运行视频		
激励与创新 （10分）	课堂激励		5	主动回答问题，一次得2分		
	创新思维		5	提出创新性问题或解决思路		
		评分成绩				
		综合成绩				
评分员签名				学生：	教师：	

基于触摸屏的物料传送带控制　工作单

任务名称	基于触摸屏的物料传送带控制	完成时间	
班级		姓名	
组号		组长	
任务要求	用 S7-1200 PLC 与触摸屏实现物料传送带的启动和停止控制。具体任务要求：按下外部启动按钮 SB1 或触摸屏启动按钮 SB3 时，系统启动，触摸屏指示灯 L1 亮，当物料检测开关 K1 检测到有物料时，传送带开启运行，当物料传送到传送带末尾时，到料检测开关 K2 动作，传送带停止运行。在传送带运行期间，按下外部停止按钮 SB2 或触摸屏停止按钮 SB4 时，系统停止，触摸屏指示灯 L1 灭，传送带也立即停止。根据任务要求，列出 PLC 的 I/O 分配表，绘制 PLC 接线图，完成任务接线、PLC 程序编制、下载与调试		
问题引导	引导性问题回答记录： 问题1：S7-1200 CPU 有哪几种工作模式？CPU 的状态指示灯有哪几种？ 问题2：PLC 外部输入端子的按钮、PLC 外部的输出端子负载，与 PLC 程序通过什么联系的？ 问题3：分析任务一的 PLC 外部接线图、PLC 程序与继电器控制电路的工作原理。		

任务分析

被控对象：
PLC 输入设备：
PLC 输出设备：
控制过程分析：

状态号	条件	动作
1		
2		
3		

PLC 变量

列出 PLC 的输入/输出、与触摸屏关联的输入/输出变量分配表。

I/O 变量名称	地址	功能	触摸屏关联变量名称	地址	功能

续表

元件清单	列出任务用到的所有元器件,可另附页。					
	元器件名称	规格型号	数量	用途	备注
电路图绘制	绘制 PLC 的外部接线图及相关电路,可另附页。
程序及分析	编写 PLC 程序并做简要分析,可另附页。
过程记录	接线与检查记录: PLC 编程与仿真记录: 下载、调试与运行记录:
任务总结	总结工作内容、学到的知识与技能、遇到的问题及解决措施、学习心得与体会等。

成果验收	是否完成任务要求:是□ 部分完成□ 否□ 是否按时完成:是□ 超时 10 min 以上□ 否□	验收员签字	
工单验收	是否完成:是□ 部分完成□ 否□		
任务成绩	具体评价标准请参考任务评价表	得分	

任务评价表

班级		姓名		组号		
任务名称	基于触摸屏的物料传送带控制					
	考核内容	配分	评价标准		学生互评分	教师评分
职业素养（20分）	课堂纪律	5	无迟到、早退，不做与课程无关的事，发现一次扣2分			
	安全文明操作	10	仪表与着装规范，安全用电，遵章操作，不规范每处扣2分			
	卫生清理	5	按要求清理工位和工具，不按要求每处扣2分			
任务实施（50分）	I/O 分配	10	确定 PLC I/O 分配，有错误需指导一次扣2分			
	硬件接线	10	按接线图规范接线，有错误需指导一次扣2分			
	编程与仿真	20	编制与仿真程序，有错误需指导一次扣2分，每超时 10 min 扣 5 分			
	调试与运行	10	调试与运行程序，有错误需指导一次扣2分			
	个人贡献系数	1	根据个人的参与程度定			
任务报告（20分）	任务工单	10	字迹清晰、内容完整			
	电子文档	10	PLC 变量、程序、运行视频			
激励与创新（10分）	课堂激励	5	主动回答问题，一次得2分			
	创新思维	5	提出创新性问题或解决思路			
	评分成绩					
	综合成绩					
评分员签名			学生：		教师：	

电动机的点动与连续运行控制　工作单

任务名称	电动机的点动与连续运行控制	完成时间	
班级		姓名	
组号		组长	
任务要求	用 S7-1200 PLC 实现三相异步电动机的点动与连续控制。具体任务要求：当按下长动按钮 SB1，电动机启动，松开按钮 SB1，电动机连续运行。当按下点动按钮 SB2，电动机启动，松开按钮 SB2，电动机停止。任意时刻，按下停止按钮 SB3，电动机停止。当电动机过载时，热继电器工作，电动机停止。 根据任务要求，列出 PLC 的 I/O 分配表，绘制 PLC 外部接线图，完成任务接线、PLC 程序编制、仿真与调试		
问题引导	引导性问题回答记录： 问题 1：分析接触器控制的电动机点动与连续运行电路原理。 问题 2：S7-1200 的存储区包括哪些？位存储区 M 与过程映像输出 Q 有什么区别？ 问题 3：什么是转换设计法？它一般有哪些步骤？		
任务分析	被控对象： PLC 输入设备： PLC 输出设备： 控制过程分析，可另附页。 | 状态号	条件	动作 | |---|---|---| | 1 | | | | 2 | | | | 3 | | | | 4 | | |		
I/O 分配	列出 PLC 的 I/O 分配表。 | 输入/输出元件名称	地址	功能 | |---|---|---| | | | | | | | | | | | | | | | | | | | |		

续表

元件清单	列出任务用到的所有元器件，可另附页。 | 元器件名称	规格型号	数量	用途	备注
---	---	---	---	---
电路图绘制	绘制 PLC 的外部接线图及相关电路，可另附页。
程序及分析	编写 PLC 程序并做简要分析，可另附页。
过程记录	接线与检查记录： PLC 编程记录： 仿真、调试、运行记录：
任务总结	总结工作内容、学到的知识与技能、遇到的问题及解决措施、学习心得与体会等。

成果验收	是否完成任务要求：是□ 部分完成□ 否□ 是否按时完成：是□ 超时 10 min 以上□ 否□	验收员签字	
工单验收	是否完成：是□ 部分完成□ 否□		
任务成绩	具体评价标准请参考任务评价表	得分	

任务评价表

班级		姓名		组号	
任务名称	电动机的点动与连续运行控制				
	考核内容	配分	评价标准	学生互评分	教师评分
职业素养（20分）	课堂纪律	5	无迟到、早退，不做与课程无关的事，发现一次扣2分		
	安全文明操作	10	仪表与着装规范，安全用电，遵章操作，不规范每处扣2分		
	卫生清理	5	按要求清理工位和工具，不按要求每处扣2分		
任务实施（50分）	I/O分配	10	确定PLC I/O分配，有错误需指导一次扣2分		
	硬件接线	10	按接线图规范接线，有错误需指导一次扣2分		
	编程与调试	20	编制与调试程序，有错误需指导一次扣2分，每超时10 min扣5分		
	运行情况	10	任务运行正确，有错误需指导一次扣2分		
	个人贡献系数	1	根据个人的参与程度定		
任务报告（20分）	任务工单	10	字迹清晰、内容完整		
	电子文档	10	PLC变量、程序、运行视频		
激励与创新（10分）	课堂激励	5	主动回答问题，一次得2分		
	创新思维	5	提出创新性问题或解决思路		
		评分成绩			
		综合成绩			
	评分员签名		学生：		教师：

电动机的正反转控制 工作单

任务名称	电动机的正反转控制	完成时间	
班级		姓名	
组号		组长	

任务要求	用 S7-1200 PLC 实现三相异步电动机的正反转控制。子任务1具体任务要求：按下正向启动按钮 SB1，电动机正转。按下反向启动按钮 SB2，三相异步电动机反转。任意时刻，按下停止按钮 SB3 或电动机过载时，电动机停止。正反转可以直接通过按钮切换。 子任务2具体要求：在停止状态下，按下正向启动按钮 SB1，三相异步电动机正转。在停止状态下，按下反向启动按钮 SB2，三相异步电动机反转。电动机正转状态下，按下反向启动按钮 SB2，三相异步电动机先停止，松开按钮后，电动机再反转。电动机反转状态下，按下正向启动按钮 SB1，三相异步电动机先停止，松开按钮后，电动机再正转。任意时刻，按下停止按钮 SB3 或电动机过载时，电动机停止。（用边沿指令） 根据任务要求，列出 PLC 的 I/O 分配表，绘制 PLC 外部接线图，完成任务接线，PLC 程序编制、下载、仿真与调试

问题引导	引导性问题回答记录： 问题1：分析接触器控制的电动机正反转电路原理。 问题2：前面任务的传送带启停控制程序，用置位复位指令编程，怎么设计？ 问题3：两种触发器指令有什么不同？上升沿检测触点指令和上升沿检测线圈指令有什么不同？

任务分析

被控对象：
PLC 输入设备：
PLC 输出设备：
控制过程分析，可另附页。

状态号	条件	动作
1		
2		
3		
4		

I/O 分配

列出 PLC 的 I/O 分配表。

输入/输出元件名称	地址	功能

续表

元件清单	列出任务用到的所有元器件,可另附页。				
	元器件名称	规格型号	数量	用途	备注
电路图绘制	绘制 PLC 的外部接线图及相关电路,可另附页。				
程序及分析	编写 PLC 程序并做简要分析,可另附页。				
过程记录	接线与检查记录:				
	PLC 编程记录:				
	仿真、调试、运行记录:				
任务总结	总结工作内容、学到的知识与技能、遇到的问题及解决措施、学习心得与体会等。				
成果验收	是否完成任务要求:是□ 部分完成□ 否□ 是否按时完成:是□ 超时 10 min 以上□ 否□				验收员 签字
工单验收	是否完成:是□ 部分完成□ 否□				
任务成绩	具体评价标准请参考任务评价表				得分

11

任务评价表

班级		姓名		组号		
任务名称	电动机的正反转控制					
	考核内容	配分	评价标准		学生互评分	教师评分
职业素养 (20分)	课堂纪律	5	无迟到、早退，不做与课程无关的事，发现一次扣2分			
	安全文明操作	10	仪表与着装规范，安全用电，遵章操作，不规范每处扣2分			
	卫生清理	5	按要求清理工位和工具，不按要求每处扣2分			
任务实施 (50分)	I/O分配	10	确定PLC I/O分配，有错误需指导一次扣2分			
	硬件接线	10	按接线图规范接线，有错误需指导一次扣2分			
	编程与调试	20	编制与调试程序，有错误需指导一次扣2分，每超时10 min扣5分			
	运行情况	10	任务运行正确，有错误需指导一次扣2分			
	个人贡献系数	1	根据个人的参与程度定			
任务报告 (20分)	任务工单	10	字迹清晰、内容完整			
	电子文档	10	PLC变量、程序、运行视频			
激励与创新 (10分)	课堂激励	5	主动回答问题，一次得2分			
	创新思维	5	提出创新性问题或解决思路			
评分成绩						
综合成绩						
评分员签名			学生：		教师：	

电动机的预警启动与顺序控制　工作单

任务名称	电动机的预警启动与顺序控制	完成时间	
班级		姓名	
组号		组长	
任务要求	用 S7-1200 PLC 实现电动机的预警启动与顺序控制。子任务 1 具体任务要求：某生产设备有两台电动机，分别为电动机 M1、M2，用 PLC 设计电动机的预警启动与顺序控制。当按下启动按钮 SB1，电铃响 5 s，这期间警示灯 HL 快速闪烁（频率为 2 Hz）。然后，M1 电动机自动启动，警示灯 HL 灭，3 s 后 M2 电动机启动。任意时刻，按下停止按钮 SB2 或电动机过载时，两台电动机都停止。 子任务 2 具体要求：某生产设备有三台电动机，分别为电动机 M1、M2 和 M3。①当按下启动按钮时，M1 先启动；当 M1 运行 3 s 后，M2 启动；当 M2 运行 3 s 后，M3 启动。②当按下停止按钮时，M3 先停止，2 s 后 M2 停止；再过 2 s 后，M1 停止。③在启动过程中，警示灯 HL 常亮，表示"正在启动中"；启动过程结束后，警示灯 HL 熄灭。当某台电动机出现过载故障时，全部电动机都停止，警示灯 HL 闪烁（频率为 1 Hz），表示"出现过载故障"。④当按下复位按钮时，警示灯 HL 灭，所有电动机停止运行。 根据任务要求，列出 PLC 的 I/O 分配表，绘制 PLC 外部接线图，完成任务接线，PLC 程序编制、仿真与调试		
问题引导	引导性问题回答记录： 问题 1：S7-1200 的定时器指令有哪几种？分别有什么特点？ 问题 2：定时器的背景数据块有什么作用？背景数据块有哪些参数？ 问题 3：根据接触器控制的两台电动机顺序控制电路，如何用 PLC 实现同样的顺序控制？		
任务分析	被控对象： PLC 输入设备： PLC 输出设备： 控制过程分析，可另附页。 | 状态号	条件	动作
---	---	---
1		
2		
3		
4					
I/O 分配	列出 PLC 的 I/O 分配表。 | 元件名称（子任务 1）	地址	功能	元件名称（子任务 2）	地址	功能
---	---	---	---	---	---

续表

元件清单	列出任务用到的所有元器件，可另附页。					
^^	元器件名称	规格型号	数量	用途	备注
^^					
^^					
^^					
^^					
电路图绘制	绘制PLC的外部接线图及相关电路，可另附页。				
程序及分析	编写PLC程序并做简要分析，可另附页。				
过程记录	接线与检查记录：				
^^	PLC编程记录：				
^^	仿真、调试、运行记录：				
任务总结	总结工作内容、学到的知识与技能、遇到的问题及解决措施、学习心得与体会等。				
成果验收	是否完成任务要求：是□ 部分完成□ 否□ 是否按时完成：是□ 超时10 min以上□ 否□				验收员签字	
工单验收	是否完成：是□ 部分完成□ 否□				^^	
任务成绩	具体评价标准请参考任务评价表				得分	

任务评价表

班级		姓名		组号		
任务名称	电动机的预警启动与顺序控制					
	考核内容	配分	评价标准	学生互评分	教师评分	
职业素养（20分）	课堂纪律	5	无迟到、早退，不做与课程无关的事，发现一次扣2分			
	安全文明操作	10	仪表与着装规范，安全用电，遵章操作，不规范每处扣2分			
	卫生清理	5	按要求清理工位和工具，不按要求每处扣2分			
任务实施（50分）	I/O分配	10	确定PLC I/O分配，有错误需指导一次扣2分			
	硬件接线	10	按接线图规范接线，有错误需指导一次扣2分			
	编程与调试	20	编制与调试程序，有错误需指导一次扣2分，每超时10 min扣5分			
	运行情况	10	任务运行正确，有错误需指导一次扣2分			
	个人贡献系数	1	根据个人的参与程度定			
任务报告（20分）	任务工单	10	字迹清晰、内容完整			
	电子文档	10	PLC变量、程序、运行视频			
激励与创新（10分）	课堂激励	5	主动回答问题，一次得2分			
	创新思维	5	提出创新性问题或解决思路			
评分成绩						
综合成绩						
评分员签名		学生：		教师：		

电动机计数循环正反转控制　工作单

任务名称	电动机计数循环正反转控制	完成时间	
班级		姓名	
组号		组长	
任务要求	用 S7-1200 PLC 实现电动机的计数循环正反转控制。具体任务要求：按下启动按钮 SB1，电动机正转 3 s，停 2 s，反转 3 s，停 2 s，如此循环 3 个周期，然后自动停止。任意时刻，按下停止按钮 SB3 或电动机过载时，电动机停止，系统复位。 根据任务要求，列出 PLC 的 I/O 分配表，绘制 PLC 外部接线图，完成任务接线，PLC 程序编制、仿真与调试		
问题引导	引导性问题回答记录： 问题 1：S7-1200 的计数器指令有哪几种？分别有什么特点？ 问题 2：什么是时序分析法？时序图分为哪几种？ 问题 3：该任务中，用 PLC 定时器指令怎么实现一个系统的循环控制？		
任务分析	被控对象： PLC 输入设备： PLC 输出设备： 控制过程分析，可另附页。 | 状态号	条件	动作
---	---	---
1		
2		
3		
4					
I/O 分配	列出 PLC 的 I/O 分配表。 | 输入/输出元件名称	地址	功能
---	---	---

续表

元件清单	列出任务用到的所有元器件，可另附页。				
	元器件名称	规格型号	数量	用途	备注

电路图绘制	绘制 PLC 的外部接线图及相关电路，可另附页。

程序及分析	编写 PLC 程序并做简要分析，可另附页。

过程记录	接线与检查记录：
	PLC 编程记录：
	仿真、调试、运行记录：

任务总结	总结工作内容、学到的知识与技能、遇到的问题及解决措施、学习心得与体会等。

成果验收	是否完成任务要求：是□　部分完成□　否□ 是否按时完成：是□　超时 10 min 以上□　否□	验收员 签字	
工单验收	是否完成：是□　部分完成□　否□		
任务成绩	具体评价标准请参考任务评价表	得分	

任务评价表

班级		姓名		组号			
任务名称	电动机计数循环正反转控制						
	考核内容	配分	评价标准		学生互评分	教师评分
职业素养 (20分)	课堂纪律	5	无迟到、早退,不做与课程无关的事,发现一次扣2分			
	安全文明操作	10	仪表与着装规范,安全用电,遵章操作,不规范每处扣2分			
	卫生清理	5	按要求清理工位和工具,不按要求每处扣2分			
任务实施 (50分)	I/O分配	10	确定PLC I/O分配,有错误需指导一次扣2分			
	硬件接线	10	按接线图规范接线,有错误需指导一次扣2分			
	编程与调试	20	编制与调试程序,有错误需指导一次扣2分,每超时10 min扣5分			
	运行情况	10	任务运行正确,有错误需指导一次扣2分			
	个人贡献系数	1	根据个人的参与程度定			
任务报告 (20分)	任务工单	10	字迹清晰、内容完整			
	电子文档	10	PLC变量、程序、运行视频			
激励与创新 (10分)	课堂激励	5	主动回答问题,一次得2分			
	创新思维	5	提出创新性问题或解决思路			
评分成绩						
综合成绩						
评分员签名			学生:			教师:	

十字路口交通灯控制　工作单

任务名称	十字路口交通灯控制		完成时间	
班级			姓名	
组号			组长	
任务要求		用 S7-1200 PLC 实现十字路口交通灯控制。具体任务要求：信号灯受一个启动开关 SD 控制，当启动开关 SD 接通时，信号灯系统开始工作，且先南北红灯亮，东西绿灯亮。当启动开关 SD 断开时，所有信号灯都熄灭。 南北红灯亮维持 25 s。东西绿灯亮维持 20 s，到 20 s 时，东西绿灯闪亮，闪亮 3 s 后熄灭。在东西绿灯熄灭时，东西黄灯亮，并维持 2 s。到 2 s 时，东西黄灯熄灭，东西红灯亮，同时南北红灯熄灭，绿灯亮。 东西红灯亮维持 25 s。南北绿灯亮维持 20 s，然后闪亮 3 s 后熄灭，同时南北黄灯亮，维持 2 s 后熄灭，这时南北红灯亮，东西绿灯亮，周而复始。 实训面板如图所示，甲模拟东西向车辆行驶状况；乙模拟南北向车辆行驶状况。东西绿灯亮时，延时 1 s，甲灯亮，东西黄灯亮时，甲灯灭。南北绿灯亮时，延时 1 s，乙灯亮，南北黄灯亮时，乙灯灭。东西南北四组红绿黄三色发光二极管模拟十字路口的交通灯。 根据任务要求，列出 PLC 的 I/O 分配表，绘制 PLC 外部接线图，完成任务接线，PLC 程序编制、仿真与调试

问题引导	引导性问题回答记录： 问题1：在 PLC 中怎样编辑二进制数、十进制数、十六进制数？ 问题2：PLC 常用的数据类型有哪几种？双字 MD8 的字节由哪几个组成？ 问题3：常用的比较指令有哪些？支持的数据类型有哪些？

任务分析	被控对象： PLC 输入设备： PLC 输出设备： 控制过程分析，可另附页。 | 状态号	条件	动作 | |---|---|---| | 1 | | | | 2 | | | | 3 | | | | 4 | | |

续表

I/O 分配	列出 PLC 的 I/O 分配表。							
^^	元件名称	地址	功能	元件名称	地址	功能	
^^							
^^							
^^							
元件清单	列出任务用到的所有元器件，可另附页。						
^^	元器件名称	规格型号	数量	用途	备注		
^^								
^^								
^^								
^^								
电路图绘制	绘制 PLC 的外部接线图及相关电路，可另附页。						
程序及分析	编写 PLC 程序并做简要分析，可另附页。						
过程记录	接线与检查记录：						
^^	PLC 编程记录：						
^^	仿真、调试、运行记录：						
任务总结	总结工作内容、学到的知识与技能、遇到的问题及解决措施、学习心得与体会等。						
成果验收	是否完成任务要求：是□ 部分完成□ 否□	验收员签字					
^^	是否按时完成：是□ 超时 10 min 以上□ 否□	^^					
工单验收	是否完成：是□ 部分完成□ 否□	^^					
任务成绩	具体评价标准请参考任务评价表	得分					

任务评价表

班级		姓名		组号		
任务名称	十字路口交通灯控制					
	考核内容	配分	评价标准	学生互评分	教师评分	
职业素养（20分）	课堂纪律	5	无迟到、早退，不做与课程无关的事，发现一次扣2分			
	安全文明操作	10	仪表与着装规范，安全用电，遵章操作，不规范每处扣2分			
	卫生清理	5	按要求清理工位和工具，不按要求每处扣2分			
任务实施（50分）	I/O分配	10	确定PLC I/O分配，有错误需指导一次扣2分			
	硬件接线	10	按接线图规范接线，有错误需指导一次扣2分			
	编程与调试	20	编制与调试程序，有错误需指导一次扣2分，每超时10 min扣5分			
	运行情况	10	任务运行正确，有错误需指导一次扣2分			
	个人贡献系数	1	根据个人的参与程度定			
任务报告（20分）	任务工单	10	字迹清晰、内容完整			
	电子文档	10	PLC变量、程序、运行视频			
激励与创新（10分）	课堂激励	5	主动回答问题，一次得2分			
	创新思维	5	提出创新性问题或解决思路			
评分成绩						
综合成绩						
评分员签名		学生：		教师：		

四人抢答器设计　工作单

任务名称	四人抢答器的设计	完成时间	
班级		姓名	
组号		组长	

任务要求	用 S7-1200 PLC 实现四人抢答器设计。具体任务要求：有四个抢答台，抢答按钮分别为1号按钮、2号按钮、3号按钮、4号按钮，参赛人通过抢先按下抢答按钮回答问题。当主持人合上启动开关 SD 后，抢答开始，并限定时间，最先按下按钮的参赛选手由七段数码管显示该台台号，其他抢答按钮无效，如果在限定的时间内各参赛人在 20 s 均不能回答，此后再按下抢答按钮无效。 如果在主持人未按下启动开关 SD 之前，有人按下抢答按钮，则属违规，违规指示灯 H 闪亮，抢答按钮无效。各台号数字显示的消除，违规指示灯（灯 H）的关断，都要通过主持人去手动复位。这里的手动复位操作是按下复位按钮（FW），同时将启动开关 SD 断开。实训面板如图所示。 根据任务要求，列出 PLC 的 I/O 分配表，绘制 PLC 外部接线图，完成任务接线，PLC 程序编制、仿真与调试

问题引导	引导性问题回答记录： 问题1：S7-1200 PLC 有哪些传送指令？说明其中2种传送指令的功能。 问题2：共阴极数码管与共阳极数码管在接线方面有什么区别？ 问题3：程序设计中，怎么实现先按下按钮的控制对象有效，而使其他按下按钮的控制对象无效？

任务分析	被控对象： PLC 输入设备： PLC 输出设备： 控制过程分析，可另附页。 | 状态号	条件	动作 | |---|---|---| | 1 | | | | 2 | | | | 3 | | | | 4 | | |

续表

I/O 分配	列出 PLC 的 I/O 分配表。						
	元件名称	地址	功能	元件名称	地址	功能	
元件清单	列出任务用到的所有元器件，可另附页。						
	元器件名称	规格型号	数量	用途	备注		
电路图绘制	绘制 PLC 的外部接线图及相关电路，可另附页。						
程序及分析	编写 PLC 程序并做简要分析，可另附页。						
过程记录	接线与检查记录： PLC 编程记录： 仿真、调试、运行记录：						
任务总结	总结工作内容、学到的知识与技能、遇到的问题及解决措施、学习心得与体会等。						
成果验收	是否完成任务要求：是☐ 部分完成☐ 否☐ 是否按时完成：是☐ 超时 10 min 以上☐ 否☐					验收员签字	
工单验收	是否完成：是☐ 部分完成☐ 否☐						
任务成绩	具体评价标准请参考任务评价表					得分	

任务评价表

班级		姓名		组号	
任务名称	四人抢答器的设计				

	考核内容	配分	评价标准	学生互评分	教师评分
职业素养 (20分)	课堂纪律	5	无迟到、早退，不做与课程无关的事，发现一次扣2分		
	安全文明操作	10	仪表与着装规范，安全用电，遵章操作，不规范每处扣2分		
	卫生清理	5	按要求清理工位和工具，不按要求每处扣2分		
任务实施 (50分)	I/O 分配	10	确定 PLC I/O 分配，有错误需指导一次扣2分		
	硬件接线	10	按接线图规范接线，有错误需指导一次扣2分		
	编程与调试	20	编制与调试程序，有错误需指导一次扣2分，每超时 10 min 扣 5 分		
	运行情况	10	任务运行正确，有错误需指导一次扣2分		
	个人贡献系数	1	根据个人的参与程度定		
任务报告 (20分)	任务工单	10	字迹清晰、内容完整		
	电子文档	10	PLC 变量、程序、运行视频		
激励与创新 (10分)	课堂激励	5	主动回答问题，一次得2分		
	创新思维	5	提出创新性问题或解决思路		
评分成绩					
综合成绩					
评分员签名		学生：		教师：	

喷泉灯的 PLC 控制　工作单

任务名称	喷泉灯的 PLC 控制	完成时间	
班级		姓名	
组号		组长	

任务要求	用 S7-1200 PLC 实现喷泉灯的 PLC 控制。具体任务要求： 合上启动开关 SD，喷泉灯每隔 1 s 依次显示 1→2→3→4→5→6→7→8→1→2…如此循环下去，形成有规律的显示效果，断开开关 SD，喷泉灯灭。 根据任务要求，列出 PLC 的 I/O 分配表，绘制 PLC 外部接线图，完成任务接线、PLC 程序编制、仿真与调试
问题引导	引导性问题回答记录： 问题1：移位指令和循环移位指令有哪几种？简要说明它们的功能。 问题2：移位指令 EN、IN、N、OUT 参数分别是什么含义？ 问题3：实现数据左移或右移，移出的位怎么处理？
任务分析	被控对象： PLC 输入设备： PLC 输出设备： 控制过程分析，可另附页。 	状态号	条件	动作
---	---	---
1		
2		
3		
4			
I/O 分配	列出 PLC 的 I/O 分配表。 | 元件名称	地址	功能	元件名称	地址	功能
---	---	---	---	---	---

25

续表

元件清单	列出任务用到的所有元器件,可另附页。					
^^	元器件名称	规格型号	数量	用途	备注
^^					
^^					
^^					
^^					
电路图绘制	绘制PLC的外部接线图及相关电路,可另附页。				
程序及分析	编写PLC程序并做简要分析,可另附页。				
过程记录	接线与检查记录:				
^^	PLC编程记录:				
^^	仿真、调试、运行记录:				
任务总结	总结工作内容、学到的知识与技能、遇到的问题及解决措施、学习心得与体会等。				
成果验收	是否完成任务要求:是□ 部分完成□ 否□ 是否按时完成:是□ 超时10 min以上□ 否□				验收员签字
工单验收	是否完成:是□ 部分完成□ 否□				
任务成绩	具体评价标准请参考任务评价表				得分

任务评价表

班级		姓名		组号	
任务名称	喷泉灯的 PLC 控制				

	考核内容	配分	评价标准	学生互评分	教师评分
职业素养 (20分)	课堂纪律	5	无迟到、早退,不做与课程无关的事,发现一次扣2分		
	安全文明操作	10	仪表与着装规范,安全用电,遵章操作,不规范每处扣2分		
	卫生清理	5	按要求清理工位和工具,不按要求每处扣2分		
任务实施 (50分)	I/O 分配	10	确定 PLC I/O 分配,有错误需指导一次扣2分		
	硬件接线	10	按接线图规范接线,有错误需指导一次扣2分		
	编程与调试	20	编制与调试程序,有错误需指导一次扣2分,每超时 10 min 扣 5 分		
	运行情况	10	任务运行正确,有错误需指导一次扣2分		
	个人贡献系数	1	根据个人的参与程度定		
任务报告 (20分)	任务工单	10	字迹清晰、内容完整		
	电子文档	10	PLC 变量、程序、运行视频		
激励与创新 (10分)	课堂激励	5	主动回答问题,一次得2分		
	创新思维	5	提出创新性问题或解决思路		
			评分成绩		
			综合成绩		
评分员签名			学生:	教师:	

设备维护提醒控制　工作单

任务名称	设备维护提醒控制	完成时间	
班级		姓名	
组号		组长	

任务要求	用 S7-1200 PLC 实现设备维护提醒控制。具体任务要求： 按下启动按钮 SB1，设备运行电动机开始工作，开始计时，统计设备的运行时间，天、小时、分、秒。电动机累计工作 5 天时，维护提示灯 HL 闪烁（频率为 1 Hz），报警电铃响 5 s，但电动机正常工作，设备正常计时。报警提示后，工作人员需按下停止按钮 SB2，电动机停止，对电动机进行维护保养。维护保养以后，按下复位按钮，维护指示灯熄灭，维修计时清零。按下启动按钮 SB1，重新开始维修计时，电动机工作时间继续累加。在触摸屏上设置启动按钮、停止按钮、复位按钮、电动机、电铃、提示灯，显示电动机工作的天数、小时、分、秒。 根据任务要求，列出 PLC 的 I/O 分配表，绘制 PLC 外部接线图，完成任务接线，PLC 程序编制、仿真与调试。

问题引导	引导性问题回答记录： 问题 1：S7-1200 比较常用的数学运算指令有哪些？ 问题 2：运算指令中若输入参数与输出参数的数据类型不同应该怎么处理？ 问题 3：CALCULATE 计算指令相比其他运算指令，有什么优点？

任务分析

被控对象：
PLC 输入设备：
PLC 输出设备：
控制过程分析，可另附页。

状态号	条件	动作
1		
2		
3		
4		

PLC 变量

列出 PLC 的输入/输出、与触摸屏关联的输入/输出变量分配表。

变量名称	地址	功能	变量名称	地址	功能

续表

元件清单	列出任务用到的所有元器件，可另附页。				
	元器件名称	规格型号	数量	用途	备注

电路图绘制	绘制PLC的外部接线图及相关电路，可另附页。

程序及分析	编写PLC程序并做简要分析，可另附页。

过程记录	接线与检查记录：
	PLC编程记录：
	仿真、调试、运行记录：

任务总结	总结工作内容、学到的知识与技能、遇到的问题及解决措施、学习心得与体会等。

成果验收	是否完成任务要求：是□ 部分完成□ 否□ 是否按时完成：是□ 超时10 min以上□ 否□	验收员签字
工单验收	是否完成：是□ 部分完成□ 否□	
任务成绩	具体评价标准请参考任务评价表	得分

任务评价表

班级		姓名		组号	
任务名称	设备维护提醒控制				

	考核内容	配分	评价标准	学生互评分	教师评分
职业素养 （20分）	课堂纪律	5	无迟到、早退，不做与课程无关的事，发现一次扣2分		
	安全文明操作	10	仪表与着装规范，安全用电，遵章操作，不规范每处扣2分		
	卫生清理	5	按要求清理工位和工具，不按要求每处扣2分		
任务实施 （50分）	I/O 分配	10	确定PLC I/O 分配，有错误需指导一次扣2分		
	硬件接线	10	按接线图规范接线，有错误需指导一次扣2分		
	编程与调试	20	编制与调试程序，有错误需指导一次扣2分，每超时10 min扣5分		
	运行情况	10	任务运行正确，有错误需指导一次扣2分		
	个人贡献系数	1	根据个人的参与程度定		
任务报告 （20分）	任务工单	10	字迹清晰、内容完整		
	电子文档	10	PLC变量、程序、运行视频		
激励与创新 （10分）	课堂激励	5	主动回答问题，一次得2分		
	创新思维	5	提出创新性问题或解决思路		
	评分成绩				
	综合成绩				
评分员签名			学生：		教师：

基于FC的通风机控制　工作单

任务名称	基于FC的通风机控制	完成时间	
班级		姓名	
组号		组长	

任务要求	用S7-1200 PLC实现两台通风机的控制。具体任务要求： 子任务1：基于FC的通风机启停控制 　某车间内有两台通风机，由两台三相异步电动机带动。按下SB1启动按钮，电动机1启动，电动机1指示灯亮，按下SB2停止按钮，电动机1停止。按下SB3启动按钮，电动机2启动，电动机2指示灯亮，按下SB4停止按钮，电动机2停止。分别用有参FC函数和无参FC函数两种方式来实现PLC编程。 子任务2：基于FC的通风机丫-△降压启动控制 　某车间有两台通风机，由两台三相异步电动机带动，两台电动机都要实现丫-△降压启动。当按下启动按钮时，两台电动机同时开始星形启动，1号通风机的电动机由星形转换到三角形的时间为5 s，2号通风机的电动机由星形转换到三角形的时间为10 s。按下停止按钮时，两台电动机立即停止。 　根据任务要求，列出PLC的I/O分配表，绘制PLC外部接线图，完成任务接线，PLC程序编制、仿真与调试

问题引导	引导性问题回答记录： 问题1：S7-1200 PLC用户程序块有哪几种？什么是FC函数？ 问题2：PLC有哪几种编程方法？这些编程方法各有什么特点？ 问题3：FC函数有哪些特点？FC参数由哪些参数组成？

任务分析

被控对象：
PLC输入设备：
PLC输出设备：
控制过程分析，可另附页。

状态号	条件	动作
1		
2		
3		
4		

I/O分配

列出PLC的I/O分配表。

元件名称（子任务1）	地址	功能	元件名称（子任务2）	地址	功能

续表

元件清单	列出任务用到的所有元器件,可另附页。					
^^	元器件名称	规格型号	数量	用途	备注
^^					
^^					
^^					
^^					
电路图绘制	绘制PLC的外部接线图及相关电路,可另附页。				
程序及分析	编写PLC程序并做简要分析,可另附页。				
过程记录	接线与检查记录:				
^^	PLC编程记录:				
^^	仿真、调试、运行记录:				
任务总结	总结工作内容、学到的知识与技能、遇到的问题及解决措施、学习心得与体会等。				
成果验收	是否完成任务要求:是□ 部分完成□ 否□ 是否按时完成:是□ 超时10 min以上□ 否□				验收员签字	
工单验收	是否完成:是□ 部分完成□ 否□				^^	
任务成绩	具体评价标准请参考任务评价表				得分	

任务评价表

班级		姓名		组号	
任务名称	基于 FC 的通风机控制				
	考核内容	配分	评价标准	学生互评分	教师评分
职业素养 （20 分）	课堂纪律	5	无迟到、早退，不做与课程无关的事，发现一次扣 2 分		
	安全文明操作	10	仪表与着装规范，安全用电，遵章操作，不规范每处扣 2 分		
	卫生清理	5	按要求清理工位和工具，不按要求每处扣 2 分		
任务实施 （50 分）	I/O 分配	10	确定 PLC I/O 分配，有错误需指导一次扣 2 分		
	硬件接线	10	按接线图规范接线，有错误需指导一次扣 2 分		
	编程与调试	20	编制与调试程序，有错误需指导一次扣 2 分，每超时 10 min 扣 5 分		
	运行情况	10	任务运行正确，有错误需指导一次扣 2 分		
	个人贡献系数	1	根据个人的参与程度定		
任务报告 （20 分）	任务工单	10	字迹清晰、内容完整		
	电子文档	10	PLC 变量、程序、运行视频		
激励与创新 （10 分）	课堂激励	5	主动回答问题，一次得 2 分		
	创新思维	5	提出创新性问题或解决思路		
			评分成绩		
			综合成绩		
评分员签名			学生：	教师：	

基于 FB 的通风机降压启动控制　工作单

任务名称	基于 FB 的通风机降压启动控制	完成时间	
班级		姓名	
组号		组长	

任务要求	用 S7-1200 PLC 实现三台通风机的降压启动控制。具体任务要求： 某车间内有三台通风机，由三台电动机带动，分别是 M1、M2、M3。每台电动机要求 Y-△ 降压启动；启动时按下启动按钮，按 M1 启动，10 s 后 M2 启动，10 s 后 M3 启动；停止时按下停止按钮，逆序停止，即 M3 先停止，10 s 后 M2 停止，再过 10 s 后 M1 停止；任何一台电动机，控制电源的接触器和星形接触器接通，即电动机星形启动 6 s 后，星形接触器断电，1 s 后三角形接触器接通，电动机三角形正常运行。 根据任务要求，列出 PLC 的 I/O 分配表，绘制 PLC 外部接线图，完成任务接线，PLC 程序编制、仿真与调试

问题引导	引导性问题回答记录： 问题 1：什么是 FB 函数块？它与 FC 函数有什么区别？ 问题 2：什么是多重背景数据块？怎么在 FB 函数块实现？ 问题 3：FB 函数块定义的参数与调用生成的背景数据块有什么异同？

任务分析	被控对象： PLC 输入设备： PLC 输出设备： 控制过程分析，可另附页。 | 状态号	条件	动作
1		
2		
3		
4			
---	---

I/O 分配	列出 PLC 的 I/O 分配表。 | 元件名称	地址	功能	元件名称	地址	功能
---	---

续表

元件清单	列出任务用到的所有元器件，可另附页。				
	元器件名称	规格型号	数量	用途	备注

电路图绘制	绘制 PLC 的外部接线图及相关电路，可另附页。

程序及分析	编写 PLC 程序并做简要分析，可另附页。

过程记录	接线与检查记录：
	PLC 编程记录：
	仿真、调试、运行记录：

任务总结	总结工作内容、学到的知识与技能、遇到的问题及解决措施、学习心得与体会等。	

成果验收	是否完成任务要求：是□ 部分完成□ 否□ 是否按时完成：是□ 超时 10 min 以上□ 否□	验收员签字	
工单验收	是否完成：是□ 部分完成□ 否□		
任务成绩	具体评价标准请参考任务评价表	得分	

任务评价表

班级		姓名		组号	
任务名称	基于 FB 的通风机降压启动控制				

	考核内容	配分	评价标准	学生互评分	教师评分
职业素养 (20 分)	课堂纪律	5	无迟到、早退，不做与课程无关的事，发现一次扣 2 分		
	安全文明操作	10	仪表与着装规范，安全用电，遵章操作，不规范每处扣 2 分		
	卫生清理	5	按要求清理工位和工具，不按要求每处扣 2 分		
任务实施 (50 分)	I/O 分配	10	确定 PLC I/O 分配，有错误需指导一次扣 2 分		
	硬件接线	10	按接线图规范接线，有错误需指导一次扣 2 分		
	编程与调试	20	编制与调试程序，有错误需指导一次扣 2 分，每超时 10 min 扣 5 分		
	运行情况	10	任务运行正确，有错误需指导一次扣 2 分		
	个人贡献系数	1	根据个人的参与程度定		
任务报告 (20 分)	任务工单	10	字迹清晰、内容完整		
	电子文档	10	PLC 变量、程序、运行视频		
激励与创新 (10 分)	课堂激励	5	主动回答问题，一次得 2 分		
	创新思维	5	提出创新性问题或解决思路		
			评分成绩		
			综合成绩		
评分员签名			学生：	教师：	

通风机的断续运行控制　工作单

任务名称	通风机的断续运行控制	完成时间	
班级		姓名	
组号		组长	
任务要求	用S7-1200 PLC实现通风机的断续运行控制。具体任务要求： 　　某车间内有一台通风机，由三相异步电动机带动。为了节约电能，用S7-1200 PLC实现电动机断续运行的控制。按下启动按钮SB1，电动机启动，工作2 h，停止1 h，再工作2 h，停止1 h，如此循环；当按下停止按钮SB2后或电动机过载，电动机立即停止运行。系统要求使用循环中断组织块实现上述工作和停止时间的延时功能。 　　根据任务要求，列出PLC的I/O分配表，绘制PLC外部接线图，完成任务接线，PLC程序编制、仿真与调试			
问题引导	引导性问题回答记录： 问题1：什么是组织块？组织块有哪几种？ 问题2：启动程序循环组织块、循环中断组织块的事件是什么？ 问题3：怎么实现循环中断组织块的循环时间功能？			

任务分析

被控对象：
PLC 输入设备：
PLC 输出设备：
控制过程分析，可另附页。

状态号	条件	动作
1		
2		
3		
4		

I/O 分配

列出 PLC 的 I/O 分配表。

元件名称	地址	功能	元件名称	地址	功能

续表

元件清单	列出任务用到的所有元器件，可另附页。				
	元器件名称	规格型号	数量	用途	备注

电路图绘制	绘制PLC的外部接线图及相关电路，可另附页。

程序及分析	编写PLC程序并做简要分析，可另附页。

过程记录	接线与检查记录：
	PLC编程记录：
	仿真、调试、运行记录：

任务总结	总结工作内容、学到的知识与技能、遇到的问题及解决措施、学习心得与体会等。

成果验收	是否完成任务要求：是□ 部分完成□ 否□ 是否按时完成：是□ 超时10 min以上□ 否□	验收员签字	
工单验收	是否完成：是□ 部分完成□ 否□		
任务成绩	具体评价标准请参考任务评价表	得分	

任务评价表

班级		姓名		组号		
任务名称		通风机的断续运行控制				
	考核内容	配分	评价标准		学生互评分	教师评分
职业素养（20分）	课堂纪律	5	无迟到、早退，不做与课程无关的事，发现一次扣2分			
	安全文明操作	10	仪表与着装规范，安全用电，遵章操作，不规范每处扣2分			
	卫生清理	5	按要求清理工位和工具，不按要求每处扣2分			
任务实施（50分）	I/O 分配	10	确定 PLC I/O 分配，有错误需指导一次扣2分			
	硬件接线	10	按接线图规范接线，有错误需指导一次扣2分			
	编程与调试	20	编制与调试程序，有错误需指导一次扣2分，每超时 10 min 扣 5 分			
	运行情况	10	任务运行正确，有错误需指导一次扣2分			
	个人贡献系数	1	根据个人的参与程度定			
任务报告（20分）	任务工单	10	字迹清晰、内容完整			
	电子文档	10	PLC 变量、程序、运行视频			
激励与创新（10分）	课堂激励	5	主动回答问题，一次得2分			
	创新思维	5	提出创新性问题或解决思路			
		评分成绩				
		综合成绩				
	评分员签名		学生：		教师：	

通风机的定时启停控制　工作单

任务名称	通风机的定时启停控制	完成时间	
班级		姓名	
组号		组长	

任务要求	用 S7-1200 PLC 实现通风机的定时启停控制。具体任务要求： 某车间内有一台通风机，由三相异步电动机带动。用 S7-1200 的 PLC 实现电动机定时启停的控制，按下启动按钮 SB1，系统启动。系统启动后，每天 8 点电动机启动，工作 4 h 后自动停止运行，若按下停止按钮 SB2 或电动机过载，电动机立即停止运行。系统要求使用延时中断组织块实现延时，使用硬件中断组织块实现停机功能。 根据任务要求，列出 PLC 的 I/O 分配表，绘制 PLC 外部接线图，完成任务接线，PLC 程序编制、仿真与调试

问题引导	引导性问题回答记录： 问题1：延时中断组织块指令 SRT_DINT 的含义是什么？ 问题2：启用硬件中断的事件有哪些？一个硬件中断怎么指定给两个不同的事件？ 问题3：什么是系统时间、本地时间？设置系统时间、读取系统时间的指令是什么？

任务分析

被控对象：
PLC 输入设备：
PLC 输出设备：
控制过程分析，可另附页。

状态号	条件	动作
1		
2		
3		
4		

I/O 分配

列出 PLC 的 I/O 分配表。

元件名称	地址	功能	元件名称	地址	功能

续表

元件清单	列出任务用到的所有元器件，可另附页。					
	元器件名称	规格型号	数量	用途	备注	
电路图绘制	绘制PLC的外部接线图及相关电路，可另附页。					
程序及分析	编写PLC程序并做简要分析，可另附页。					
过程记录	接线与检查记录： PLC编程记录： 仿真、调试、运行记录：					
任务总结	总结工作内容、学到的知识与技能、遇到的问题及解决措施、学习心得与体会等。					
成果验收	是否完成任务要求：是□ 部分完成□ 否□ 是否按时完成：是□ 超时10 min以上□ 否□				验收员签字	
工单验收	是否完成：是□ 部分完成□ 否□					
任务成绩	具体评价标准请参考任务评价表				得分	

任务评价表

班级		姓名		组号		
任务名称	通风机的定时启停控制					
	考核内容	配分	评价标准	学生互评分	教师评分	
职业素养 (20分)	课堂纪律	5	无迟到、早退，不做与课程无关的事，发现一次扣2分			
	安全文明操作	10	仪表与着装规范，安全用电，遵章操作，不规范每处扣2分			
	卫生清理	5	按要求清理工位和工具，不按要求每处扣2分			
任务实施 (50分)	I/O 分配	10	确定 PLC I/O 分配，有错误需指导一次扣2分			
	硬件接线	10	按接线图规范接线，有错误需指导一次扣2分			
	编程与调试	20	编制与调试程序，有错误需指导一次扣2分，每超时 10 min 扣 5 分			
	运行情况	10	任务运行正确，有错误需指导一次扣2分			
	个人贡献系数	1	根据个人的参与程度定			
任务报告 (20分)	任务工单	10	字迹清晰、内容完整			
	电子文档	10	PLC 变量、程序、运行视频			
激励与创新 (10分)	课堂激励	5	主动回答问题，一次得2分			
	创新思维	5	提出创新性问题或解决思路			
评分成绩						
综合成绩						
评分员签名			学生：		教师：	

通风机系统的运行控制　工作单

任务名称	通风机系统的运行控制	完成时间	
班级		姓名	
组号		组长	

任务要求	用 S7-1200 PLC 实现通风机系统的运行控制。具体任务要求： 　　某车间通风系统，由 3 台风机组成。为了保证工作人员的安全，一般要求至少两台通风机同时运行。按下启动按钮 SB1，3 台风机同时开启运行，延时 3 h，3 台风机自动停止，指示灯灭，报警蜂鸣器复位。在风机运行过程中，当某台风机出现过载故障时，该台风机停止工作。风机工作状态需要进行监控，并通过指示灯进行显示，具体要求如下： 　　(1) 当系统中没有风机工作时，指示灯以 2 Hz 频率闪烁，报警蜂鸣器响，表示车间不通风，需要停工。(2) 当系统中只有 1 台风机工作时，指示灯以 0.5 Hz 频率闪烁，表示车间不佳，需要检修。(3) 当系统中有 2 台以上风机工作时，指示灯常亮，表示通风情况良好。(4) 按下停止按钮 SB2 时，3 台风机都停止工作，指示灯灭，报警蜂鸣器复位。 　　要求用 FB 函数块或 FC 函数编制指示灯闪烁功能；要求使用延时中断组织块实现延时，使用硬件中断组织块实现停止按钮的停机功能。 　　根据任务要求，列出 PLC 的 I/O 分配表，绘制 PLC 外部接线图，完成任务接线，PLC 程序编制、仿真与调试

问题引导	引导性问题回答记录： 问题1：2 Hz、0.5 Hz 的闪烁，周期分别是多少？接通时间和断开时间分别是多少？ 问题2：用 TON 定时器指令编制一个 2 Hz 的闪烁程序。若用 FB 函数块实现闪烁功能，哪些可以作为接口参数？ 问题3：怎么表达没有风机工作、只有 1 台风机工作、2 台以上风机工作这三种状态？

任务分析	被控对象： PLC 输入设备： PLC 输出设备： 控制过程分析，可另附页。 | 状态号	条件	动作 | |---|---|---| | 1 | | | | 2 | | | | 3 | | | | 4 | | |

I/O 分配	列出 PLC 的 I/O 分配表。 | 元件名称	地址	功能	元件名称	地址	功能 | |---|---|---|---|---|---| | | | | | | | | | | | | | | | | | | | | |

续表

元件清单	列出任务用到的所有元器件，可另附页。				
^	元器件名称	规格型号	数量	用途	备注
^					
^					
^					
^					

电路图绘制	绘制PLC的外部接线图及相关电路，可另附页。

程序及分析	编写PLC程序并做简要分析，可另附页。

过程记录	接线与检查记录：
^	PLC编程记录：
^	仿真、调试、运行记录：

任务总结	总结工作内容、学到的知识与技能、遇到的问题及解决措施、学习心得与体会等。	
成果验收	是否完成任务要求：是□ 部分完成□ 否□ 是否按时完成：是□ 超时10 min以上□ 否□	验收员签字
工单验收	是否完成：是□ 部分完成□ 否□	^
任务成绩	具体评价标准请参考任务评价表	得分

任务评价表

班级		姓名		组号	
任务名称	通风机系统的运行控制				
	考核内容	配分	评价标准	学生互评分	教师评分
职业素养 （20分）	课堂纪律	5	无迟到、早退，不做与课程无关的事，发现一次扣2分		
	安全文明操作	10	仪表与着装规范，安全用电，遵章操作，不规范每处扣2分		
	卫生清理	5	按要求清理工位和工具，不按要求每处扣2分		
任务实施 （50分）	I/O 分配	10	确定 PLC I/O 分配，有错误需指导一次扣2分		
	硬件接线	10	按接线图规范接线，有错误需指导一次扣2分		
	编程与调试	20	编制与调试程序，有错误需指导一次扣2分，每超时 10 min 扣 5 分		
	运行情况	10	任务运行正确，有错误需指导一次扣2分		
	个人贡献系数	1	根据个人的参与程度定		
任务报告 （20分）	任务工单	10	字迹清晰、内容完整		
	电子文档	10	PLC 变量、程序、运行视频		
激励与创新 （10分）	课堂激励	5	主动回答问题，一次得2分		
	创新思维	5	提出创新性问题或解决思路		
		评分成绩			
		综合成绩			
	评分员签名		学生：	教师：	

物流小车的 PLC 控制　工作单

任务名称	物流小车的 PLC 控制	完成时间	
班级		姓名	
组号		组长	

任务要求

用 S7-1200 PLC 实现物流小车的 PLC 控制。具体任务要求：

某工厂有一物流小车，负责搬运指定地点上的货物。物流小车由一台三相异步电动机控制，当电动机正转时，小车向前运行，电动机反转，小车向后运行。在搬运路线的 A 点和 B 点各装一个限位开关，在 A 点上方有一个料斗，用于装料，小车上还有一个车门，用于卸料，料斗和车门分别由电磁阀 YV1、电磁阀 YV2 控制。小车示意图如图所示。具体控制要求如下：

小车在原点（A 点）时，按下启动按钮 SB1，料斗门打开，开始装料；8 s 后装料结束，料斗门关闭，小车开始前进；到达 B 点时，碰到 SQ2 前限位开关，小车停止，打开车门开始卸料；6 s 后卸料结束，小车后退；到达 A 点时，碰到 SQ1 后限位开关，小车停止，并打开料斗门重复前面的工作；任意时刻，按下停止按钮 SB2，系统一个周期工作结束，回到原位后才停止。若出现紧急情况时，按下急停按钮 SB3，所有工作停止；小车不在原点时，需要按下回原点按钮 SB4，小车回到原点后才重新开启新一轮工作。

根据任务要求，列出 PLC 的 I/O 分配表，绘制 PLC 外部接线图，完成任务接线，PLC 程序编制、仿真与调试

问题引导

引导性问题回答记录：

问题 1：在做 PLC 程序设计前，一般需要了解哪些相关工作？

问题 2：PLC 程序设计主要有哪几个步骤？

问题 3：前面学过的任务中，用到了哪些比较典型的基本控制程序？

任务分析

被控对象：
PLC 输入设备：
PLC 输出设备：
控制过程分析，可另附页。

状态号	条件	动作
1		
2		
3		
4		

续表

I/O 分配	列出 PLC 的 I/O 分配表，可另附页。<table><tr><td>元件名称</td><td>地址</td><td>功能</td><td>元件名称</td><td>地址</td><td>功能</td></tr><tr><td></td><td></td><td></td><td></td><td></td><td></td></tr><tr><td></td><td></td><td></td><td></td><td></td><td></td></tr><tr><td></td><td></td><td></td><td></td><td></td><td></td></tr></table>
元件清单	列出任务用到的所有元器件，可另附页。<table><tr><td>元器件名称</td><td>规格型号</td><td>数量</td><td>用途</td><td>备注</td></tr><tr><td></td><td></td><td></td><td></td><td></td></tr><tr><td></td><td></td><td></td><td></td><td></td></tr><tr><td></td><td></td><td></td><td></td><td></td></tr><tr><td></td><td></td><td></td><td></td><td></td></tr></table>
电路图绘制	绘制 PLC 的外部接线图及相关电路，可另附页。
程序及分析	编写 PLC 程序并做简要分析，可另附页。
过程记录	接线与检查记录： PLC 编程记录： 仿真、调试、运行记录：
任务总结	总结工作内容、学到的知识与技能、遇到的问题及解决措施、学习心得与体会等。
成果验收	是否完成任务要求：是□ 部分完成□ 否□ 是否按时完成：是□ 超时 10 min 以上□ 否□	验收员签字	
工单验收	是否完成：是□ 部分完成□ 否□		
任务成绩	具体评价标准请参考任务评价表	得分	

47

任务评价表

班级			姓名		组号	
任务名称		物流小车的PLC控制				
	考核内容	配分	评价标准		学生互评分	教师评分
职业素养 （20分）	课堂纪律	5	无迟到、早退，不做与课程无关的事，发现一次扣2分			
	安全文明操作	10	仪表与着装规范，安全用电，遵章操作，不规范每处扣2分			
	卫生清理	5	按要求清理工位和工具，不按要求每处扣2分			
任务实施 （50分）	I/O分配	10	确定PLC I/O分配，有错误需指导一次扣2分			
	硬件接线	10	按接线图规范接线，有错误需指导一次扣2分			
	编程与调试	20	编制与调试程序，有错误需指导一次扣2分，每超时10 min扣5分			
	运行情况	10	任务运行正确，有错误需指导一次扣2分			
	个人贡献系数	1	根据个人的参与程度定			
任务报告 （20分）	任务工单	10	字迹清晰、内容完整			
	电子文档	10	PLC变量、程序、运行视频			
激励与创新 （10分）	课堂激励	5	主动回答问题，一次得2分			
	创新思维	5	提出创新性问题或解决思路			
			评分成绩			
			综合成绩			
评分员签名			学生：		教师：	

工业机械手的 PLC 控制 工作单

任务名称	工业机械手的 PLC 控制	完成时间	
班级		姓名	
组号		组长	

任务要求

用 S7-1200 PLC 实现机械手的 PLC 控制。具体任务要求：

工业机械手工作示意图如下图所示，其任务是将传送带 A 的物品搬到传送带 B 上。机械手的原位是在传送带 B 上，开始工作时，先是手臂上升，到上限位时，上升限位开关 LS4 闭合，手臂左旋；左旋到位时，左旋限位开关 LS2 闭合，手臂下降；到下限位时，下降限位开关 LS5 闭合，传送带 A 运行。

当光电开关 PS1 检测到物品已进入手指范围时，手指抓物品。当物品抓紧时，抓紧检测开关 LS1 动作，手臂上升；到上限位时，上升限位开关 LS4 闭合，手臂右旋；右旋到位时，右旋限位开关 LS3 闭合，手臂下降，下降到下限位时，下降限位开关 LS5 闭合，手指放开，物品被放到传送带 B 上。延时 2 s 时间到，一个循环结束，再自动重复。启动按钮按下时开始工作，中途若按下停止按钮，机械手运行一个循环结束后才停止。机械手的上升、下降、左旋、右旋、抓紧和放松是用二位五通双电控电磁阀完成。一个线圈通电一个状态，断电后仍保持断电前的状态，另一线圈通电换位成另一个状态，断电后仍保持断电前的状态。

根据任务要求，列出 PLC 的 I/O 分配表，绘制顺序功能图，完成 PLC 程序编制、仿真与调试

问题引导

引导性问题回答记录：

问题 1：什么是顺序控制？什么是顺序控制设计法中的步？

问题 2：顺序功能图由哪些组成？有哪几种类型？

问题 3：绘制顺序功能图需要注意哪几点？它转换成 PLC 程序有哪几种方法？

任务分析

被控对象：
PLC 输入设备：
PLC 输出设备：
控制过程分析，可另附页。

状态号	条件	动作
1		
2		
3		

49

续表

I/O 分配	列出 PLC 的 I/O 分配表，可另附页。					
^^	元件名称	地址	功能	元件名称	地址	功能
^^						
^^						
^^						
元件清单	列出任务用到的所有元器件，可另附页。					
^^	元器件名称	规格型号	数量	用途	备注	
^^						
^^						
^^						
^^						
顺序功能图绘制	绘制顺序功能图，可另附页。					
程序及分析	编写 PLC 程序并做简要分析，可另附页。					
过程记录	功能图绘制问题记录：					
^^	PLC 编程记录：					
^^	仿真与调试记录：					
任务总结	总结工作内容、学到的知识与技能、遇到的问题及解决措施、学习心得与体会等。					
成果验收	是否完成任务要求：是□　部分完成□　否□ 是否按时完成：是□　超时 10 min 以上□　否□					验收员签字	
工单验收	是否完成：是□　部分完成□　否□					^^	
任务成绩	具体评价标准请参考任务评价表					得分	

任务评价表

班级			姓名		组号	
任务名称		工业机械手的PLC控制				
	考核内容	配分	评价标准		学生互评分	教师评分
职业素养（20分）	课堂纪律	5	无迟到、早退，不做与课程无关的事，发现一次扣2分			
	安全文明操作	10	仪表与着装规范，安全用电，遵章操作，不规范每处扣2分			
	卫生清理	5	按要求清理工位和工具，不按要求每处扣2分			
任务实施（50分）	I/O分配	10	确定PLC I/O分配，有错误需指导一次扣2分			
	绘制顺序功能图	10	按要求绘制顺序功能图，不规范或错误一处扣2分			
	编程与调试	20	编制与调试程序，有错误需指导一次扣2分，每超时10 min扣5分			
	运行情况	10	任务运行正确，有错误需指导一次扣2分			
	个人贡献系数	1	根据个人的参与程度定			
任务报告（20分）	任务工单	10	字迹清晰、内容完整			
	电子文档	10	PLC变量、程序、运行视频			
激励与创新（10分）	课堂激励	5	主动回答问题，一次得2分			
	创新思维	5	提出创新性问题或解决思路			
			评分成绩			
			综合成绩			
评分员签名			学生：		教师：	

多种工作方式的机械手控制 工作单

任务名称	多种工作方式的机械手控制	完成时间	
班级		姓名	
组号		组长	

任务要求

用 S7-1200 PLC 实现多种工作方式的机械手控制。具体任务要求：设计一个多种工作方式的机械手控制系统，机械手转运工件示意图和转运工作过程如下图所示。

机械手工作要求如下：

（1）初始状态。

机械手在原点位置，压左限位 SQ4＝1，压上限位 SQ2＝1，即机械手在最上面和最左边，机械手松开。机械手在原点位置时，原点指示灯亮。

（2）运行状态。

合上手/自动开关，机械手处于手动状态，每按下一个功能键，就机械手执行相应的功能。断开手/自动开关，机械手处于自动状态。按下回原点按钮，机械手自动回到原点停止，原点指示灯亮。自动状态下，要让机械手回到原点后才可以进入自动工作状态。在自动状态下，按下启动按钮，机械手按照下降→夹紧（延时 2 s）→上升→右移→下降→松开（延时 2 s）→上升→左移的顺序依次从左向右转送工件。下降/上升、左移/右移、夹紧/松开使用电磁阀控制。若连续/单周期开关闭合，机械手连续循环工作，若连续/单周期开关断开，机械手单周期工作。

（3）停止操作。

按下停止按钮，机械手完成当前工作过程，停在原点位置。

机械手的上升、下移、左移、右移是用双线圈二位电磁阀推动气缸完成，每个线圈完成一个动作。抓紧/放松由单线圈二位电磁阀推动气缸完成，线圈通电时执行抓紧动作，线圈断电时执行放松动作。该机械手总共有手动、连续、单周期、回原点四种工作方式，其中连续和单周期属于自动状态下的两种工作模式；要有必要的电气联锁和保护；自动循环时应按上述顺序动作。

根据任务要求，列出 PLC 的 I/O 分配表，绘制顺序功能图，完成 PLC 程序编制、仿真与调试。

问题引导

引导性问题回答记录：

问题 1：跳转相关的指令中 JMP、JMPN 分别是什么含义？

问题 2：LABEL 的标签命名有什么要求？RET 指令什么含义？

问题 3：手动/自动模式的电动机启停控制：在手动模式下，按下启动按钮 SB1，电动机启动；按下停止按钮 SB2，电动机停止。在自动模式下，按下启动按钮 SB1，电动机工作 15 s 后自动停止。怎么用跳转指令设计该控制程序？

续表

任务分析	被控对象： PLC 输入/输出设备： 控制过程分析，可另附页。 <table><tr><td>状态号</td><td>条件</td><td>工序（步）</td></tr><tr><td>1</td><td></td><td></td></tr><tr><td>2</td><td></td><td></td></tr><tr><td>3</td><td></td><td></td></tr></table>
I/O 分配	列出 PLC 的 I/O 分配表，可另附页。 <table><tr><td>元件名称</td><td>地址</td><td>功能</td><td>元件名称</td><td>地址</td><td>功能</td></tr><tr><td></td><td></td><td></td><td></td><td></td><td></td></tr><tr><td></td><td></td><td></td><td></td><td></td><td></td></tr><tr><td></td><td></td><td></td><td></td><td></td><td></td></tr></table>
元件清单	列出任务用到的所有元器件，可另附页。 <table><tr><td>元器件名称</td><td>规格型号</td><td>数量</td><td>元器件名称</td><td>规格型号</td><td>数量</td></tr><tr><td></td><td></td><td></td><td></td><td></td><td></td></tr><tr><td></td><td></td><td></td><td></td><td></td><td></td></tr></table>
顺序功能图绘制	绘制顺序功能图，可另附页。
程序及分析	编写 PLC 程序并做简要分析，可另附页。
过程记录	功能图绘制问题记录： PLC 编程记录： 仿真与调试记录：
任务总结	总结工作内容、学到的知识与技能、遇到的问题及解决措施、学习心得与体会等。
成果验收	是否完成任务要求：是□ 部分完成□ 否□ 是否按时完成：是□ 超时 10 min 以上□ 否□
工单验收	是否完成：是□ 部分完成□ 否□
任务成绩	具体评价标准请参考任务评价表

验收员签字

得分

53

任务评价表

班级		姓名		组号	
任务名称	多种工作方式的机械手控制				
	考核内容	配分	评价标准	学生互评分	教师评分
职业素养 （20分）	课堂纪律	5	无迟到、早退，不做与课程无关的事，发现一次扣2分		
	安全文明操作	10	仪表与着装规范，安全用电，遵章操作，不规范每处扣2分		
	卫生清理	5	按要求清理工位和工具，不按要求每处扣2分		
任务实施 （50分）	I/O分配	10	确定PLC I/O分配，有错误需指导一次扣2分		
	绘制顺序功能图	10	按要求绘制顺序功能图，不规范或错误一处扣2分		
	编程与调试	20	编制与调试程序，有错误需指导一次扣2分，每超时10 min扣5分		
	运行情况	10	任务运行正确，有错误需指导一次扣2分		
	个人贡献系数	1	根据个人的参与程度定		
任务报告 （20分）	任务工单	10	字迹清晰、内容完整		
	电子文档	10	PLC变量、程序、运行视频		
激励与创新 （10分）	课堂激励	5	主动回答问题，一次得2分		
	创新思维	5	提出创新性问题或解决思路		
		评分成绩			
		综合成绩			
评分员签名			学生：	教师：	

两级输送带的异地启停控制　工作单

任务名称	两级输送带的异地启停控制	完成时间	
班级		姓名	
组号		组长	

任务要求	用S7-1200 PLC实现两级输送带的异地启停控制。具体任务要求： 　　某纸箱包装工厂有一条两级输送带，每级输送带都由三相异步电动机带动，第一级输送带由本地1号电动机带动，PLC_1控制；第二级输送带由远程2号电动机带动，PLC_2控制。为了方便控制这条长输送带，在两个不同地方都能控制启动和停止输送带，具体要求如下： 　　按下本地启动按钮SB1，本地1号电动机启动，远程2号电动机也启动。按下本地停止按钮SB2，本地1号电动机停止，远程2号电动机也停止。按下远程启动按钮SB3，远程2号电动机启动，本地1号电动机也启动，按下远程停止按钮SB4，远程2号电机停止，本地1号电动机也停止。 　　根据任务要求，列出PLC的I/O分配表，绘制PLC外部接线图，完成任务接线、PLC程序编制、仿真与调试

问题引导	引导性问题回答记录： 问题1：什么是并行通信？什么是串行通信？串行通信有哪几种通信方式？ 问题2：S7-1200 CPU支持哪些通信协议？不带连接管理的通信指令有哪些？ 问题3：TSEND_C指令和TRCV_C指令分别是什么含义？

任务分析	被控对象： PLC输入设备： PLC输出设备： 控制过程分析，可另附页。 | 状态号	条件	动作 | |---|---|---| | 1 | | | | 2 | | | | 3 | | |

I/O分配	列出PLC_1的I/O分配表。 | 输入/输出元件名称	地址	功能 | |---|---|---| | | | | | | | | | | | |

续表

I/O 分配	列出 PLC_2 的 I/O 分配表。			
	输入/输出元件名称	地址		功能
元件清单	列出任务用到的所有元器件,可另附页。			
	元器件名称	规格型号	数量	用途	备注
电路图绘制	绘制 PLC 的外部接线图,可另附页。			
程序及分析	编写 PLC 程序并做简要分析,可另附页。			
过程记录	接线与检查记录:			
	PLC 编程记录:			
	仿真、调试与运行记录:			
任务总结	总结工作内容、学到的知识与技能、遇到的问题及解决措施、学习心得与体会等。			
成果验收	是否完成任务要求:是□ 部分完成□ 否□ 是否按时完成:是□ 超时 10 min 以上□ 否□			验收员签字	
工单验收	是否完成:是□ 部分完成□ 否□				
任务成绩	具体评价标准请参考任务评价表			得分	

任务评价表

班级		姓名		组号		
任务名称	两级输送带的异地启停控制					
	考核内容	配分	评价标准		学生互评分	教师评分
职业素养（20分）	课堂纪律	5	无迟到、早退，不做与课程无关的事，发现一次扣2分			
	安全文明操作	10	仪表与着装规范，安全用电，遵章操作，不规范每处扣2分			
	卫生清理	5	按要求清理工位和工具，不按要求每处扣2分			
任务实施（50分）	I/O 分配	10	确定 PLC I/O 分配，有错误需指导一次扣2分			
	硬件接线	10	按接线图规范接线，有错误需指导一次扣2分			
	编程与调试	20	编制与调试程序，有错误需指导一次扣2分，每超时 10 min 扣5分			
	运行情况	10	任务运行正确，有错误需指导一次扣2分			
	个人贡献系数	1	根据个人的参与程度定			
任务报告（20分）	任务工单	10	字迹清晰、内容完整			
	电子文档	10	PLC 变量、程序、运行视频			
激励与创新（10分）	课堂激励	5	主动回答问题，一次得2分			
	创新思维	5	提出创新性问题或解决思路			
			评分成绩			
			综合成绩			
评分员签名			学生：		教师：	

两级输送带的正反向运行控制 任务工单

任务名称	两级输送带的正反向运行控制	完成时间	
班级		姓名	
组号		组长	

任务要求	用 S7-1200 PLC 实现两级输送带的正反向运行控制。具体任务要求： 某纸箱包装工厂有一条两级输送带，每级输送带都由三相异步电动机带动，第一级输送带由本地1号电动机带动，PLC_1 控制；第二级输送带由远程2号电动机带动，PLC_2 控制。 本地按钮控制本地1号电动机的启动和停止。远程按钮控制远程2号电动机的启动和停止。按下本地正向启动按钮 SB1，本地1号电动机正向启动运行，远程2号电动机也只能正向启动运行，按下本地反向启动按钮 SB2，本地1号电动机反向启动运行，远程2号电动机也只能反向启动运行。按下本地停止按钮 SB3，本地1号电动机停止。 若远程2号电动机先启动，则本地1号电动机也得与远程2号电动机运行方向一致。按下远程正向启动按钮 SB4，远程2号电动机正向启动运行，本地1号电动机也只能正向启动运行，按下远程反向启动按钮 SB5，本地1号电动机也只能反向启动运行。按下远程停止按钮 SB6，远程2号电动机停止。电动机运行过程中若出现过载，热继电器 FR 动作，电动机停止。 要求用 PROFINET IO 通信方式上述控制功能。 根据任务要求，列出 PLC 的 I/O 分配表，绘制 PLC 外部接线图，完成任务接线，PLC 程序编制与调试
问题引导	引导性问题回答记录： 问题1：什么是 PLC 通信中的主站、从站？ 问题2：智能 I/O 设备有什么优点？ 问题3：PROFINET IO 通信与前任务的以太网通信有什么区别？
任务分析	被控对象： PLC 输入设备： PLC 输出设备： 控制过程分析，可另附页。 	状态号	条件	动作
---	---	---
1		
2		
3			
I/O 分配	列出 PLC_1 的 I/O 分配表。 | 元件名称	地址	功能	元件名称	地址	功能
---	---	---	---	---	---

续表

I/O 分配	列出 PLC_2 的 I/O 分配表。 | 元件名称	地址	功能	元件名称	地址	功能
---	---	---	---	---	---
元件清单	列出任务用到的所有元器件,可另附页。 	元器件名称	规格型号	数量	用途	备注
---	---	---	---	---
电路图绘制	绘制 PLC 的外部接线图,可另附页。
程序及分析	编写 PLC 程序并做简要分析,可另附页。
过程记录	接线与检查记录: PLC 编程记录: 仿真、调试与运行记录:
任务总结	总结工作内容、学到的知识与技能、遇到的问题及解决措施、学习心得与体会等。
成果验收	是否完成任务要求:是□ 部分完成□ 否□ 是否按时完成:是□ 超时 10 min 以上□ 否□	验收员签字
工单验收	是否完成:是□ 部分完成□ 否□	
任务成绩	具体评价标准请参考任务评价表	得分

任务评价表

班级		姓名		组号		
任务名称		两级输送带的正反向运行控制				
	考核内容	配分	评价标准		学生互评分	教师评分
职业素养 (20分)	课堂纪律	5	无迟到、早退，不做与课程无关的事，发现一次扣2分			
	安全文明操作	10	仪表与着装规范，安全用电，遵章操作，不规范每处扣2分			
	卫生清理	5	按要求清理工位和工具，不按要求每处扣2分			
任务实施 (50分)	I/O 分配	10	确定 PLC I/O 分配，有错误需指导一次扣2分			
	硬件接线	10	按接线图规范接线，有错误需指导一次扣2分			
	编程与调试	20	编制与调试程序，有错误需指导一次扣2分，每超时 10 min 扣5分			
	运行情况	10	任务运行正确，有错误需指导一次扣2分			
	个人贡献系数	1	根据个人的参与程度定			
任务报告 (20分)	任务工单	10	字迹清晰、内容完整			
	电子文档	10	PLC 变量、程序、运行视频			
激励与创新 (10分)	课堂激励	5	主动回答问题，一次得2分			
	创新思维	5	提出创新性问题或解决思路			
			评分成绩			
			综合成绩			
评分员签名			学生：		教师：	

搅拌机的变频调速控制　工作单

任务名称	搅拌机的变频调速控制		完成时间	
班级			姓名	
组号			组长	
任务要求	用 S7-1200 PLC 与变频器实现搅拌机的变频调速控制。具体任务要求： 某工业液体搅拌机，由西门子变频器 G120C、调速电动机及 PLC 控制。电动机控制过程如下： 　（1）第一阶段以 350 r/min 速度正转，正转 10 s 后以 700 r/min 速度反转 6 s，再以 875 r/min 速度正转 8 s 后，停止 10 s；进入第二阶段：电动机以 1 050 r/min 正转 8 s 接着以 700 r/min 正转 10 s，接着以 525 r/min 反转 8 s，再以 350 r/min 速度反转 6 s 后停止。 　（2）第二阶段后电动机停止 12 s，再重新进行上述的速度运行，总共循环 3 次才停止。 系统有一个启动按钮，一个停止按钮。按下启动按钮，系统允许启动，电动机按照上述的转速自动运行，按下停止按钮，任意时刻电动机立即停止。 PLC 外部设置一个启动按钮和一个停止按钮，触摸屏上也设置一个启动按钮和一个停止按钮，电动机的运行速度可显示在触摸屏上。 电动机最大转速为 1 400 r/min，最小转速为 0 r/min，电动机从 0 到最大转速 1 400 r/min 时的加速时间为 4 s，以上所有的转速时间都包含加减速时间。 调速电动机铭牌参数如下：额定功率 0.1 kW，额定频率为 50 Hz，额定电压 380 V，额定电流 1.12 A，额定转速 14 300 r/min。 根据任务要求，设置变频器参数、列出 PLC 的变量表，绘制 PLC 外部接线图，完成任务接线，PLC 程序编制与调试			
问题引导	引导性问题回答记录： 问题 1：变频器操作面板有哪几个菜单？分别是什么功能？ 问题 2：变频器的快速调试步骤有哪些？本任务需要设置哪些参数？ 问题 3：根据案例内容，变频器组态过程中的地址、名称怎么分配？			
任务分析	被控对象： PLC 输入设备： PLC 输出设备： 控制过程分析，可另附页。 	状态号	条件	动作
---	---	---
1		
2		
3		
4						
变频器设置	变频器要设置的参数及数值： 变频器组态的步骤：			

续表

PLC变量	列出PLC的输入/输出、与触摸屏关联的输入/输出变量分配表。 | 变量名称	地址	功能	变量名称	地址	功能 | |---|---|---|---|---|---| | | | | | | | | | | | | | | | | | | | | | | | | | | | |
元件清单	列出任务用到的所有元器件，可另附页。 | 元器件名称 | 规格型号 | 数量 | 元器件名称 | 规格型号 | 数量 | |---|---|---|---|---|---| | | | | | | | | | | | | | | | | | | | | |
电路图绘制	绘制PLC的外部接线图，可另附页。
程序及分析	编写PLC程序并做简要分析，可另附页。
过程记录	接线与检查记录： 编程与调试记录： 运行记录：
任务总结	总结工作内容、学到的知识与技能、遇到的问题及解决措施、学习心得与体会等。
成果验收	是否完成任务要求：是□ 部分完成□ 否□ 是否按时完成：是□ 超时10 min以上□ 否□	验收员签字	
工单验收	是否完成：是□ 部分完成□ 否□		
任务成绩	具体评价标准请参考任务评价表	得分	

任务评价表

班级		姓名		组号	
任务名称	搅拌机的变频调速控制				

	考核内容	配分	评价标准	学生互评分	教师评分
职业素养 （20分）	课堂纪律	5	无迟到、早退，不做与课程无关的事，发现一次扣2分		
	安全文明操作	10	仪表与着装规范，安全用电，遵章操作，不规范每处扣2分		
	卫生清理	5	按要求清理工位和工具，不按要求每处扣2分		
任务实施 （50分）	硬件接线	5	按接线图规范接线，有错误需指导一次扣1分		
	组态与设置	5	组态变频器及设置相关参数，有错误需指导一次扣1分		
	PLC变量	10	确定PLC变量分配，有错误需指导一次扣2分		
	编程与调试	20	设计与调试PLC程序，有错误需指导一次扣2分，每超时10 min扣5分		
	运行情况	10	任务运行正确，错或漏一处控制功能扣3分		
	个人贡献系数	1	根据个人的参与程度定		
任务报告 （20分）	任务工单	10	字迹清晰、内容完整		
	电子文档	10	PLC变量、程序、运行视频		
激励与创新 （10分）	课堂激励	5	主动回答问题，一次得2分		
	创新思维	5	提出创新性问题或解决思路		
		评分成绩			
		综合成绩			
评分员签名		学生：		教师：	

数控车床主轴电动机的转速控制　工作单

任务名称	数控车床主轴电动机的转速控制	完成时间	
班级		姓名	
组号		组长	

任务要求	用 S7-1200 PLC 与变频器实现数控车床主轴电动机的转速控制。具体任务要求： 某数控车床的主轴电动机转速由变频器控制，能实现主轴电动机的无级调速。PLC 的模拟量输出作为变频器的模拟量输入。按下启动按钮，电动机启动，电动机转速默认为 700 r/min，按升速按钮，电动机转速升高，按降速按钮，电动机转速降低，电动机主轴转速在 0~1 400 r/min 可调。合上反向开关，电动机按当前的速度反转运行。按下停止按钮，电动机减速停止。当转速低于 300 r/min 时，低速指示灯亮，当转速高于 1 000 r/min 时，高速指示灯亮。 电动机最大转速为 1 400 r/min，最小转速为 0 r/min，电动机从 0 到最大转速 1 400 r/min 时的加速时间为 4 s。触摸屏上除设置启动按钮、停止按钮、反向开关、低速指示灯、高速指示灯外，还能实时显示电动机转速。 根据任务要求，设置变频器参数、列出 PLC 的变量表，绘制 PLC 外部接线图，完成任务接线，PLC 程序编制与调试

问题引导	引导性问题回答记录： 问题 1：PLC 的模拟量输入、输出模块有哪些？CPU 1215 DC/DC/DC 本地自带哪些模拟量输入、输出点？ 问题 2：PLC 的模拟量输入、输出模块的参数有哪些？单极性输入信号 5 V 时（量程 0~10 V），对应的 PLC 输入的十进制数值是多少？ 问题 3：变频器将模拟量设为设定值源，需要设置哪些参数？将变频器的模拟量输入的电压量程设为 0~10 V，应设置哪个参数？

任务分析	被控对象： PLC 输入设备： PLC 输出设备： 控制过程分析，可另附页。 | 状态号	条件	动作
1		
2		
3		
4			
---	---

变频器设置	变频器要设置的参数及数值：

续表

PLC 变量	列出 PLC 的输入/输出、与触摸屏关联的输入/输出变量分配表，可另附页。					
^^	变量名称	地址	功能	变量名称	地址	功能
^^						
^^						
^^						
^^						
元件清单	列出任务用到的所有元器件，可另附页。					
^^	元器件名称	规格型号	数量	用途		备注
^^						
^^						
^^						
电路图绘制	绘制 PLC 与变频器的接线图，可另附页。					
程序及分析	编写 PLC 程序并做简要分析，可另附页。					
过程记录	接线与检查记录：					
^^	编程与调试记录：					
^^	运行记录：					
任务总结	总结工作内容、学到的知识与技能、遇到的问题及解决措施、学习心得与体会等。					
成果验收	是否完成任务要求：是□ 部分完成□ 否□ 是否按时完成：是□ 超时 10 min 以上□ 否□					验收员签字	
工单验收	是否完成：是□ 部分完成□ 否□					^^	
任务成绩	具体评价标准请参考任务评价表					得分	

任务评价表

班级		姓名		组号	
任务名称	数控车床主轴电动机的转速控制				
	考核内容	配分	评价标准	学生互评分	教师评分
职业素养 （20分）	课堂纪律	5	无迟到、早退，不做与课程无关的事，发现一次扣2分		
	安全文明操作	10	仪表与着装规范，安全用电，遵章操作，不规范每处扣2分		
	卫生清理	5	按要求清理工位和工具，不按要求每处扣2分		
任务实施 （50分）	硬件接线	5	按接线图规范接线，有错误需指导一次扣1分		
	组态与设置	5	组态PLC模拟量、设置变频器参数，有错误需指导一次扣1分		
	PLC变量	10	确定PLC变量分配，有错误需指导一次扣2分		
	编程与调试	20	设计与调试PLC程序，有错误需指导一次扣2分，每超时10 min扣5分		
	运行情况	10	任务运行正确，错或漏一处控制功能扣3分		
	个人贡献系数	1	根据个人的参与程度定		
任务报告 （20分）	任务工单	10	字迹清晰、内容完整		
	电子文档	10	PLC变量、程序、运行视频		
激励与创新 （10分）	课堂激励	5	主动回答问题，一次得2分		
	创新思维	5	提出创新性问题或解决思路		
			评分成绩		
			综合成绩		
评分员签名		学生：		教师：	

物料送仓控制系统的设计 工作单

任务名称	物料送仓控制系统的设计		完成时间	
班级			姓名	
组号			组长	
项目要求	用S7-1200 PLC实现物料送仓控制系统的设计。具体任务要求： （1）当初始上电或按下复位按钮时，步进电动机、伺服电动机执行回原点动作，Z轴气爪处于缩回、放松的初始状态。 （2）设置手动开关，进行手自动系统的切换。 手动模式： 合上手动开关，系统切换成手动模式。在手动模式下，X-Y轴运动单元可以点动运行，手动指示灯亮。按下X轴点动左行按钮，X轴点动左行；按下X轴点动右行按钮，X轴点动右行；按下Y轴点动上行按钮，Y轴点动上行；按下Y轴点动下行按钮，Y轴点动下行。点动速度均为10 mm/s。 自动模式： 断开手动开关，系统切换成自动模式。在自动模式下，系统处于初始状态时，按下启动按钮，皮带物料检测开关检测到有物料时，皮带启动，把物料送至到料检测位置时，皮带停止。延时0.5 s后，X-Y轴运动单元开始运动，运动到物料抓取位置，Z轴气爪夹紧物料。夹紧到位后，运动单元把物料送到空仓位正上方1 cm处（系统按仓位信号顺序选择空仓位，选择完成后锁定仓位号及仓位X、Y轴坐标），Z轴气爪伸出，伸出到位后，Y轴运动到目标仓位的Y轴坐标，Z轴气爪放松，物料放置在该仓位，Z轴气爪缩回，缩回到位后，X-Y轴运动并带动Z轴气爪回到皮带到料检测点上方，等待下一次的物料搬运。自动状态下，整个运行周期结束后，若皮带检测到有物料并且有空仓位时，自动开启下一个周期的工作。 （3）其他要求。 按下急停按钮，系统立即停止工作。急停后，系统要先执行复位，使系统处于初始状态后才能进行自动模式的工作。 自动模式下，系统在动作变化时可以加入必要的延时环节，具体延时时间自定。物料送仓控制装置有9个仓位，本任务仅设计3个仓位供物料存放。系统按仓位号依次判断仓位是否有物料，若1号仓位没有物料，那当前抓取的物料放在1号仓位，若已经有物料，系统再判断2号仓位，以此类推。若已经满仓，自动模式不工作。 在触摸屏界面设置手动开关、急停、系统启动、系统复位、X轴点动左行、X轴点动右行、Y轴点动上行、Y轴点动下行等按钮；触摸屏界面还设计一个手动指示灯；系统的X轴、Y轴坐标要求显示在触摸屏上。 根据任务要求，组态工艺对象、设置驱动器参数，列出PLC的变量表，PLC程序编制与调试
问题引导	引导性问题回答记录： 问题1：什么是步进电动机？它一般应用在哪些地方？ 问题2：什么是伺服电动机？它与步进电动机比较有什么区别？它一般应用在哪些地方？ 问题3：什么是步进电动机的步距角？什么是细分控制？ 问题4：西门子V90驱动器有哪两种参数？该任务需要设置哪些参数？ 问题5：PLC的运动控制指令有哪些？其中回原点指令有哪几种回原点模式？

续表

任务分析	被控对象： PLC 输入设备： PLC 输出设备： 控制过程分析，可另附页。 自动模式的动作流程：初始状态→皮带启动→皮带停止→X-Y轴单元运动_____ 手动模式、自动模式的动作及对应的条件写在下表。 	状态号	条件	动作	 |---|---|---| | 1			 | 2			 | 3			
驱动器组态与设置	驱动器轴组态的步骤： 驱动器要设置的参数及数值：
PLC 变量	列出 PLC 的输入/输出、与触摸屏关联的输入/输出变量分配表，可另附页。 | 变量名称	地址	功能	变量名称	地址	功能 | |---|---|---|---|---|---| |					| |						
元件清单	列出任务用到的所有元器件，可另附页。 	元器件名称	规格型号	数量	用途	备注	 |---|---|---|---|---| |					 |					
程序及分析	编写 PLC 程序并做简要分析，可另附页。
过程记录	硬件组态记录： 编程与调试记录： 运行记录：
项目总结	总结工作内容、学到的知识与技能、遇到的问题及解决措施、学习心得与体会等。
成果验收	是否完成任务要求：是□　部分完成□　否□ 是否按时完成：是□　超时 10 min 以上□　否□	验收员签字
工单验收	是否完成：是□　部分完成□　否□	
项目成绩	具体评价标准请参考任务评价表	得分

项目评价表

班级		姓名		组号		
任务名称	物料送仓控制系统的设计					
	考核内容	配分	评价标准	学生互评分	教师评分	
职业素养（20分）	课堂纪律	5	无迟到、早退，不做与课程无关的事，发现一次扣2分			
	安全文明操作	10	仪表与着装规范，安全用电，遵章操作，不规范每处扣2分			
	卫生清理	5	按要求清理工位和工具，不按要求每处扣2分			
任务实施（50分）	硬件组态	5	组态伺服、步进驱动器，有错误需指导一次扣1分			
	参数设置	5	设置驱动器参数，有错误需指导一次扣1分			
	PLC变量	10	确定PLC变量分配，有错误需指导一次扣2分			
	编程与调试	20	设计与调试PLC程序，有错误需指导一次扣2分，每超时10 min扣5分			
	运行情况	10	任务运行正确，错或漏一处控制功能扣3分			
	个人贡献系数	1	根据个人的参与程度定			
任务报告（20分）	任务工单	10	字迹清晰、内容完整			
	电子文档	10	PLC变量、程序、运行视频			
激励与创新（10分）	课堂激励	5	主动回答问题，一次得2分			
	创新思维	5	提出创新性问题或解决思路			
			评分成绩			
			综合成绩			
	评分员签名		学生：		教师：	